THE

BOOKS:

LEVEL READING

OF

SCIENCE

POPULARIZATION

刘兵◎编

阅读书系 分级 科普

科/学/幻/想

让读者开始关注科幻，

从而也以与传统科普不同的方式，

关注和思考科学与人类社会的未来。

微信扫码，加入科
幻圈，与8000读者
一起探索科幻未知
世界！

长江出版传媒
Changjiang Publishing & Media

湖北科学技术出版社
HUBEI SCIENCE & TECHNOLOGY PRESS

图书在版编目（CIP）数据

科学幻想 / 刘兵编 . —— 武汉：湖北科学技术出版社，2017.11 （2018.9 重印）
（科普分级阅读书系）
ISBN 978-7-5352-9488-3

Ⅰ . ①科… Ⅱ . ①刘… Ⅲ . ①科学幻想－青少年读物 Ⅳ . ① N49

中国版本图书馆 CIP 数据核字 (2017) 第 162907 号

出 版 人　何　龙
总 策 划　何少华　彭永东
执行策划　刘　辉　高　然
责任编辑　彭永东
整体设计　喻　杨

出版发行　湖北科学技术出版社
地　　址　武汉市雄楚大街 268 号
　　　　　（湖北出版文化城 B 座 13-14 层）
邮　　编　430070
电　　话　027-87679450
网　　址　http://www.hbstp.com.cn
印　　刷　湖北恒泰印务有限公司　　　邮编 430223
开　　本　787×1092　　1/16　　15 印张
版　　次　2017 年 11 月第 1 版
　　　　　2018 年 9 月第 2 次印刷
字　　数　246 千字
定　　价　39.80 元

总序

　　科普，其重要性似乎已经无须再多说了，但关于如何进行有效的科普，特别是如何有针对性地对特定的人群进行有意义的科普，却还是值得讨论的问题。在传统中，科普强调的是对具体的、经典的和前沿的科学知识的介绍，但我们也看到了传统科普存在的问题，如并不为更多的受众所欢迎，影响力不够，没有达到其应有的教育效果，甚至于成为为某种"政绩"服务的表面化、形式化宣传。

　　在一些新的科普理念中，其实也并不完全否认普及科学知识的重要性，毕竟科学知识是作为理解科学的某种不可缺少的基础和载体。但除了科学知识以外，关于科学的理念，关于科学是如何运行的，关于科学家是什么样的人，关于科学家应承担什么样的责任，关于科学和技术的应用的社会影响是什么，等等，在新的科普理念中也同样被认为是重要的科普内容。尤其是，科普在非正规教育的意义上，与在学校学习的正规教育又有所不同（尽管这两者间有着密切的关联），绝大多数受众并非是以成为科学家来当作其人生发展的目标的。在这样的考虑下，那些既与科学密切相关又不属于具体的科学知识的内容，有时会显得更为重要。

学生时代，是科普学习的最好阶段，因而，有针对性地为青年学生选编一套科普阅读材料，是非常必要的。其实，在我们求学的阶段，学校的科学教育已经教授了很多具体的科学知识，虽然这些知识也还远远不够充分，但毕竟已经是很重要的基础了。而且，在以往的教育目标中，也还是同时强调知识与技能、过程与方法，以及情感、态度与价值观这三个不同维度的。由于种种原因，包括应试教育的影响，这三个维度的目标并未理想地同时被重视。而在目前的科学教育改革中，人们所强调的核心素养，其实也是更关注于受教育者的必备品格和关键能力，而这也同样不是仅仅靠对具体科学知识的学习就可以获得的。因而，在选编这套科普分级阅读丛书时，我们其实是有多种考虑的。

其一，是可以与在校的科学教育相结合，以强调对核心素养的培养为重点，补充一些大学与中学的正规科学教育中有所缺失或体现得不充分的内容。

其二，是考虑到现有的传统科普所具有的局限性，让我们选择的主题和内容有别于传统科普。这五本读本的主题和内容的选择鲜明地体现出了这一点，以介绍一些更新的科普理念。

其三，编者注意到，以往在我们的科普中，尤其是在针对青年学生的科普中，往往有些低估了年轻人的水准，使得一些科普读物偏于幼稚化。所以，我们这几本读本的一部分内容会偏深一些，篇幅会偏长一些，虽然这样读起来有时会遇到一时不是很懂的困难，但这种留下部分问题，并注意在阅读过程中的挑战和思考，恰恰是编者设定的目标之一。

希望以这种方式选编的读本能够激发起青年学生读者的阅读兴趣和对于有关科学问题的思考。

2017年8月18日

本册导读

在过去,国内关于科幻与科普的关系问题,曾有过长期的争论。在并不十分久远的历史上,国内先是将科幻作为科普的一种类型、一种手段,后来,由于意识到科幻中所涉及的科学知识,并非现有的、公认的标准科学知识,而其中带有很强的幻想成分,或是借用了科学的概念或框架,或是在现有的科学认识的基础上进行大胆的外推,因而,认识到科幻并不能达到向公众准确地传播现有科学知识这一传统科普的功能,于是不再将科幻作为科普的一部分。

近些年来,科幻在国内有了相当引人瞩目的发展,尤其是,当像《三体》这样的国内科幻作品在超出了科幻爱好者小圈子的广泛传播和获得国际上的科幻雨果奖,极大地刺激了广大公众对科幻的注意,虽然众多科幻作品还局限在科幻迷的小圈子里流行,但科幻无疑已经成为新兴的崛起者,开始吸引越来越多的受众,尤其是青年一代。在这当中,科幻电影大片也将科幻的概念、故事和理念推向了更广大的人群。

在另一种意义上,同样是随着科普观念的发展,在一种大科普的理解中,其实我们也完全可以把这种与科学有着密切关联的科幻作品当作是一种重要的科普形式,通过科幻,除了对想象力的开拓之外，也可以在某种意义上提示我们以另一种方式思考科学、科学的发展和人类的未来的多种可能性。

这个选本选起来非常困难，尤其是在选择有代表性的作品欣赏这部分，因为优秀的科幻作品实在是太多了，而且，众多优秀的长篇科幻作品以节选的方式也很难让读者真正领会其妙处。因而，这个非常有限而且不全面的选本，如果能让读者开始关注科幻，从而也以与传统科普不同的方式关注和思考科学与人类社会的未来，开始去阅读更多、更好的科幻作品，就已经算是非常理想的目标了。

目录

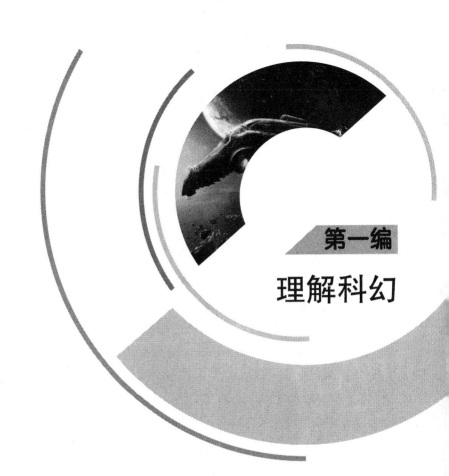

第一编

理解科幻

科幻小说的概念①

吴 岩

吴岩,北京师范大学教授,科幻研究著名学者,科幻作家,世界华人科幻协会会长。虽说科幻小说许多人都读过,关于什么是科幻小说,许多人都有自己的看法,但从学术的视角来为科幻小说给出定义和分类,却并非易事。此文,对国内外有关何为科学小说的研究做出了总结,展示了不同学者的不同观点,让我们意识到这个问题的复杂性。

定义的困难性

一、《百科全书》的解释困境

科幻研究者常常处于某种尴尬的境地。他们伫立在作品之外,观察作品,为作品和作家制造一种成功后的点缀。虽然有时候,科幻研究者对科幻作家、作品颇有微词,但即便如此,科幻研究者仍然是作者的依附。当他们试图定义科幻作品时,这些人绞尽脑汁,生怕遗漏了任何一个被读者接受的创作。这样下来,世世代代,科幻研究者永远走在科幻创作的后面,永远被作家的创新和读者的指责所嘲弄。

科幻研究者的这种尴尬状态是他们自己的一系列行为造成的。这些行为中一个最重要的,就是试图给科幻小说制定一种被动而具有解释性的定义。

了解科幻研究者的这种怪异行为,应该从分析百科全书中的科幻定义开始。

一般来讲,百科全书试图给我们生存的世界做一种包容性的解释,既然是"百科""全书",就应当对所解释的现象进行全面包容。而正是这种包容,凸现

① 吴岩.科幻文学理论和学科体系建设[M].重庆:重庆出版社,2008.

出研究者面对色彩斑斓的科幻世界时的那种紧张和尴尬。

《中国大百科全书·中国文学卷》写道：

> 科学幻想小说是通过小说来描述奇特的科学幻想，寄寓深刻的主题思想，具有"科学""幻想""小说"三要素，即它所描述的是幻想，而不是现实；这幻想是科学的，而不是胡思乱想；它通过小说来表现，具有小说的特点。

这个定义有很多可疑的地方。比如，什么是科学幻想？科学幻想和胡思乱想之间的区别到底是什么？再比如，为什么这种科学幻想必须是奇特的？它是否意味着如果幻想不奇特，就不算科幻小说？还有，寄寓深刻的主题到底是什么意思？如果一部科幻小说没有深刻的主题，或只有浅显的主题，难道就不算是科幻小说？至于用"科学""幻想"和"小说"几个概念去详细解释作品的特征，则更可能会挂一漏万，作茧自缚。

日本平凡出版社出版的《日本百科事典》，看起来也和《中国大百科全书》犯有同样的毛病。在这部《日本百科事典》中，编者林髞先生的科幻概念被叙述成如下几个方面：

> 从广义上说，是以科学为主题的小说。这里包括：①以小说形式写的自然科学的解说；②为了科学的普及宣传，以小说的形式编造出来的恋爱事件，例如性病和结核病预防的小说；③以自然科学为骗局的侦探小说；④从现在科学水准来猜测科学发展、将来、人类的命运，以小说形式将它描写出来等。

"以科学为主题的小说"这种解释，似乎是包罗万象，但一个通晓科幻作品的读者立刻会指出其中的缺陷。斯蒂文·斯皮尔伯格的电影《ET》是尽人皆知的科幻作品。我们选用它的同名电影小说作为研究对象。这部小说真是以科学为主题的作品吗？对照作者给出的四项选择，它可能是第四项吗？也就是说，这部小说是从现代科学水准来猜测外星人到达后的人类命运吗？再者，根据第四项标准，上海电影制片厂于20世纪60年代拍摄的有关血吸虫病防治的电影《枯木逢春》，是否是一部典型的科幻作品？

亚洲国家不是科幻小说的发源地，这些国家对科幻文学领域的了解在文化转移中可能存在偏差。但欧洲的情况如何呢？苏联山版的《苏联大百科全书》

第29卷对科幻文学的定义是：

> 科学幻想作品是文学的一种体裁，它以生动的、引人入胜的手法描绘科学技术进步的远景和人类对大自然奥秘的深入了解。科学幻想作品描写的对象是实际上还没有实现的科学发现和发明，但科学技术已有的发展一般已为它的实现准备了条件。

把一种从没实现但已经准备实现的科学发现和发明写成故事就是科幻小说，这个定义看起来具有强烈的包容性。但是，如果像威尔斯的《时间机器》那样描述人类在80万年之后的生活，根本就没有任何现实科学基础，这样的文学作品又怎样归类呢？此外，诸如"生动""引人入胜"这样的词汇，是否真能成为科幻小说的概念标志？如果情节不那么生动，故事不那么引人入胜，像英美新浪潮时代的科幻小说那样，是否就不能落入科幻文学的范畴之中呢？

这里引用日本和苏联百科全书对科幻小说的定义，有着特殊的用意。因为在20世纪初和20世纪50年代，在中国科幻小说的两次发端中，日本和苏联是两个重要的模仿对象。中国翻译家直接翻译了大量日本和苏联的科幻小说，还从这两种语言转译了凡尔纳、威尔斯等许多其他西方作家的作品。一个不争的事实是，文学作品的每一次跨文化传播，必然在中介者那里受到重构或歪曲。中介者如何选择了这些作品？中介者如何翻译了这些作品？他们怎么处理其中的文字转换、寻找了对应词？他们如何处理作品的风格？此外，中介者如何处理与自己价值观差异很大的作品主题？所有这些，都会在文化发展和传播研究中具有重要的作用。科幻文学当然不会例外。[①]

---

① 凡尔纳小说的主要缺点是种族主义吗？读过较多凡尔纳作品的读者一定会指出，他对各个民族都抱有很好的感情。他的小说主人公曾经涉及中国、俄国、英国、美国、西班牙、葡萄牙等诸多国家。《海底两万里》中的尼摩船长还可能是波兰或印度的混血儿。但是，为什么中国多数谈论凡尔纳作品的读物中都指出，他具有种族主义倾向？在一些特定的时间里，可能因为这种种族主义内涵的存在，凡尔纳的作品在中国还受到批判或者删节。追索这个评论的最初版本，我们将不得不查找到苏联评论家对凡尔纳的基本看法。

二、内容变更对定义的影响

内容变更是给科幻小说定义的第一个困难。这种作品的内容具有跨门类性，涉及的学科极端广阔，而作为这种文类存在的起因——科学，本身又疆域广泛，因此，科幻小说定义的困难性首先是由它涉及了太大生活空间所造成的。

从科幻小说的发展上看，这类作品最初是围绕一些技术创新而展开的。玛丽·雪莱(Mary Shelley)的《弗兰肯斯坦》、儒勒·凡尔纳(Jules Verne)的《从地球到月球》等都是这样的作品。在19世纪末到20世纪初期，科幻小说中的"科学"，开始从"技术"转向"科学"。赫伯特·乔治·威尔斯(Herbert George Wells)的《时间机器》就是一个典型的例子。小说讲述的不再是某种发明，而是发明背后的全新知识体系。

将科学原理当成科学幻想小说描述的主要内容，在20世纪英美科幻小说黄金时代非常流行。到60年代，社会科学开始进入科幻文学的领域，出现了像布莱恩·奥尔迪斯(Brian W.Aldiss)的《杜甫的小石子》、J.G.巴拉德(J.G.Ballard)的"毁灭三部曲"、迈克尔·莫考克(Michael Moorcock)的《瞧这个人》和菲利普·乔斯·法马尔(Philip Jose Farmer)的《子宫》等描述历史、哲学、宗教、性心理等方面的作品。也正是在这种状况下，一些原本可能没有科幻含义的作品，在科学本身的广延过程中，逐渐地成为科幻文学的重要代表。扎米亚京(Yevgeny Zamyatin)的《我们》、赫胥黎(Aldous Huxley)的《美丽新世界》和奥威尔(George Owell)的《一九八四》这类恶托邦[①]作品，已经因为其中的社会科学价值而不可避免地成为经典科幻小说。

由于科学范畴的反复变化，特别是一些本来属于非科学的、具有叙事性特征的信息逐渐转移到科学的范畴之内，使科幻小说的定义更加混乱。此外，科学思想、科学精神和科学方法方面的诸多革新和改进，导致了科学本身的"范式转移"。按照托马斯·库恩的说法，成功的范式转移最终都会得到科学共同体的认可，与此同时，旧有的一套知识体系将被置于非科学的地位。这样，一本科幻小说到底是否是真正的科幻小说，在不同时期便会有明显不同的答案。科幻作品作为一种历史性的文本，其特征便突出地体现了出来。

---

① Dystopia，恶托邦，常常也被翻译成"反乌托邦"。但近年来，为了与anti-topia区别，翻译成恶托邦的做法正在增加。

三、叙事变更对定义的影响

仅仅从内容进行考察，还不足以造成科幻小说定义中的所有混乱。科幻作家的写作实验，也让这个品种一直无法获得一个明确的定义。

在上一节中，我们陈述了若干百科全书对科幻小说的定义。这些定义都认为，科幻小说是一种情节性、故事性强的文学。多年来，在国外有一种普遍的共识，那就是故事性和情节性，注重场面，增加情绪紧张；同时，忽视人文主题的思考和人物性格塑造是通俗小说的主要特征。

有趣的是，在科幻小说创始的早期，的确有这样的通俗小说化偏向。在这个文类逐渐发展中，主题被逐渐强化，叙事形式反复被更新，对人物的描写与关照也极度加强。在当代，我们不但能从许多科幻作品中发现感人至深、无法忘怀的人物形象，更能从乔治·奥威尔的《一九八四》这样的作品中找到发人深省的严肃主题。从20世纪60年代之后，随着英美科幻新浪潮的冲击，科幻小说十分强调在语言和文本形式方面的创新。巴拉德的"毁灭三部曲"、奥尔迪斯的一系列作品，就采用了淡化故事、增加哲理思考的路径。在人性揭示的深刻性上，小库尔特·冯内古特（Kurt Vonnegut, Jr.）的《第五号屠场》和《时震》、玛格丽特·阿特伍德（Margaret Atwood）的《羚羊与秧鸡》等，甚至能比普通小说更加深刻地触及人类的本性。

在中国，认为科幻小说是通俗文学的论点就更加值得怀疑。因为在中国的文化中，科学本身就绝对地隶属于精英文化层面，与科学技术或科技活动相关的小说，怎么可以是通俗文学的某个成员呢？

四、文化转移对定义的影响

如前文所述，科幻小说是一种以英法等欧洲文字发展起来的文化现象。在进行跨文化传播时，强烈的文化特征将面临怎样的被误读和被转意呢？当徐念慈、鲁迅、茅盾、老舍、顾均正、郑文光等人一次次地在中国引进这种文学，翻译并尝试创作这类文学作品时，科幻文学的概念在随着这些人的多样化理解而发生着持久的变化。

例如，在西方文化中，科幻小说作为一种科普读物的地位从来也没有被正式提出或广泛接受过。但在中国，长期以来，占据统治地位的恰恰是所谓的科幻传播科学知识这一"科普"味道十足的理论。

发生于1983年前后一场有关叶永烈科幻连环画《奇异的化石蛋》的争论，

就是这一奇特理论作用于现实的最好例证。1977年，叶永烈在《少年科学》杂志发表了科幻小说《世界最高峰上的奇迹》，这是一个讲述中国登山队如何在珠穆朗玛峰北坡发现成活着的恐龙蛋并将其孵化为恐龙的故事。小说以强烈的真实感和神秘色彩在读者中反响强烈。但是，一位从事恐龙科普工作的自然博物馆的管理员指出，小说中有关这种恐龙的生态、外观，甚至孵化过程的描述，都是错误的。整部小说是一个伪科学的标本。这篇发表在《中国青年报》上的评论，引发了一场对科幻小说的批判运动。

一部文学作品，引发包括科学普及工作者在内人士的关切，本来是正常的。但是，由此产生了大规模地对科幻文学的批判，甚至牵涉到政治话题，却是始料未及。随后，对该文类出版发行的行政干预也出现了，出版管理当局要求限制一些出版社对该文类的出版。所有这些有趣的连带现象，都在证明，文学本来就不是一个孤立的创作现象，它是一种社会化很强的文化，甚至政治过程。

事实上，不但中国，在其他东方国家，科幻文学的存在也同样有着许多奇异的遭遇。此外，科幻文学一直在西方国家繁荣，而没有在东方国家获得重大繁荣，这种事实到底说明了什么？

为了解决上述疑问，我们将从一些国内外专家学者对科幻小说所下的定义开始感受这一文学品种的独特特征。

著名科幻定义举例①

一、国外科幻定义举例

文学中的新品种

我们知道，才华横溢的作家，也是最近的两本书《月球故事》《天体的骗局》的作者洛克先生，正在致力于构建一种新型小说的框架。这种小说所描述

---

① 以下部分内容译自美国魔龙网科幻版，该网站的科幻版是国外知名度较高的专门搜集各种科幻资料的综合站点。网址和下载时间分别为：http://www.magicdragon.com/UltimateSF/thisthat.html#sfdef，2004年12月5日15点46分。

的主题，类似于他最近在天文学上可能出现的新发明……他的风格和构思都很新颖，富于文采和想象力。他很可能被认为是一种全新的文学样式的创始人，我们也许可以把它称为"科学的小说"……我们已经有了很多"流行小说"，然而建立在对今天世界的再发现和科学推测基础上的小说还很少有人尝试，直到洛克先生的出现。事实上，洛克开辟了一片新颖、奇特、美丽的新天地，毫不逊色于过去那些伟大人物着力描写的那个世界。他放眼未来，追随着科学之光。

——《纽约先驱报》（1835年9月5日）

我意义上的科学化的小说是凡尔纳、威尔斯、爱伦·坡那类的故事，是一种掺入了科学事实和预测远景的迷人的罗曼史。

——雨果·根斯巴克（Hugo Gernsback）《惊奇故事》（1926年4月）

（雨果·根斯巴克：美国科幻小说之父，创办《惊奇故事》杂志，为美国科幻小说的发展居功至伟，著名的"雨果奖"即是为了纪念他而设立的。）

科幻小说是幻想小说的一个分支，它的特点是使用物理学、空间、时间、社会科学和哲学的想象性思考创造出的科学可信氛围，去缓解读者的悬而未决的追求神秘的愿望。

——山姆·莫斯考维奇（Sam Moskowitz）《无穷世界的探险者》（1963年）

[山姆·莫斯考维奇：美国著名科幻批评家、科幻史学家，著有科幻研究论著《不朽风暴》（*The Immortal Storm*）和《驶过永恒》（*Voyagers Through Eternity*），参与组织了第一次世界科幻大会（1939年，纽约）。]

广义的科幻小说是以科学的假设或非科学的假设为依据的小说，是以不存在于现实的，而又没有超自然的因素的世界为舞台的小说。

——L.S.德·坎普（L.S.de Camp）《科幻手册》（1953年）

[L.S.德·坎普：著名科幻作家，美国科幻黄金时代的巨擘之一。被美国科幻奇幻作家协会（SFWA）封为大师（1979），也曾获颁甘道夫奖的奇幻大师殊荣。他最著名的作品是《唯恐黑暗降临》，内容为20世纪的美国人回到罗马时代，阻止黑暗时代发生的故事。他的非小说成就亦极高，写过《科幻手册》（*Science Fiction Handbook*）和H.P.Lovecraft、Robert E.Howard的传记，均脍炙人口。自传《时间与机会》（*Time and Chance*）还荣获1997年最佳非小说类

书籍雨果奖。]

以科学的某一方面内容构成故事的情节或背景的小说，叫科幻小说。它反映着人所面临的问题及其解决办法，而故事倘若离开了科学内容也就根本不会发生。

——西奥多·斯特金（Theodore Sturgeon）由达蒙·奈特（Damon Knight）修订于《科幻小说的一个世纪》（1962年）

（西奥多·斯特金：美国著名科幻作家，1939年起陆续在科幻杂志上发表作品，1950年发表第一部长篇《做梦的宝石》，1953年《超人类》获得国际幻想文学奖，20世纪70年代以《慢雕刻》夺得雨果奖和星云奖。）

科幻小说是文学的一个分支，主要描绘科技进步对人类的影响。

——艾萨克·阿西莫夫（Isaac Asimov）摘自雷金纳德·布赖特纳（Reginald Bretnor）编《现代科幻小说》（1953年）

（艾萨克·阿西莫夫：美国著名科幻作家，世界科幻小说中的巨擘。）

科幻小说是文学的一个分支，主要描绘虚构的社会，这个社会与现实社会的不同之处在于科技的发展性质和程度。科幻可以界定为处理人类回应科技发展的一个文学流派。

——艾萨克·阿西莫夫（Isaac Asimov）《阿西莫夫科幻小说》

（1978年3—4月）

（艾萨克·阿西莫夫：美国著名科幻作家，世界科幻小说中的巨擘。）

科幻小说是这样一类叙述散文，它处理我们已知世界不大可能存在的状态，但它的假设却基于一些科技或准科技的革新，不论这些革新是人类创造的，还是外星人创造的。

——金斯利·艾米斯（Kinsley Amis）《地狱的新地图》（1961年）

（金斯利·艾米斯：英国作家，1954年第一本小说《幸运的吉姆》出版，轰动文坛。1986年凭借《老魔头》获布克奖。代表作有"吉姆·狄克逊"系列、《绿人》等。）

站在我们发达的，但却是混乱的知识（科学）状态下，寻找人的定义和人在宇宙中的位置，其故事以发生在哥特或后哥特的土壤中为特征。

——布莱恩·奥尔迪斯（Brian Aldiss）《十亿年狂欢》（1973年）

（布莱恩·奥尔迪斯：英国科幻作家，科幻小说新浪潮运动的旗手人物。"约翰·W.坎贝尔奖"的创立者之一，由于其对科幻事业的杰出贡献而被授予世界科幻界的最高奖项：科幻大师奖。）

一种主要在20世纪发展起来的文学类型。内容围绕科学发现和进步。无论是描写未来、虚构现实还是假设性的过去，都追求超越或者至少有别于现存世界。

——佛瑞德·索伯哈根（Fred Saberhagen）《大英百科全书》第十五版

（1979年）

（佛瑞德·索伯哈根：美国著名的科幻和奇幻小说作家，代表作为《狂暴者》系列、《剑之书》、《失落的剑之书》系列等。其作品《红移的面具》曾获1966年星云奖最佳短篇小说提名。）

科幻小说是小说的一个分支，主要反映在一个想象的未来、虚构的现实或过去中，被改造了的科技或者社会制度对人类产生的可能影响。

——巴里·M.马尔兹伯格（Barry M. Malzberg）《科利尔百科全书》

（1981年）

（巴里·M.马尔兹伯格：著名科幻作家，第一届约翰·坎贝尔奖的年度最佳科幻小说得主。作品包括30余部长篇小说和250多篇短篇小说，代表作有《理解熵》《走廊》《最终战争》等，曾多次获雨果和星云奖提名。）

科幻处理不大可能的可能性，而奇幻则处理貌似可能的不可能性。

——米利亚姆·艾伦·德·福特（Miriam Allen de Ford）《走向彼方世界》

（1971年）

（米利亚姆·艾伦·德·福特：美国神秘主义文学作家，晚年转向科幻文学创作。代表作有《异种生殖》《走向彼方世界》等。）

科幻小说是一种记叙自然科学领域想象的发明或发现，以及随之而来的冒险和经历的叙事。

——J.O.贝利（J.O.Bailey，马尔科姆·爱德华兹、马克西姆·捷科鲍斯奇：
《科幻小说书目》第256页。纽约：伯克利出版社，1982年）

（J.O.贝利：南加利福尼亚大学英文教授，H.G.威尔斯研究专家。学术著作有《穿越时空的朝圣》。）

科幻小说是应用于出版分类的一个标签，何时应用取决于编辑和出版商的意志。

——约翰·克卢特（John Clute）&彼得·尼科尔斯（Peter Nichols，马尔科姆·爱德华兹、马克西姆·捷科鲍斯奇：《科幻小说书目》第257页。纽约：伯克利出版社，1982年）

（约翰·克卢特：著名科幻评论家，1978年与彼得·尼科尔斯合作编写《科幻百科全书》获雨果奖，该书第二版又获轨迹奖、英国科幻大奖等多项奖项。1996年与约翰·格兰特共同编写了《奇幻百科全书》，又获轨迹奖、伊顿奖、雨果奖等多项大奖。）

一个简短而适用于几乎所有科幻小说的定义是：以过去和现在的真实世界的确定知识为坚实基础，加之对科学方法的透彻理解，来对可能的未来事件进行现实推测。如果要使这个定义涵盖所有（而不是"几乎所有"）科幻小说，只要删掉"未来"这个词就可以了。

——罗伯特·海因莱因（Robert Heinlein，马尔科姆·爱德华兹、马克西姆·捷科鲍斯奇：《科幻小说书目》第257页。纽约：伯克利出版社，1982年）

（罗伯特·海因莱因：著名科幻作家，美国科幻小说巨擘。）

科幻小说是一种推测性小说，其目的是通过投射、推断、类比、假设和理论论证等方式来探索、发现和了解宇宙、人和现实的本质。

——朱迪思·梅里尔（Judith Merril，马尔科姆·爱德华兹、马克西姆·捷科鲍斯奇：《科幻小说书目》第257页。纽约：伯克利出版社，1982年）

（朱迪斯·梅里尔：美国科幻作家协会会员，重要的编辑和作家。曾使用"克里尔·贾德"的笔名。作品有《朱迪斯·梅里尔佳作选》《越轨》《火星前哨》等。)

当了解科幻小说的人们把一类作品称为科幻小说,那就是所谓的"科幻小说"了。

——弗雷德里克·波尔(Frederik Pohl,马尔科姆·爱德华兹、马克西姆·捷科鲍斯奇:《科幻小说书目》第257页。纽约:伯克利出版社,1982年)

(弗雷德里克·波尔:美国著名科幻作家、编辑,20世纪50—60年代担任《银河》《如果》两家杂志的主编,对60年代美国科幻的发展起了很大作用。)

科幻小说之所以难以定义,是因为它是一种富于变化的文学样式,当你试图定义它,它就变了。

——汤姆·史培(Tom Shippey,马尔科姆·爱德华兹、马克西姆·捷科鲍斯奇:《科幻小说书目》第257页。纽约:伯克利出版社,1982年)

(汤姆·史培:曾与《魔戒》作者托尔金共同任教于牛津大学,后接任托尔金任英国利兹大学英语语言和中世纪文学教授。代表作有《锤子和十字架》系列、《关于科幻小说的一个现代视点》《现代科幻小说的美国批评》等。)

只有一个实用的科幻定义:任何作为科幻小说出版的作品就是科幻小说。

——诺曼·斯宾拉德(Norman Spinrad,马尔科姆·爱德华兹、马克西姆·捷科鲍斯奇:《科幻小说书目》第257页。纽约:伯克利出版社,1982年)

(诺曼·斯宾拉德:"新浪潮"派科幻作家的代表人物。1940年9月15日生于美国纽约,1963年开始发表短篇小说,1965年开始发表长篇小说。至今他已发表22部长篇小说和近60部短篇小说,被译成了15种语言。作品中最负盛名的是长篇小说《杰克·巴朗虫子》,另有《铁梦》《癌天使》等。他曾经担任过世界科幻协会的主席,还担任过三届美国科幻与幻想作家协会的主席。)

科幻是一种文学类型,其必要和充分条件是疏离和认知的相互作用。而其主要的形式方法是用一种想象的框架代替作者的经验环境。

——达可·苏恩文(Darko Suvin,马尔科姆·爱德华兹、马克西姆·捷科鲍斯奇:《科幻小说书目》第258页。纽约:伯克利出版社,1982年)

[达可·苏恩文：加拿大麦吉尔大学英文及比较文学教授，著名科幻研究家。主要著作有《1956—1974年的俄国科幻小说》《科幻小说的变化》（1979）、《英国维多利亚时代的科幻小说：权力话语和知识话语》等，曾主编过《科幻研究》杂志。]

科幻是奇幻小说的一个分支，但是，它不是对今日知识的真的反映，而是由读者对未来某时间或过去某不确定点上的科学可能性的认知性喜悦作为回报的。

——唐纳德·A.沃尔海姆（Donald A. Wollheim，马尔科姆·爱德华兹、马克西姆·捷科鲍斯奇：《科幻小说书目》第258页。纽约：伯克利出版社，1982年）

[唐纳德·A.沃尔海姆：美国著名科幻作家、编辑和出版商。20世纪50年代开始编辑王牌图书公司（Ace Book）的科幻小说书系，在编辑方面进行了诸多变革，如始创将两本不同小说分印正反两面的出版方式。1965年推出了《魔戒》的平装本，收益巨大。后创办DAW出版公司，被认为是第一个专门的科幻&奇幻出版公司。]

科幻是思考者的文学。科幻中具有一种力量，那就是提供机会使人去思考，一种通过幻想世界反映出我们世界的多种侧面的能力。

——本·波瓦（Ben Bova）《科学虚构的理由》，载《惊奇故事》1993年2月第11期

（本·波瓦：美国著名作家、编辑、评论家。曾任美国科幻作家协会主席，同时也是这一协会的创立者之一。他创作了超过100部的小说和非小说类作品，广泛反映了未来太空时代的景观。代表作有《火星》《土星》《月球战争》及《光的故事》等。）

科幻小说是采取娱乐的手段，以理论和推理，试图描述种种替代世界的可能性，它以变化作为故事的基础。

——L.德尔·雷伊（Lester Del Rey）摘自吴定伯著《美国科幻定义的演变及其他》

[L.德尔·雷伊（1915—1993）：美国著名科幻作家、编辑，在20世纪30年代末至50年代末 度被视为是美国科幻小说黄金时代的先锋。他于30年代开

始为一些通俗杂志写科幻小说,后成为杂志编辑和出版商,他最成功的出版案例是效力于巴伦丹出版公司时发行的"德尔·雷伊"系列图书。]

科幻是文学的新品种,它描绘真实世界的变化对人们所产生的影响。它可以把故事设想在过去、未来或者某些遥远的空间,它关心的往往是科学或者技术的变化。它设计的通常是比个人或者小团体更为重要的主题:文明或种族所面临的危险。

——詹姆斯·冈恩(James Gunn)

[詹姆斯·冈恩:美国著名科幻作家、编辑、研究家。除小说创作之外,冈恩的评论和学术专著也为他赢得了不少荣誉:1976年荣获美国科幻小说研究会颁发的"朝圣奖",同年又因《交替世界:图文式科幻史》获特别雨果奖,1992年获伊顿终身成就奖。作为编辑,他的主要成就是《科幻之路》4卷(1977—1982)和《科幻小说新百科全书》(1988)。《科幻之路》集中了科幻小说的经典之作,系统地介绍了科幻的性质、发展、演变及其名家名作,《科幻小说新百科全书》也是一部具有重要参考价值的工具书。]

科幻小说是科学以及由此而产生的技术对人类影响所做的理性推断为基础的小说。

——R.布雷特纳

(R.布雷特纳:美国科幻小说作家,代表作《猫》《人类的天才》等。)

科幻是关于未来的文学,讲述我们期望看到的或为我们子孙将看到的下个世纪的或无限时间中的明天。

——特瑞·卡(Terry Carr,圣弗朗西斯科:斯耶瑞俱乐部出版社,1980年)

(特瑞·卡:美国科幻小说作家,1937年出生于美国俄勒冈州,60年代开始写小说并开始了他的编辑生涯。小说多结集于《宇宙尽头的光》中。他效力于王牌图书公司时期与沃尔海姆合作出版了一系列成功书籍,包括连续7年的年度最佳文选等。离开王牌图书公司后,他创始了年度最佳科幻小说书系,自1972年到1987年,被认为是科幻小说的最佳选本。由于其卓越的编辑工作,而被授予1985、1986年雨果最佳编辑奖项。)

二、国内科幻定义举例

科学小说是在19世纪下半叶发展起来的一种文学体裁,这种体裁的小说依据科学上的某些新发现、新成果以及在这些基础上所预见的,用想象方式描述人类利用这些发现与成果去完成某些奇迹,描写的内容具有高度的科学真实性并且符合科学发展的规律。

——黄禄善、刘培骧《英美通俗小说概述》,上海:上海大学出版社,1997年版,第224页

科学幻想小说不同于教科书,也不同于科学文艺读物。它固然也能给我们丰富的科学知识,但是更重要的是,它作为一种文学作品,通过艺术文学的感染力量和美丽动人的故事情节,形象地描绘出现代科学技术的无比威力,指出人类光辉灿烂的远景。

——郑文光《谈谈科学幻想小说》,载《读书日报》1956年3月

"科学幻想小说"与"科学小说""幻想小说"是不同的,只有同时具有"科学""幻想""小说"三要素,才称其为科学幻想小说。

——叶永烈《论科学幻想小说》,黄伊编《论科学幻想小说》,北京:科学普及出版社,1981年版,第48页

科学小说是小说的一种。小说是可以按其题材内容来分类的,科学小说也是这种分类中的一种小说,由于科学小说是以科学幻想为内容,所以才叫科学小说。

——杜渐《谈谈中国科学小说创作中的一些问题》,黄伊编《论科学幻想小说》,北京:科学普及出版社,1981年版,第109页

科幻小说作为文学的一种体裁或形式,有它的特殊性,它与科技的发展有直接联系,但它并不担负传播科学知识的任务。从抒写幻想看,它应该属于浪漫主义的范畴,但一些优秀的科幻小说也像优秀的浪漫主义作品一样,仍扎根于社会现实,反映现实社会中的矛盾和问题,只是作家通过特殊的构思和美学原则,用比较曲折的方式来描绘和反映社会现实,抒写特殊范围内(例如科技飞速发展所引起的希望和忧虑)的幻想。

——施咸荣《外国现代科学幻想小说·序》,施咸荣编《外国现代科学幻想

小说(上)》,上海:上海文艺出版社,1982年版,第5页

科幻定义的内容分类学

科幻小说在它产生的文学背景——英美词汇中,也存在着较大的认识分歧①。在西方科幻史上,科幻小说曾经被冠以多种不同的名称出现在出版物中,这些名称包括科学浪漫小说(scientific romance)、科学奇幻小说(science fantasy)、脱轨小说(off-trail story)、变异小说(different story)、不可能小说(impossible story)、科学的小说(scientifiction)、惊异小说(astounding story)等。最终,科幻小说的名称被公认为科学小说(science fiction)。纷乱的词汇反映的是一种背后的真实,科幻文学的确具有多种可能的定义方式。

从1991年北京师范大学开设科幻文学公共选修课程以来,吴岩对流行于国内外的多种科幻定义进行了梳理,认为科幻小说的概念主要分成如下的四个族类。

一、科普族类

将科幻小说当成一种科普读物的定义方式,在苏联和中国享有广泛的支持。苏联著名评论家胡捷就曾指出,"……它是用文艺体裁写成的——它用艺术性的、形象化的形式传播科学知识。"另一位著名的苏联评论家李赫兼斯坦几乎用同样的语言写道:"科学幻想读物是普及科学知识的一种工具。"

在中国,研究科幻文学的早期理论家是鲁迅。1903年,鲁迅创作《月界旅行·辨言》指出:"盖胪陈科学,常人厌之,阅不终篇,辄欲睡去,强人所难,势必然矣。唯假小说之能力,被优孟之衣冠,则虽析理谭玄,亦能浸淫脑筋,不生厌倦。"很显然,鲁迅眼中的科幻小说,就是一种科普读物。

将科幻小说当成一种科普的工具的说法,虽然貌似非常合理,但其中却存在着众多的疑点。

首先,科幻文学是一种小说类作品,有人物和情节。为了使作品更加具有小说的吸引力,作者不可能将大量的准备放置在科学普及方面。而科普读物是对

---

① 例如,美国评论家阿尔斯物·卡梅伦曾经期望给科幻小说做一个完整的定义,他用了整整52页篇幅来撰写这个概念,写好之后,发现仍然无法将一些现成的作品纳入其中。

科学技术内容通俗化并以此达到科学传播的目的，将科幻作品当成一种科普作品，在创作目的和创作方式等方面，都存在着很大的问题。著名科幻作家童恩正指出，科幻小说作为一种科普读物，几乎是不可能的。从创作的角度来讲，作家常常是对科学进步产生的某种焦虑作为写作的动因，这与科普读物预先设置的普及科学的目标完全不同。这里，科学是为故事情节服务的手段。另一位著名科幻作家叶至善则用自己创作《失踪的哥哥》的实践指出，科幻小说普及科学、讲述科学家如何活动的想法也是失败的。吴岩则从学理角度于20世纪80年代提出，现代信号检测理论已经可以证明，科幻小说在科普方面的作用必定是低效的。除此之外，一系列来自读者的接受状况的调查也证实了上述说法。

笔者认为，将科幻文学作为科普读物来研究是可能的，也是重要的。但是，无论如何，科幻文学的主要研究方式不是科普学或科学传播的。科普只是部分科幻读物（而且可能是很小一部分科幻读物）的边缘特征，将边缘拓展到整体，是一种片面审视问题的方式，它无法整体把握所要研究的对象。

二、广义认知族类

虽然否定了科幻小说意在科普，并不能否定这种作品在促进认知方面的作用。一批定义者循着这个路径出发，将科幻文学定义为一种广义认知性作品。

如前面所述，朱迪斯·梅里尔就把科幻小说定义为一种推测性小说。这里，推测旨在说明利用传统科学方法（观察、假设、实验）去检验某种假设的现实，将想象的一系列变化引入已知事实的背景，从而创造出一种环境，使人物的反应和观察能揭示出相关发明的意义。L.S.德·坎普（L.S.de Camp）、山姆·莫斯考维奇（Sam Moskowitz）也将科学认知方式引入科幻定义。达可·苏恩文的定义中出现的"必要和充分条件"，本身就是认知词汇。而直接将认知与疏离相对立，则强化了作品对理性的追求。有关苏恩文观点的更多讨论，将在后面的章节中具体进行。

沃尔海姆虽然不特别强调认知过程，但对认知后获得的情绪反应作为定义的一个重要组成部分。他还特别强调认知的主题是未知或明日世界。格里高利·本福德（Gregory Benford）也是一样。他在一篇文章中指出，科幻是思考和梦想未来的受到控制的途径，是潜意识爆发的、通过恐惧和希望表达的对科学（客观宇宙）的一种综合的情绪和态度。是对你、你的社会背景、你的社会自我等任何事情的彻底搜查。是由最少的可能性所给出的梦魇和愿景的大纲。这种观点在雨果·根斯巴克、特瑞·卡等人的定义中也有所体现。

奥尔迪斯的定义特别将认知所依存的知识背景展现出来，而美国作家雷·布拉德伯里（Ray Bradbury）则明确谈到，科幻是对未来的真正社会学研究，在这种作品中，作家将两件或两件以上不同事件结合后确信其必然发生。

广义认知派的科幻定义有两个特征，首先是强调认知过程或与认知有关的附加过程，如神秘、疏离等。其次是强调在作品中呈现未来所产生的认知愉悦性。笔者认为，广义认知派扩散了科普派定义的基本范畴，而使其远离传播科学的中心，这样，才能逐渐将认知过程的审美特点展现出来。

可惜的是，强调认知和愉悦性仅仅是科幻小说美学价值的一小部分。对于一种强调探索和认知新世界的文类，一些人认为，新世界本身更加重要。

三、替代世界族类

科幻文学中认知探索的世界，其实是一种与我们世界有着差别的其他世界，恰如金斯利·艾米斯所说"我们已知世界不大可能存在的状态"，这就是所谓替代世界派（alternative world）的定义方式。L.德尔·雷伊直白地指出，科幻小说就是试图描述"种种替代世界的可能性"。持此观点的还有俄国科幻作家基尔·布雷切夫（Kir Bulychev）。他认为，"科幻小说，与现实主义文学之间的差别在于它描写可能性，它感兴趣的不单单是人类的个体，而是整个社会……"未来学家托夫勒（Alvin Toffler）在一些访谈中认为，科幻小说通过描写一般不考虑的可能性——另外的世界，另外的看法——扩大我们对变化做出反应的能力。而吴岩认为，所谓替代世界，其实也仅仅存在于空间、时间、心灵和电脑网络四个范畴之中。

遗憾的是，一种文类不能仅仅以其中所描述的世界进行定义。经过多年的考察，更多学者回到了功能性定义。这一次，他们所看重的不是科学普及，而是科学对社会的影响。

四、科学对社会影响族类

科幻小说定义的第四个，也是最重要的族类，是将它定义为一种描述科学对社会影响事件的文学作品。美国科幻黄金时代的主要缔造者、著名编辑小约翰·W.坎贝尔认为，科幻是以故事形式，描绘科学应用于机器和人类社会时产生的奇迹。科幻小说必须符合逻辑地反映科学新发明如何起作用，究竟能起多大作用和怎样的作用。R.布雷特纳也把作家对这种影响的推理作为科幻小说的定义要素。还有金斯利·艾米斯。他曾经在一部著作中写道："我重申一下，那就是，科幻逼真地呈现人类在我们的环境(进行)中壮观变革的努力，这种变革既是审慎计划的，又是不经意而发生的。"此外，阿西莫夫、詹姆斯·冈恩、罗伯特·A.海因莱因在这个问题的理解也大同小异。海因莱因写道：在科幻小说中，作者表现了对被视为科学方法的人类活动之本质和重要性的理解。同时，对人类通过科学活动收集到的大量知识表现了同样的理解，并将科学事实、科学方法对人类的影响及将来可能产生的影响反映在他的小说中。

以科学技术对社会造成影响的方式定义科幻小说，免除了科幻文学是科普读物的基本想法，从这一全新的意义上理解科幻，为其文学价值和社会价值找到了出路。这一定义，还能将当代科学、技术与社会(STS)这一新兴学科作为科幻研究的学术背景。威廉姆·若普(William Rupp)曾经对英语文学专业教授进行科幻定义的询问，发现48%的抽样者都认为，科幻小说是"试图去预测未来技术进步对社会影响的一类故事"。

笔者认为，这一定义可以清晰地限定大量科幻作品。这类科幻作品的特征是描述科学造就的奇迹或灾难，并阐述这种奇迹或灾难给社会、人性造成的影响。我们以阿西莫夫的系列小说《基地》为例。这部作品前后总共出版了5部，时间跨越13000年，空间跨越2500万个星球组成的世界，人口跨越覆盖1000的6次方！如此宏大场面所展现的社会生活，给科学技术提供了绝对广泛的影响空间。

可惜的是，作为一种文学作品，定义对该文类文学本性的关注，还有欠缺。

科幻定义的种属分类学

在文学大家庭中，科幻小说如何定位至今仍然是一个难题。在国外，科幻小说曾经隶属于流行文学、哥特文学、乌托邦文学、侦探文学，甚至恐怖文学。在国内，科幻小说则隶属于科普文学或科学文艺。近年来，在中国科幻文坛，科幻小说常常与科学童话、奇幻小说相互混淆，而在国外，新兴的科学恐怖小说脱颖而出。本节将对上述三个文类进行一些深入探讨。而科幻与哥特文学、乌托邦文学、侦探文学、流行文学、科普文学和科学文艺之间的关系，将在后面的章节中附带说明。

一、科学童话

童话是一种以"童心造就的幻想王国"为主要内容的小说。这类作品具有强烈的儿童心理观照和儿童思维追求。童话文学具有悠久的历史,丹麦的安徒生童话、德国的格林童话等脍炙人口,但这些作品中几乎没有作家对科学的感受,情节设置也不会受到科学体系或科学原理的限制。在中国,童话具有至少一个世纪的历史,涌现出像叶圣陶、张天翼、孙幼军等作家,但他们作品的主旨,是伦理、道德、心灵感悟。

虽然童话的主旨不在科学,但在当代童话中,的确有一些作家的作品试图掺入科学因素。例如,叶永烈就创作过许多脍炙人口的科学童话。他的长篇童话《来历不明的病人》,写的是"对人类有益的昆虫"和"如何保护植物"的故事。这篇童话中含有丰富的科学知识,但其中使动物拟人化和主人公行为儿童化的一系列手法,使它和科幻小说之间,产生了巨大的差别。在科幻小说中,人物的设置和行动准则符合人类的基本生活过程,主人公的思维也基本上按照成人的逻辑进行。

在通行的儿童文学教科书中,科学童话被定义为"以童话的形式讲述科学知识"的一类作品。显然,这样的定义表面上能将科学童话和科幻小说完全区分,但在现实中,两者之间的关系却不那么简单。由于两者都重视幻想,重视虚构,重视围绕科学相关的事件展开情节,因此,少儿科幻小说常常会与科学童话之间发生混淆。叶永烈的《小灵通漫游未来》,由于故事和人物的简单化,场景的平面化,人物心理的儿童化,使其与童话作品之间难于分清。杨鹏、李志伟的一系列科幻小说,也很有童话特色。看来,科幻和童话之间虽然具有显著的差异,但也有一些交织范畴。

二、奇幻小说

提姆等人指出,奇幻小说(fantasy)作为一个文学种类,是非理性现象占有显著地位的作品。在这类作品中,事件在产生、地点、主人公等方面,按照理性标准或科学解释不能存在或者无法发生。奇幻作品中常常出现"非理性的现象",这些现象并不在人类经验之内,或者,故事中会发生不按已知自然法则发展的情况。厄休拉·勒奎恩(Ursula Leguin)也认为,"奇幻文学是描述精神之旅和心灵中善恶争斗的自然且合适的语言。"她还指出,它是达到现实的不同之路,是一种抓住和应对存在的替代技术。它不是反理性,而是超越理性;不是现实主义，而是超现实主义、高超现实主义，是对现实的提升。此外，也有人从年龄特征来定义奇幻，如布莱恩·奥尔迪斯就认为，"奇幻是十几岁孩子看的文学。"

在国外，奇幻小说分成高奇幻（high fantasy）和低奇幻（low fantasy）两类。高奇幻小说中的世界属于"第二世界"，其有自己的法则制约。属于这类的作品包括怀特（T.H.White）的《过去和未来之王》（*The Once and Future King*）、托尔金（J.R.R.Tolkien）的《指环王》（*The Lord of the Rings*）、亚历山大（Lloyd Alexander）的《黑色大气锅》（*The Blake Cauldron*）等。低奇幻中的世界就是我们生活的这个世界，也称为"基本世界（primary world）"。虽然在我们的世界中超自然现象也会出现，但世界运行只按照我们常见的基本法则，这里没有上帝和仙境。虽然非理性的现象也会出现，但通常不给解释。属于这类的作品包括贝戈尔（Peter S. Beagle）的《狼人里拉》（*Lila the Werewolf*）和奥斯卡·王尔德（Oscar Wilde）的《道林·戈雷的画像》（*Portrait of Dorian Gray*）等。奇幻小说还有其他分类方法，如彼得·亨特和米里森特·莱恩兹就认为，奇幻一词表达幻想之意，但一个人的幻想可能是另一个人的现实。所以，难以定义奇幻文学到底是什么。一些人用"不可能"与"现实"来说明奇幻的两极。例如，门勒夫（Manlove）在1999年提出，可以分成第二世界的、形而上学的、情感的、喜剧的、破坏的和儿童的6个类型。斯·那迪尔门·林（Ruth Nadelman Lynn）则在1983年指出，可以将奇幻小说分成讽喻的和寓言的、动物的、鬼的、幽默的、幻想生物的、魔法旅行的、第二世界的、时间旅行的、玩具的和巫术的等10类。安·文芬（Ann Weinfen）于1984年认为，可将奇幻小说分成动物的、时间的、双重世界的、愿景的、第二世界的等5种。上述两者还认为，寻找替代的世界才是奇幻小说的核心。

奇幻文学与科幻文学的区别早就引起过学者的注意。H.G.威尔斯（1933）曾在《一个科学的浪漫史》中指出，奇幻的元素主要由魔法构成。金斯利·艾米斯（1971）认为，将科学名词和解释加入其中，就可以将幻想文学变成科幻文学。但科幻更加看重的东西的确与奇幻小说不同。奇幻小说是在没有感受到科学变革之前很久就存在的东西。福特（Miriam Allen de Ford）也于同时认为，科幻处理不大可能的可能性，而奇幻则处理貌似可能的不可能性。提姆则指出，奇幻小说在作品中并不提供现象的科学解释。则持有比较兼容的观点，他指出，奇幻中存在着科学奇幻。像刘易斯（C.S.Lewis）的《离开寂静的星星》（*Out of the Silent*

Planet)，波尔·安德森（Poul Anderson）的《三心和三狮》（*Three Hearts and Three Lions* ）、《仲夏风暴》（*A Midsummer Tempest* ），西马克（Clifford Simak）的《迷蒙的朝圣》（*Enchanted Pilgrimage* ），诺顿（Andre Norton）的《巫女世界》（*Witch World* ）以及谢瑞（C.J.Cherryh）的《艾沃瑞之门》（*Gate of Ivrel* ）等都属于科学奇幻文学。除此之外的奇幻文学作品，包括神话和童话性奇幻、哥特式奇幻、剑术与巫术奇幻、英雄奇幻和全年龄高奇幻（all-age high fantasy）等。

笔者认为，科幻和奇幻文学虽然分属两个领域，但它们之间的交叉显而易见。加上一些科幻作家钟情奇幻，导致了两类作品之间关系更加难于区分。对倪匡、安妮·麦卡芙瑞这样的作家而言，界限就已经非常模糊。

三、科学恐怖小说

恐怖小说（horror fiction）是一种试图通过文字表达的内容去惊吓读者以获得某种美学感受的叙事文学形式。恐怖小说中常常伴随有超自然的情节，但超自然并非恐怖小说必需的元素。

早期恐怖小说其实是古典神话、传说中的一些叙事方式的传承。格林兄弟的一些作品也有恐怖的成分。现在看来，早期成型的恐怖小说类型应该是哥特小说（gothic novels），这是一些发生在古堡中的故事，常常是阴暗潮湿的场景中，一些诸如吸血鬼之类的现象出现。现代恐怖小说逐渐与暴力结合起来，斯蒂芬·金的故事常常具有这种特征。在哲学层面上，卡夫卡（Franz Kafka）的小说《变形记》（*The Metamorphosis,Die Verwandlung* ）和《法典殖民地》（*The Penal Colony ,In der Strafkolonie* ）也是这样的作品。

如果恐怖小说中的恐怖情节由与科学相关的内容构成，就很难与科幻小说相互区别。奥尔迪斯认为，雪莱夫人（Mary Wollstonecraft Shelley）的小说《弗兰肯斯坦》（*Frankenstein* ）是世界上第一部科幻小说，这部小说常常也被定义为一部哥特小说或恐怖小说。作家洛夫克莱夫特（H.P.Lovecraft）和爱伦·坡（Edgar Allan Poe）也是这种处于中间状态的人物。他们的小说中有鬼怪，但也有新的科学的解释。在当代，互联网引发了新的恐怖小说创作的灵感，但这种小说也具有科学或技术的成分。

当代流行小说中，还有一种新兴的名为技术惊悚小说（techno-thrillers）的混杂性文学。它将恐怖小说、间谍惊悚、战争小说、政治叙事和大量某一领域的技术细节综合在一起。其内容常常是当代的重要生活事件，叙事中则包含大量非叙事性的、专业领域的知识细节。

技术惊悚小说与科幻小说有许多类似或重叠的地方。例如，一些作品强调认知性阐释，对技术细节不厌其烦。其次，它通常设想的情景是不太遥远的未来，这也与科幻文学面对未来的特征相似。但是，这种未来又常常使人与当代发生混淆。事实上，如果作家不把自己的技术置于即将实现的时间距离之内，仅仅根据他所展示的日常生活看，没有任何令人惊奇的地方。也就是说，技术惊悚小说基本上都发生在日常生活的场景中，陌生化并不明显。

学术时代的科幻定义

无论是中国还是外国，对科幻的思考都有一个从创作者、阅读者、编辑者逐渐转向学术研究者的过渡。创作者、阅读者或编辑者的观点虽然有很多真知灼见，创造力强，但由于疆界不明确，基本研究方法不统一等问题的存在，导致了这类研究无法获得有效积累。因此，进入20世纪后期，科幻研究已经在学术领域逐渐占据了自己的位置。

学术领域的科幻研究，必然有着学术传统。因此，在国内外，一些新的科幻定义方式逐渐出现。下面简介两个案例。

一、诗学视野中的科幻

无论是内型分类还是种属分类，都无法回避这样几个事实。

首先，科幻文学作为一种文学艺术的品种，定义中没有对文类美学价值的描述，这使科幻研究的学术性大打折扣。长期以来，采用内容定义确认科幻文学的做法，已经给该类文学在学术领域中限定了一个不良的地位，它被置于类文学、俗文学的范畴，无法得到真正的肯定，无法进入学术研究的主流视野。

其次，由于定义者来源于出版者、读者或作者，定义的质量通常没有保障。如果不是特别特殊的案例，多数科幻文学的定义者没有受过严格的文学训练，读者受出版者的影响，而作者则根据自己的"感觉"给科幻定义。这种定义的随意性，也是以往科幻文学研究无法进入正统学术领域的原因之一。

第三，也是最重要的，以往的科幻定义常常采用被动的、在科幻创作的空间中寻找一种通用性概括的方法，这种被动的寻找，常常给定义者造成非常大的困难。几乎所有的定义都可以找到例外，都可以找到不符合定义的案例存在。

美国著名科幻理论家达可·苏恩文（Darko Suvin）从20世纪70年代起，另辟蹊径，从西方美学基本流派中寻找资源，逐渐提出并完善了一个可以回答上述三个问题的新的科幻概念。在他的观念中，凭借主题定义或潜在的无限可能性定义，都不能成为文学批评和理论构造的方法，寻找科幻作品呈现出的美学侧面，能给科幻一个新的定义方式。简单地讲，苏恩文将科幻文学定义承袭了俄国形式主义者关于"陌生化"（ostranenie）的思想，即将科幻定义为陌生化和认知性兼容的文学，科幻文本就是以认知疏离（cognitive estrangement）为宰制（或译为主导）的文本。此外，科幻还具有强调创新的特色。

　　苏恩文教授对科幻文学的文艺美学定义，不但将以往停留在因主题分类或作家个体感受进行概念的落后的研究方法，进行了彻底革新，它还在许多其他方面，给我们提供了启示。

　　首先，苏恩文的科幻定义研究，不是简单的共时性分析，不是对当前现状的划类，而是深深地根植在作者对文学类型发展的系列研究之中。换言之，他用文学形式历史性的发展过程，证明了科幻文学应该是什么、可能是什么以及到底是什么。

　　从20世纪70年代到80年代，苏恩文发表了大量历史解析内容的学术文章，在这些文章中，他逐渐将社会历史对科幻文学出现的影响、主要作家对这种文类的贡献等一一加诸到科幻文学的概念范畴之中。在这样的分析中，科幻文学特征的出现，具有某种必然性。

　　其次，苏恩文的科幻定义严格地限定在文艺美学这个中心，并将科幻的特征与其他文艺类型的特征进行美学的比较，这导致了他的研究完全落入文学学术范畴之内。而先前的研究不是毫无文学价值，就是作者缺乏理论素养而无法找到这种艺术理论的切入点。

　　第三，苏恩文的科幻研究，不是简单的文学内的研究，而是对文学与相关社会发展的共变性研究。他不但分析作品和作家，更分析阶级、社会转换和时代的更替。这种将文学置于广阔的生活环境中的分析，使我们可以更加深入地了解到底科幻文学为什么会出现今日的主题。而以往的科幻主题研究，则都集中在物理、电子、生物这样的具体科学学科之中，隔靴搔痒，无法对科幻文学的严肃主题进行确认和研究。或者，即便有一些人分析科幻文学中的意识形态，也会流于与作品表达的主题之间的游离或强加。

　　第四，也是最重要的，苏恩文的科幻文学定义是一种研究者主动侵入作品领地的尝试，它导致了一种新的研究范式和新的研究者与作家、作品、文学现象之间的关系。在这种关系中，研究者是一个主动的世界建构者，他建构出科幻文学可能的边疆，而作品和现象，则在这种主动建构中得到区分。

如果上述四个方面只是苏恩文科幻研究的肤浅分析，那么能将这些具有强大生命力的侧面结合起来的四个深层哲学根源应该是历史观、反映论、矛盾论和阶级理论。

苏恩文的理论详细内容将在后面深入阐述，此处只想提请读者注意，他的理论的提出，导致了西方科幻文学研究诸多方面的重要转变，成为一个里程碑。

二、现代性视野中的科幻

笔者以现代性为主要理论资源，将科幻定义为现代性相关的文学。按照《现代性与中国科幻文学》和"科幻新概念理论丛书"序言中所述，科幻是在现代性中发生、在现代化过程中成长的一种文类，它是现代化过程的描述者，同时也是现代化过程的参与者。

这里提到的现代化，是指现代性在社会中逐渐增长的过程。科幻的产生、发展和改变，无不与这一过程紧密相连。被誉为科幻小说的创始之作的《弗兰肯斯坦》，其副标题恰恰是"现代普罗米修斯"。"现代"一词堂而皇之地就标示在这部开山之作的封面上。这自然不是一种巧合。凡尔纳和威尔斯，则更是将现代化过程的种种文化转换表达得淋漓尽致。及至20世纪以后，科幻的大本营转移到美国，科幻作为现代化过程的描述者的功能逐渐减弱，而作为参与者的功能逐渐加强。科幻作为种种现代化的蓝图，直接参与了现代社会的构造。

在具体文本构成方面，笔者认为，科幻主要讲述科学和未来双重入侵现实的过程，讲述发生在界面上的种种"战争"。由于作家感受和设计不同，每本具体的科幻作品的设计各不相同，一些作品可能更加靠近科学一方，一些作品可能更加靠近未来一方，也有作品更加靠近现实的一方。正是由于作品发生在三角关系的不同距离之上，导致了科幻文本呈现出异彩纷呈的多样性。

采用现代性和现代化的视角研究作品，还可以做出一系列优秀的科幻批评成果。例如，《现代性与中国科幻文学》的作者张治、胡俊和冯臻就从三个不同时代的中国科幻作品中发现了现代性的诸多表现。再例如，林健群（1998）、王德威（1998）、陈平原（1999）、杨联芬（2003）、吴岩和方晓庆（2006）等人还对晚清科幻进行了大量研究，并由此展示了中国科幻起源上丰富的现代性元素。

采用文化定义的方式，也有几个非常重要的好处。

首先，科幻文学一直被国内当成一种科普的读物进行研究，聚焦科学导致了科幻作品中传达的信息的大量流失。而现代性的定义则捕捉到了科幻赖以生存的社会背景，因此，能比较全息地接受作品传达的丰富信息。

其次，将科幻定义为一种现代性相关的文学，可以最大限度地利用现有社会学资源。由于现代性已经是社会学领域中被深入研究的主题，因此，大量理论资源甚至研究方法的资源可以用于科幻研究。

第三，由于现代性是当代文学研究的主要领域，因此，分析科幻文学的现代性已经为科幻研究者直接和主流文学研究者对话提供了有利条件。而逐渐丰富的科幻研究成果，也必将为现代文学和当代文学发展提供新的内容。

第四，由于现代性研究的不同派别已经将现代性分解为文学现代性、社会学的现代性或美学的现代性，分析这些现代性含义在科幻文学中的表现甚至冲突，将会给文学研究开创全新的场域。

第五，由于第三世界现代性的发生与发达国家不同，具有强迫性，因此，研究第三世界科幻文学的产生并对比西方发达国家科幻文学的产生过程，将会给这个文类的发生发展和未来带去新的、有趣的结果。

这些人员都在这一领域中做出过有益的工作。他们虽然看似初步，但却已经轮廓清晰地表明，中国科幻文学的确是中国现代性方案的一个组成部分。即便这个组成成分没有发挥出本应发挥的重要作用，被半途而废，但至少在"五四"前后和中华人民共和国成立之后的某些时期，它起到了积极作用。

当然，上述两种定义的方式也各自有着自己的问题。但进入科幻研究的学术时代之后，更多的文学研究者都期望从文化脉络中重新定位科幻，却是一个不争的事实。

阅读思考：你认为如何定义科幻小说？科幻与科普的关系是怎样的？

母体存在的可能性①

尼克松

尼克松，美国西雅图华盛顿大学研究生讲师，曾设计"关于《黑客帝国》的哲学"课程。著名科幻影片《黑客帝国》既好看，又很难懂，是一部非常有思想的科幻影片，其中涉及许多重要的哲学思考，但却通常被许多观影者所忽视。此文，从哲学的立场讨论了整个影片中作为最核心基础的"母体"的存在的可能性问题。思考这些哲学问题，不仅有助于理解《黑客帝国》这部著名的科幻作品，对于人们有关现实的哲学理论思考亦有重要的帮助。

在观看了《黑客帝国》之后，我不得不发出这样的疑问，现在我是在母体内吗？ 也许，我认为我所看、感觉、品尝和接触到的任何事情，我视为真实的任何东西实际上只不过是"由计算机创造的梦世界"里的一部分而已，也许，事实上我的身体正飘浮在粉红色的黏性物的夹层中。那是一个令人惊慌的、有趣的命题，值得命名。为方便查阅，让我们称它为母体存在的可能性，即：很有可能我(或者你)现在正处于母体中。

在这篇短文里，我的目的是要验证围绕《黑客帝国》所提出的一些问题。这些问题就是：①即使我们事实上不是在母体内，那么母体存在的可能性对于我们实际上知道或不知道的事情具有什么样的意涵？ ②尼欧是如何知道——如果他真的知道的话——他自己是处在母体中？ ③母体存在的可能性这一命题有意义吗？ 要注意：我将要得出的结论——特别是在后两个部分——可能会十分地违背直觉，对有些读者而言可能是有争议的。但是，即使你不信服这些论点，我希望至少你会认为它们是发人深省的。

---

① [美]威廉·欧文.黑客帝国与哲学——欢迎来到真实的荒漠[M].张向玲，译.上海：上海三联书店,2006.

我们真的知道任何事情吗?

母体存在的可能性对于我们实际上知道或不知道的事情有什么样的影响？注意到母体存在的可能性并不是说，现在我就是在母体内。它只是表示我现在有可能是在母体内。尽管如此，如果现在我就是在母体内，那么我现在具有的许多信念都是不真实的。例如，我认为我拥有一辆本田汽车（Honda Civic），而实际上我根本就没有任何轿车，因为我现在不过是飘浮在粉红黏性物的夹层中而已。因而，母体存在的可能性暗示着：有可能我现在的许多信念都是不真实的。

让我们假定，至少在目前，母体存在的可能性是有根据的（即它有意义并且是一种真实的可能性），那么我现在具有的许多信念可能会是不真实的。对于他们自己的许多信念可能会是不真实的这种观点，通常人们会有两种典型的反应。

第一种反应就是："如果你具有的信念有可能是不真实的，那么信念就不是一种你可以说你真的知道的东西。"比如，你可能不会认为月亮的中心是一个被挖空了的地方，里面住着一个月亮妖怪。但事实上，由于你从来都没有到过那里，有可能（虽然看起来不太可能）真的有一个月亮妖怪居住在月亮上。因此事实上你不可能说，你真的知道没有妖怪居住在月亮上。当然，我并不是说你不应该继续相信你自己所做的事情。毕竟，你必须相信某些事情，因此你可能也会继续相信在你看来十分可能的事情。但是，不要认为这些事情实际上就是你所知道的那些事情。这与笛卡尔的方法怀疑论很相似。为了找到一件完全确定的事情，笛卡尔对任何可能受到怀疑的事情的信念都采取了信念悬置的方法。笛卡尔没有看过《黑客帝国》，但是他也有他自己的能引起惊慌的叙事。在他的故事里，笛卡尔玩弄了这种可能性，即"某个法力无边、狡猾无比的恶毒的魔鬼费尽心思地用他所有的法力来欺骗我"。对笛卡尔而言，单单是存在着这样一个欺骗他的恶魔这种可能性就足以对他拥有知识这一点提出质疑——至少是在恶魔可能会欺骗他的那些事情上。

另一种反应是这样的："如果你看一下在真实世界里我们实际上是如何使用'知道'这个词的，你就会明白存在着各种情况，在这些情况之下，我们可以承认存在着具有不真实的信念的这种可能性，但是我们依然称之为知识。"在真实世界里（当我们不是"扮演哲学家"的时候）我们几乎从来没有要求一种信念是这样的，以至于在我们认为它被知道之前不可能是不真实的。例如，我现在是在公共汽车站，有人问我，"你知道现在几点了吗？"我看了一下自己的手表回答他说，"知道，现在是12：30。"我意识到了这种可能性，即我的手表可能停了，但那时我并没有给自己戴上哲学家的帽子，这个事实并不能阻止我说我知道现在几点了。究竟什么可以证明哲学家们突然之间给知识赋予这种高标准是正确的——尤其是当他们一脱掉他们哲学家的帽子之后，甚至这些哲学家们自己都不会坚持这种高标准呢？当有人告诉我，我的信念有可能是不真实的时候，适当的反应是这样的——"那又怎样？"重要的不是可能性，而是可信性。因此，我不会改变我相信的任何事情和我认为我所知道的任何事情，除非你能够给我一个充分的理由让我认为我的信念不仅仅是有可能是不真实的，而是很可能是不真实的。

就我个人而言，我是倾向于第二种反应的。但是或许我们可以协调这两种观点，把它们仅仅理解为是在谈论对"知识"的两种不同的认识。第一种认识指的是一种超级知识（super knowledge），由于它们是超级的，以至于你不能够完全说你对某事了如指掌，除非不存在你错误地得到这种知识的可能性。这也是笛卡尔通过他的方法怀疑论所寻求的那种知识，是可以成为其他所有知识的基础的那种知识。第二种认识涉及的是一般的知识，因为它们是一般的知识，以至于即使你有可能是错误地得到了它，你仍然可以说你具有对某事物的一般知识。尽管如此，但如果你有充分的理由认为你很可能是错误的，那么你依然不可以说你具有对它的一般知识。但两种反应的人都会同意，母体存在的可能性暗示着我们都不具有太多（如果真有一些的话）的超级知识，但是它并没有破坏我们认为自己所具有的诸多一般知识。换句话说，假设母体存在的可能性存在，关于我们是否真的知道任何事情这个问题看起来失去了它的某些说服力和感染力。但也许那样也好。

尼欧知道他自己在母体内吗？

现在我要转换一下话题，谈一谈尼欧是如何发现他自己生活在母体内的。通过观看影片，我们可以说尼欧开始知道（这里我要把我的注意力限定在较为不严格的获得一般知识的意义上）他以前不知道的一些事情——也就是，他的大部分生命都是在母体内度过的（作为一个飘浮在黏性物的夹层中的身体，被一个超级计算机灌输一些经历等等）。那么，尼欧是如何知道这一切的——如果他确实知道的话？

在把蓝、红两色药丸提供给尼欧让他做出选择之前，莫斐斯告诉尼欧："我无法告诉你母体是什么。你必须亲自去见识见识。"莫斐斯并没有说明为什么他无法告诉尼欧母体是什么，但是我可以冒险做一个猜测：那是因为没有人会相信他。哦，让我纠正一下——唯一会相信他的那些人，是那些极为容易上当受骗、极为愚蠢，会受到误导轻易地相信任何事情的人。这些人当然不是我们所说的具有很多知识的人的范例，即使是他们有时可能碰巧获得了一些正确的知识。因此，尼欧不可能单凭莫斐斯的陈述就能够知道母体是什么，因为相信这样一个故事是愚蠢的，而愚蠢的信念（即使是它碰巧获得了正确的知识）并不是知识。一种信念要能够真正地被称之为知识，它必须被证明是正确的。的确，传统的对知识的解释是，知识是已经被证明了的真实的信念。在传统的解释中，如果你相信某件事情，你的信念就是真实的，那么你相信它也就是正确的，因而我们就可以恰当地说，你了解它。尽管许多人批评这种古老的解释，但至少它是在正确的范围内，因为它的判断要求从被算作知识的那些东西里排除了愚蠢的信念和侥幸的猜测。

尼欧选择了红色药丸，因而他能够"看到兔子洞是多么深"。在几分钟之内，他就经历了一些可能对他而言最怪诞离奇的事情：他看到一面破裂的镜子又自动恢复得完好如初。他试着用手去碰那面镜子，软泥一样如镜子般的东西开始覆盖了他的全身。突然，他发现自己处在一个粉红色的黏性物的夹层中，他的手臂、腿上、背上和头上都插满了连着金属的插头。他还看到了数以百万的其他人的夹层。一个像蜘蛛一样的机器人爬上来，一把抓住了他的脖子，拔出了他头上的插头，然后飞走了。接着他的夹层消失了，他沿着一个管道下滑，陷入了某种像下水道里的软泥之中，下一分钟他就被一个巨大的起重机救了上来。他时而有意识时而无意识地漂流着。最后，他的状态还是很好的，还观赏了一下他所乘坐的那艘船。然后他们把一个插头一样的东西装在他的头上，突然之间他就处在"主架构之中"，即"下载程序之中"——在那里，莫斐斯最终告诉了他关于母体的整个故事。

这是一个让人难以置信的故事。最初尼欧并不相信。实际上，整个经历让人痛苦不堪和难忘，到最后尼欧都呕吐了。我并不能因此而责备他，退一步说，突然之间发现你的整个生活到目前为止只是一场骗局，只是一个"由计算机创造的梦世界"，这的确会使人感到有些头晕目眩。但是，这种事情是否从感情上而言很痛苦并且令人难以置信并不是我要问的问题，我要问的问题是，就尼欧近来的经历而言，要他相信这种事情是否是合理的。这些让人痛苦不堪的经历给予了他单凭莫斐斯的陈述所无法给予的东西吗？——一个充分的理由相信一直到最近，他的生命都是在母体内度过的吗？或者，在经历了这些奇怪的事情之后，对他而言，仍然相信这个令人惊讶的故事是愚蠢的举动吗？

需要注意的是，我并不是在问，尼欧的新信念（即他认识到他已经在母体内度过了一段时间，而现在他脱离了母体的控制）是否有可能是不真实的。的确，这是有可能的。可能母体并不存在，尼欧一直是生活在平凡的世界里，他现在被诱骗选择了红色药丸，而红色药丸实际上是一种强大的能够令人产生幻觉的药物，等等。（无可否认，在我看来，发现这是事实会是多少让人感到失望的一种结局。）

很明显，这是有可能的。但是，并不是有可能的每件事情都是我们有充分理由认为是真实的事情。再者，这种可能的事情不应当把我们的注意力从对可行的事情的讨论上转移开。因为正是我们有理由相信是可行的事情才影响到我们认为可以合理地相信的那些事情。

那么，尼欧有充分的理由相信他事实上已经相信的那些事情，即他以前是，但现在不是母体的俘虏吗？假如是这样的话，那么我们可能会说他不但相信它，而且他还知道它。（假定存在错误的可能性，这将属于一般知识。）

即使是考虑到他自己近来的奇怪经历，尼欧也许并没有充分的理由相信母体的故事，对于这个观点，我想发表一些严肃的看法。让我们假定尼欧大约是25岁左右。如果是那样的话，那么在相信母体的故事的时候，他就要抛弃25年来极为正常的生活经历，把那些经历看作是不值得信赖的，而去相信最近这几天的奇怪经历，把这些经历当作是他应该真正信赖的、可靠的东西。这看起来似乎有些草率——尤其是当我们记起在他吞下了那颗奇怪的红色药丸之后，随之才发生了所有这些离奇的经历时。

当我们意识到无论尼欧具有能够解释他经历的什么样的能力，这些能力都是通过他的生活才获得的，而现在他应该抛弃这种生活，把它们看作是完全不能够信赖的时候，情形变得更加糟糕。也就是说，正是因为在他前25年的过程中所具有的那些经历，他才知道从他的感觉所提供的信息中做出什么样的推断才是合理的。但是，如果他相信关于母体的故事，那么他就要抛弃掉他所学到的关于如何解释他的经历的每一件事情。这里是一个小清单，在解释一个人自己的经历时会用到的一种单凭经验的方法，如果尼欧接受了母体的故事，那么他必须抛弃这些方法：

（1）一般而言，人并不说谎，因此，如果看起来好像某人正在告诉你某事，一般而言，你可以相信那是真的。

（2）如果听起来好像某人正在说英语，可能他们真的是在说英语。

（3）如果看起来你记得自己做过某事，你可能真的做过了。

（4）人在接触的时候不会转动身体。

（5）人在生气的时候头不会飞出去。

（6）人走动的时候鞋子发出的噪声不构成他们用来与你交流的声音。（因此没有必要试着去解释那些鞋子的声音！）

（7）当一个物体看起来正在变大，通常这意味着实际上它离你更近了。（同样，表面上看起来正在变小意味着离你而去。）

（8）即使是在你没有考虑它们的时候，事情也依然存在着。

我们相信许多诸如此类的事情，即使它们极为明显，我们也从来没有停止过去思考它们。不但我们（你，我，尼欧）相信这些奇怪但又明显的事情，而且相信它们是正确的。相信它们也是合理的。但是和它们看起来一样明显，我们并不是一出生就知道它们。那么，什么能够证明我们相信它们是正确的呢？我们相信它们是正确的，是因为它们符合我们所有的经历（我们没有任何理由不相信那些经历）。它们看起来是如此明显地正确，是因为我们从来没有任何经历可以给我们一个理由对它们其中的任何一个产生怀疑。但是，如果我们具有不同的经历，它们看起来可能就不会那么明显；甚至它们看起来可能会是明显错误的。因此，这些单凭经验方法的判断关键取决于一个人过去的经历。如果你不信赖你过去的经历，那么你就没有理由相信那些原则。我在上面指出的这些原则是尤其重要的，因为它们可以帮助你解释你现在的经历。因而，只有能够证明你依赖这些单凭经验的方法来解释你的经历是正确的，那么才能证明你用这种方式来解释你现在的经历也是正确的。但是，只有你相信你自己过去的经历，那么才能证明你依赖那些解释性原则是正确的。如果尼欧相信他的所有经历，包括直到最近他发现自己被邪恶的计算机喂养这些经历，那么他就没有理由信赖它们。因此，他就不会相信上面的这些解释原则，那么他就不会用他以前经常使用的正常的方式来解释他现在的经历。

因为我们在生活中所具有的经历，某些事情看起来是正常的，其他一些事情则是出乎意料的。如果我们发现一直在和我们谈话的一些人事实上并不是在讲英语，而是在讲其他国家的语言，只不过听起来像是在说英语而已，而实际上意思却全然不同，这看起来会非常奇怪和意外。如果我们发现某些人总是在星期二和星期四说谎，这也是非常奇怪和意外的。或者一些人在生气的时候他们的头会突然飞出去。奇怪和意外的事情（与正常的和期望中的事情一样）只不过是我们已经经历过的，或者是过去常常经历的事情的一种功能。如果尼欧不相信他自己过去的经历，那么他预期他过去所经常预期的事情就不再是正确的。那么他声称这种事情是正常的，那种事情是奇怪的、意外的和不可能的，这种主张就不再是正确的。如果某人（如莫斐斯）开始发出噪声而听起来像是在说英语，那么出于习惯，尼欧会倾向于认为莫斐斯是在说英语，因为尼欧习惯了一个人们经常是说英语的世界。但是如果尼欧相信那个世界是由邪恶的计算机所制造的，那么他就不能信赖那个世界。因此，尼欧就不能相信莫斐斯真的是在说英语，或者莫斐斯正在告诉他真相，或者当他生气的时候他的头不会飞出去，因为他相信那些事情中的任何一个的判断都依赖于他不能信任的那些经历。

但是这意味着，如果尼欧相信他在母体内度过了他的大部分生命，他的生活经历都是由邪恶的计算机灌输给他的，那么他表面上接受莫斐斯告诉他的这个故事就是不正确的。当莫斐斯告诉尼欧（或者看起来是在告诉他）他是生活在母体内的时候，如果尼欧不应该相信莫斐斯所说的话，那么尼欧也就不应该相信他自己生活在母体内。我们可以称它为一个自相矛盾的信念。恰恰是你相信它这个行为破坏了你有充分的理由去相信它。（比较一下："我极其讨厌数字，以至于我所说的凡是里面包含数字的陈述有50%都是错误的。"）

当然，观众有权接近更大的图景。我们碰巧知道母体这个程序世界与真实世界足够相似，以至于尼欧倾向于解释他的经历（比如，莫斐斯在说英语，在告诉他真相）的这种方式使得事情恢复了正常。但是，尼欧（与观众不同）缺乏任何充分的理由认为母体内的世界与真实世界很相似。你可能会认为他的新经历很快会证明，他相信真实世界与母体世界是相似的（在正确的方面）这一点是正确的。但实际上这些新经历是毫无用处的，除非他依赖于某种像上面提到的那些解释原则是正确的。而且，正如我们所看到的那样，既然他不能够信赖他过去的经历，他依赖于那些解释原则就是不正确的。不依赖过去的经历,那么他同样就不能依赖于现在的经历。这个结论实际上是一种被普遍接受的观点的一个后果,在认识论上称之为整体论:没有一点经历可以单独起到辩护作用,而是只有作为更大的相互联系的一系列经历和信念——当然,其中包括解释性原则的一部分——才能发挥作用。(如果这样的观点看起来明显是错误的,这里的论点很可能不会太引人注目。)因此,尼欧在用他以前所用的方式来解释他现在的经历的时候就是不正确的,而且由于这些新的经历(比如,他以前是在母体内,但现在不是在母体内)他开始相信的那些事情也是不正确的。在这里应该得出的适当的结论看起来应该是,尼欧并不是真的知道(即使是从一般知识的最不严格的意义上而言)他以前是在母体内,而现在不是。

　　我认为这一推理思路可以被归纳来应用于大多数与母体存在的可能性类似的大范围内的怀疑性假设。也就是说,我认为可以说明相信这些荒谬的、稀奇古怪的故事几乎总是自相矛盾的。但是把那留给另一种场合去讨论吧。现在我要返回到我们开始时的观点,即,母体存在的可能性。

母体存在的可能性有意义吗?

　　需要记住的是,母体存在的可能性即是这种观点"很有可能我(或你)现在就处在母体内"。现在我要考虑的议题就是,在什么程度上,在什么范围内,像母体存在的可能性这样的事情会有意义。在什么程度上,我们现在可能在母体内这一想法真的是一种自洽的可能性?

　　我要立刻解释清楚的是,在担忧《黑客帝国》的故事是否真的向我们提出了一种自洽的可能性上,我的目的并不只是简单地指出这部电影在情节上的一些小矛盾。可以说,我也不担心这个故事在技术上或科学上是否是可能的。也就是说,也许会表明这个故事违反了物理学上的某些规律,例如,可能会因为遵循那些线索的一些理由被认为是不可能的。但是那并不会打扰我的思路。更确切地说,我担心的是,在某个层面上,是否这个故事甚至在概念上都是不自洽的。

　　正如我已经指出的那样,如果你现在是在母体内,那么你的许多信念就是不真实的。(例如,你可能认为你现在正在读书,而实际上你正飘浮在一个黏性物的夹层里,在你附近的任何地方根本就没有书的存在。)我认为正是这种普遍的错误——这种巨大数量的不真实的信念——开始威胁母体故事的自洽性。(一会儿我们就会明白为什么。)但是,当然并不是尼欧的所有信念都被证明是不真实的。例如，他知道自己的脸长得是什么样子，而结果表明他是对的。[也可能，他从母体中出来结果发现自己长得看起来像著名歌手芭芭拉·史翠珊（Barbra Streisand）——那样的话怎么可能不令人震惊！]但是，如果我们能够设想一个像《黑客帝国》那样的世界，那么我们确实也可以设想出另一个世界，在那个世界里计算机只不过是有一些恶毒罢了；在那个世界里它们专注于每一个细节以确信它们能够使得在母体内它们俘虏的那些人的不真实信念最大化。

我真正想要问的问题是这样的：我们真的认为这种观点有意义吗？即一个人有信念但他的那些信念都是或几乎都是不真实的？如果回答是否定的，那么最终，我们就不能够认为像《黑客帝国》这样的故事（或至少是我认为的只不过是计算机有些恶毒罢了）是有意义的，因为《黑客帝国》涉及的那些人的几乎所有的信念都是不真实的。因而，像母体存在的可能性这些观点也许根本就没有意义，即便在最初的时候它们听起来是十分有道理的。我想要尽力去驳斥那些相反的论点，我们真的不能认为存在着这样一个所有的信念都是或几乎都是不真实的人这种观点有意义。

为了更加精确，我将要设法论证的是，一个人（如丽莎）将不会认为一个故事有意义，如果在那个故事里某个人（比如说，荷马）具有信念但是这些信念都是或者几乎都是丽莎认为不真实的信念。因此（用我们自己替代丽莎而用尼欧替代荷马），我们最终，将不会认为这种观点有意义，即尼欧（或其他任何人，包括我们自己）具有一些信念但这些信念都是或者几乎都是我们认为不真实的。

我想要验证的论点的主要部分是：在特定的主题上，一个人只有一种单一的信念，这种说法是没有意义的。为了对某事具有单一信念，一个人必须有许多关于某事的信念。一个例子会帮助我们更好地说明这一点。假设我正在和我的朋友克莱塔斯（Cletus）谈话，我们的谈话内容如下：

克莱塔斯：熊让人害怕。

我：为什么你会这么说？是因为它们体形巨大吗？

克莱塔斯：它们体形大吗？我不清楚。

我：因为它们是身上有毛的动物吗？

克莱塔斯：它们身上有毛吗？我不清楚，实际上，我甚至都不知道它们是动物。

我：那么，至少你知道它们是生活在自然界里的生物，对吧？

克莱塔斯：当然。

我：你觉得它们可怕是因为它们看起来像小鸟吗？

克莱塔斯：噢，它们真的像小鸟吗？

我：开个玩笑而已，至少你一定知道熊长得什么样子吧？

克莱塔斯：啊……不知道。那它们长什么样？

我：别逗了！ 那你总该知道点什么吧？

克莱塔斯：我当然知道，它们让人害怕啊。

我：除此之外呢？

克莱塔斯：嗯……不知道了。

　　谈话到了这里，我们可能就会开始怀疑，也许当克莱塔斯说出"熊让人害怕"的时候，他只是在重复他听到的别人说的话，但是他自己完全不知道这是什么意思。无论如何，很显然他自己并没有熊让人害怕这种观念，因为他自己对熊根本就没有任何了解。对我而言，为了把"熊让人害怕"这种信念归因于克莱塔斯（不考虑我是否认为特殊的信念是正确的还是错误的）显得有意义，我必须弄清楚他所具有的相关概念（即熊和害怕）的意思。但是对我而言，为了弄清楚他对熊所具有的概念的含义，我必须把一些关于熊的我认为正确的（比如熊是动物，它们看起来不像小鸟等等）信念归因于他。没有这些其他的信念，就没有任何事情可以帮助我们牢记克莱塔斯的意思，当他说"熊"时——如果确实这个字对他而言有任何意义的话。我主张，把熊让人害怕的信念归因于克莱塔斯和我们吧，比如说，岩石是让人害怕的这种信念归因于他是一样的。[这种观点，即一个人的信念决定了一个人所说的话的意思——也就是，决定了这个概念，如果你的话代表了任何意思——是在整体论的标题下的那些普遍观点的另一个方面。从这个意义上而言，它经常被称为意义整体论，或者是概念整体论。再一次验证了奎因（Quine），戴维森（Davidson）和塞拉斯（Sellars）的观点。] 即使是我们应该假定克莱塔斯对害怕这个词有一定的概念，至少他说了非常一般的事情像"熊是某种东西，而不是熊什么都不是"，我们归因于克莱塔斯的是一个信念即存在着某种让人害怕的东西是正确的，而不是这种信念，即熊（如你知道的那样，那些巨大的、有毛的动物，看起来不像小鸟等等）是特别让人害怕的。

让我们稍微总结一下这些结论。假设我想说某人具有许多不真实的信念。对于每一个不真实的信念我都要归因于那个人,我必须弄清楚这个人具有的具体的概念,包含那个不真实的信念的意思。但是这意味着我必须把一些我认为是真实的信念归因于这个人。因此,对于每一个不真实的信念我归因于某人(比如,荷马),我也必须把一些真实的信念归因于他。如果,我要说荷马的那个信念是不真实的,必须会有荷马的许多其他信念我认为是对的,那么对我而言,说一个人的所有信念都是不真实的就解释不通了。仍然会有许多真实的信念。在我们认为他的其他信念是真实的这样一种背景下,我们才可以说一个人的信念是不真实的。当我们没有把注意力都放在我们必须归因于这个人的那些真实的信念上的时候,一个人的信念都是不真实的这种观点才有意义,才讲得通。

这种论证思路是否成功地表明了母体存在的可能性并不是一种真实的可能性,或者它并不是真的可以理解的? 不幸的是,我并不这样认为。因为即使是母体内的邪恶的计算机也不能够使得你的所有信念都是不真实的(因为那样的话,它们根本就不会被认为是信念),如果你是在母体内的话,那么仍然会有许多,也许甚至是大多数你的信念可能都是不真实的。因此,在最后,我仍可以承认母体存在的可能性的可理解性。你的确可能是在母体内,并且即使是你能够确信并不是你的所有信念都是不真实的,但是,的确你的许多信念可能都是不真实的。

阅读思考: 你认为《黑客帝国》中假定的"母体"有可能存在吗?《黑客帝国》中的哲学思考,与你平时默认的一些哲学观点有什么冲突?

未来就在眼前：
科幻原型和电影叙事在促进
现实世界技术进步中的作用①

柯 比

柯比，目前定居英国，任曼彻斯特大学科学技术史和医学史中心高级讲师，教授科学传播、科幻和科学史课程。此文选自一本涉及科学与电影的著作，作者在书中提出，电影也会影响科学，流行电影中的科学情节，同样能推进研究，促进技术发展。此文，结合若干实例，从正面讨论了电影中的科学元素，如何可能推动现实中的技术发展。

我希望把火星登陆的画面印入观众脑海中。

——电影导演詹姆斯·卡梅隆在火星学会的致辞

1981年9月19日，观众见证了首例成功的永久性人工心脏移植。病人是一位20岁的女子，术后她没有身体并发症。她走出医院，医生告诉她，他给了她"一颗正常的心脏"。我们无法得知这位女子会活多久，因为这项移植发生在电影《起点》（1981）中，并非现实世界。这部电影上映后次年，第一例永久性人工心脏移植手术就在1982年9月2日的犹他大学医学中心完成了。

今天观看《起点》的观众如果把这部电影误当作一部历史纪录片或者人工心脏发展史回顾片，也可以理解。电影名单上有一位医学顾问，包括丹顿·库里和罗伯特·贾维克，他们在1982年现实中的移植手术中表现出色。假设贾维克就是术中所用人工心脏贾维克–7（Jarvik-7）的发明者，那么他理应参与电影制作，这样就能减少公众恐惧，还能展示出未来医学技术的可能发展。其他有争议的医学技术（如试管婴儿、起搏器和假肢）在20世纪60和70年代研究者引

---

① ［美］大卫·柯比.当科学遇见电影[M].王颖，译.上海：上海交通大学出版社，2016.

入临床试验时遭到了公众的强烈抵制。20世纪60年代晚期第一波技术狂潮后，甚至活体心脏移植也遭到了激烈的公众批评，在英国被禁用。

为了消除公众焦虑，科学家不得不确认：①这个技术的必要性；②病人体内植入人工心脏后的常态；③心脏的存活能力。贾维克、库里和其他顾问明显相信这部电影是一个重要的公关契机，于是他们帮助制片人建构了一个故事，明显涵盖了这三个关注热点。

电影第一部分的一个关键主题是捐赠心脏稀缺而且容易发生问题。开始的其中一条主线是名叫亨利的角色在等候一位心脏科医生。另一位角色粗略地做了叙述，亨利在等待"一场对他有利的摩托车事故"。亨利的身体排斥捐赠心脏，因此中心负责人弗兰博士抱怨那些妨碍人工心脏发展的人（表明它的必要性）。另外，对白突出了科学家对新医学技术带来"不理智的"恐慌的关注。比如，发明心脏的角色告诉一位持怀疑论的人："事实是，15年前，起搏器风行一时。人们说那个是非自然的，让病人在平静中死去更好一些。现在，这已被视为家常便饭。没有人会质疑它的功用。"《起点》同样表现了公众的担心，即机器心脏会让患者感觉像一个机器人。外科医生和科学家反复向病人保证，虽然心脏是一个"奇迹"，但她还是"同一个人"（这里讲的就是常态）。

最重要的是，电影在现实主义定位上展示的发挥作用的机器画面树立了永久人工心脏的成就感（强调它的可行性）。贾维克按照"贾维克-7"设计了电影的心脏模型。电影呈现了贾维克心脏是如何解决和旧技术相关的问题的。在一个关键镜头中，弗兰博士把贾维克的心脏植入这位女子的身体，然后启动。接着，观众听到了一个声音，任何熟悉现代电器的人都能听出：微弱的嗡嗡声是让观众放心，说明机器在运转。随后，是血液流过人工心脏的特写镜头，表明这会是一台真正拯救生命的仪器。从情节、叙事、对白和特效上看来，《起点》这部影片使陌生骇人的机器看起来熟悉而有价值。

本文中我要讨论科学家如何创作电影画面证实技术的可能性，从而减少观众的顾虑，挑起他们的欲望去目睹这些可能性是如何变成现实的。对于科学顾问来说，未来技术的电影描写即我命名的"科幻原型"，向大量的观众展示了一种技术的有用性、无害性和可行性。科幻原型具有一种重要的修辞优势，甚至超过了真实原型：在科幻世界（电影学者所称的"故事"）这些技术作为"真实"客体存在，正常发挥作用，人们实际地使用它。在电影世界中，罗伯特·贾维克的人工心脏的科幻原型工作正常、安全可靠，还拯救了生命。

社会语境化和科幻原型作为表演神器

如果历史和社会学的知识没有教给我们什么别的，技术进步并不是不可避免的、注定的或者线性的。任何一个障碍都会阻碍或者改变一个潜在技术的发展，如资金不足、公众对技术使用的漠视和对应用前景的担心，或者根本认为技术不起作用。对科学家来说，推动技术发展最好的方式就是制造出有效的物理样机。但是，有效的物理样机花费时间、造价不菲，而且需要启动资金。本文开头引用的詹姆斯·卡梅隆的话证实了，制片人和科学顾问相信电影能够通过展示可能的技术前景，鼓励公众支持技术进步。正如《起点》所显示的，电影叙事能够通过证明这些技术的必要性、无害性和可行性来鼓励公众的支持。科幻电影能够在观众头脑中勾画出"技术可行"的图景，这使得制片人和科学家相信电影叙事中的描述能够帮助扫清发展中的障碍。

露西·萨奇曼和同行把科幻原型称作"表演神器"，它确立了新技术在社会领域中的可行性和可能性。在科幻原型中这些表演特质特别明显，因为一部电影的叙事结构中，技术是有着社会背景的。影片叙事需要确定性来推动情节发展，电影要求技术发挥作用，给他们的用户提供实用性。影片中的技术客体全都是人工的（描述的方方面面都在掌控中）跟实际的客体一样平常。人物角色把这些技术视为他们这种处境下一个"天然"的组成部分，和这些原型展开互动，看起来它们已经成为日常生活的一部分。对于技术专家朱利安·布利克而言，电影人物通过创作让观众理解，从而将技术产品"社会化"，"相当于让这些产品和社会发生关联"。如此，潜在技术的必要性就在流行电影框架内建立起来了。

本文的目的是集中讨论科学顾问和饶有兴致的制片人的行为，从而具体说明它们如何建构起电影剧情（它们的科幻原型）来着眼于创造现实中的资助机遇和建构现实生活原型的能力。制片人和科学顾问精心制作科幻原型，完整阐述技术情节，涵盖了和技术有关的科幻世界的所有部分。从他们的行为中，他们建构了一个电影现实，在真实世界和电影世界都具有自洽性。科幻原型创作中，拍摄的镜头找机会证明其现实意义，假定真正需要这种技术，避免削弱技术和暴露风险的镜头。建构科幻原型的技术倡导者对告诉观众这些虚构技术可能而且应该在现实中存在怀着既定的兴趣。本质上说，他们在创作还未面世的技术的"前植入式广告"。

本文开篇提到了一个医学技术案例，这种技术已经开发出来，在动物实体上试验过，随时可以投入使用，但要应用在人体上尚需要征求公众意愿，因为涉及伦理问题。相反，如电脑技术等非医学技术可能不会对用户造成身体伤害，但是会给企业家带来财务风险，因为潜在消费市场的不确定性会造成高额的开发成本。同样地，太空技术不会有明显的社会效益，却有极高的费用以及有明显的挑战和风险。要引起公众对潜在技术的兴趣，还有比用流行电影来证明它的潜力更好的方式吗？在接下来的小节中，我将探讨技术发展案例，在这些案例中，在引起公众兴趣（和接下来的政府或者企业行为）后将这些技术从科幻转为现实过程中，科幻原型起到了作用。

科幻的"虚拟现实"：电脑技术的可视化

技术企业家和电影导演布雷特·伦纳德出品了电影《天才除草人》（1992），这部电影以虚拟现实的潜力和3D交互技术为主题。电影根据斯蒂芬·金短篇故事改编，原始素材极简主义的特质给伦纳德提供了一个在虚拟现实技术基础上创作一部电影的契机，他就这一技术广泛地与数字先驱如贾瑞恩·拉尼尔探讨过。这部影片的电脑合成视效达到了拉尼尔的预期。首先，最先进的电脑绘图将会是主要卖点。其次，主角生存的乔布虚拟现实世界将向观众展示虚拟现实技术应用于现实世界的可能性。对拉尼尔而言，虚拟现实代表他公开宣称交互技术类型中一个极端的例子。《天才除草人》的目标是虚构一个以交互技术为特征的现代"技术神话"。作为这个神话制造过程的一部分，他创建了一个"叙事环境"，其中呈现的技术成为了电影画面天然的组成部分。

伦纳德还明白，新兴但未知的互联网技术强化了复杂的科幻原型的合理性。利用他的社会关系，他得以与数位计算机科学前沿的工作者探讨数字技术的未来发展，其中有尼古拉斯·尼葛洛庞帝和史蒂夫·沃兹尼亚克。他的制作设计师艾利克斯·麦克道威尔说，制片小组还参观了一些电脑公司，包括太阳微系统公司和苹果电脑。他们在寻找新技术，从而能够让影片的虚拟现实技术显得更前沿、更具前瞻性。虽然影片的恐怖性惹恼了许多虚拟现实支持者，但影片的画面是推广虚拟现实技术可行性的利器。这部电影提供给观众的虚拟现实"体验"是目前的虚拟现实技术无法企及的。刊登在1992年度《全方位》（Omni）杂志上的一篇文章描写了虚拟现实未来迷人图景给人的感受："在画面中，你会看到未来的世界可能会是什么样。目前，大多数虚拟现实系统都相当简陋，但是这项技术进展迅猛。潜心研究的计算机专家大卫·C.特劳布来自中心点通信（centerpoint communications），他也是本片的顾问。他认为，《天才除草人》通过'超越这些新玩意的未来主义光环，展望那些他们常常描绘加工的幻想'来强烈暗示我们可能即将发生什么。"《天才除草人》在票房上取得了成功，拉尼尔紧接着拍摄了另外一部虚拟现实技术题材电影《时空悍将》（1995）。

拉尼尔达到了预期的成功，他的虚拟现实技术影片制造了一个"现代神话"，他的沉浸式娱乐技术挑起了公众的胃口。《天才除草人》的成功至关重要，他获得了创业资金，成立了拉尼尔平方娱乐公司（L-Squared Entertainment），他开始开发新兴交互式娱乐技术。《时空悍将》之后，拉尼尔开始设计他在《天才除草人》中提到的各种交互式体验，包括第一部IMAX 3D电影《回到白垩纪》。拉尼尔相信"这是你前所未有的、随着情节的铺开、最零距离沉浸式体验绝妙的虚拟现实技术的一种方式"。对拉尼尔来说，只有成功的科幻原型才会让这个技术开发成为可能。

约翰·昂德科夫勒得到机会为《魔力女战士》（2005）和《钢铁侠》等电影中的电脑合成技术创作原型，给他的工程公司同样带来了好处。他曾经为其他好几部有名的电影做过顾问，其中包括由史蒂文·斯皮尔伯格导演、汤姆·克鲁斯领衔主演的高技术含量大片《少数派报告》。电影能够逐步挑起公众的愿望从而去见证虚拟技术在现实世界中的进展，昂德科夫勒十分清楚这一点。实际上，他在每次做顾问的契机中，都有着明确的目标，即开发出能够收入现实世界科学话语的"技术想象术语"。为了达成这一目标，昂德科夫勒在涉及科幻原型时，仿佛设计的不单单是物理原型，而出现在科幻世界中也同时存在于"日常生活"中的真实世界物体。

尽管昂德科夫勒负责设计《少数派报告》中所有的技术，但他的主要关注点是基于手势识别的人机交互技术，主角约翰·安德顿在用手操作电脑数据库时会用到这个技术。《少数派报告》给约翰·安德顿提供了一个绝佳的机会向公众和潜在投资者证实，他的手势人机界面技术不仅仅会发挥作用，而且这项技术用起来很"自如"、很直观。一个重要的原因是昂德科夫勒一丝不苟地把电影呈现当成真实原型："我们努力地在电影中实现手势人机界面。我把这个项目当作一个真正研发计划来做。"

影片角色应该对电影中的技术习以为常，方可成功地转达给观众：这些技术并不是什么奇怪招数，而是日常技术。对于《少数派报告》而言，这意味着手势人机界面技术搬上银幕之前安德顿应该已经实践过，而且就算摄影镜头不对着他，他也会用到这个技术。然而，对于观众而言，这些电影创作的确代表了不寻常的技术，因为他们在现实中是不存在的。这就是说，这些电影技术让观众觉得既是平常的又是离奇的。为了在电影中造成这种离奇技术以平常面目出现的感觉，昂德科夫勒把手势人机界面定义为"自洽技术实体"，不仅遵照叙事规则，而且坚持遵循自身内在逻辑和现实世界电脑技术限制。为了达到自洽，昂德科夫勒参照美国国际手语研制出了一整套达到统一的全新手势语言、特殊武器战术小组指令、空中交通管制信号，以及柯达伊音乐音阶手势。虽然电影中只呈现一小部分这种语言，但昂德科夫勒认为有必要设计一整套指令和手势。为了确保他的科幻原型能正常使用，让用户运用自如，他制作了培训视频、手册和手势词典。出于制片需要，昂德科夫勒做了全盘周密计划，演员也做到了即兴表演。从技术的电影真实性角度来说，一套开发完备的手势人机界面减少了可能出现的不同类型的逻辑矛盾，而这些矛盾就有可能暴露电影的建构本质。手势人机界面的自洽性增强了电影的真实性，但对昂德科夫勒来说，更重要的是，这样看上去任何人都能够使用这个技术。

昂德科夫勒还显现了可能的技术缺陷，这样，手势人机界面在影片中会更像一个"真实"的技术。用最虚拟的技术打造出完美是不对的，因为这种描述与观众经历不相匹配。昂德科夫勒解释道，在手势人机界面案例中，这项技术对用户手势有着难以置信的灵敏度。所以，电脑屏幕上的数据会有意或无意地执行任何手势。昂德科夫勒向斯皮尔伯格建议增加一个镜头，安德顿正在使用手势人机界面时，有人伸手过来，安德顿会本能地去挡这个人的手，这样一做，他就把屏幕上的所有数据移到另一端了。昂德科夫勒让斯皮尔伯格明白了，这个缺陷将增加可信度，却不会抹杀它的真实性，因为突出了技术自洽的一面。斯皮尔伯格发现这个理论在视觉上很有趣，所以他把它用在了电影中。这个"缺陷"同样帮助昂德科夫勒让公众相信：他的技术可以用在现实世界中。对潜在的手势人机界面的一个担心是，它们对动作反应不够灵敏。所以，影片中的"缺陷"并非真正的设计缺陷；昂德科夫勒有意造成这一点，是想要凸显一个事实：这个技术运转得极其正常。

最后，昂德科夫勒的科幻原型在许多方面都获得了极大的成功。他的手势人机界面迅速成了交互技术的讨论热点。昂德科夫勒自己从这个科幻原型上赚够了资本："在《少数派报告》公映之后，无数从这部电影中看到某项技术的个人、组织和公司前来联系，向艾利克斯（麦克道威尔）或我打听，这是真的吗？如果不是真的，我们可不可以付钱请你们开发？ 这些技术中主打的当然是手势人机界面技术。"这些合作为昂德科夫勒带来了奥布朗工业公司（Oblong Industries）的启动资金，从而把他的科幻原型变成了他的G-Speak技术物理模型。反过来，这个真实原型促成了他同军工巨头雷神公司的合作开发。昂德科夫勒在《少数派报告》中的顾问工作在这个案例中不可忽视；他精心设计的科幻原型是整个发展进程中的关键因素。

电影中的火箭试验：《月中女》证明太空旅行的可能性

科幻原型可能对太空旅行这样的技术特别有效，因为这种技术的发展离不开公众的支持。弗里茨·朗聘请了赫尔曼·奥伯特、威利·莱伊和德国火箭协会（VfR）来担当1929年影片《月中女》的顾问、助理。本次合作貌似是双赢。朗是德国最伟大的电影艺术家之一，1926年他创作了科幻经典《大都会》，请来著名的奥伯特参与电影制作。除了希望增加科学真实性之外，他还希望能带来显著的宣传价值。朗和电影制作公司全球电影股份公司（Ufa）甚至委托奥伯特制造一枚火箭在电影首映式上发射，为宣传作秀。对奥伯特而言，一部由世界顶级导演之一执导的影片是一个推广火箭的有利渠道，尤其可能将他研发的液体推进剂火箭介绍给全世界观众和潜在的投资人。此外，奥伯特还得到了全球电影股份公司和朗的重要研究基金。奥伯特把首映式发射看作证明其理论可行性的一场见证会。

尽管奥伯特是火箭研究的先驱和德国空间运动领域的领军人物，但是他的研究资金十分匮乏。他的液体推进剂火箭理论迫切地需要得到试验和验证，因为直到当时他所有的工作都还只是理论研究阶段。其实，奥伯特遇到的荒唐的两难境地是今天任何一位申请资金的科学家都能理解的。奥伯特筹集实验研究资金的唯一方法就是让投资者相信他的研究是可行的。然而，奥伯特能展示研究可行性的唯一途径就是成功发射一枚实验火箭、开发那枚火箭，当然这就需要资助。

尽管在20世纪20年代的德国，研究资金的来源甚少，但公众对火箭研究和太空飞行还是有浓厚的兴趣。全球电影股份公司成立于1927年，一定程度上是为了给奥伯特的研究筹集资金。大众科学作家莱伊是公司创始人之一，担任首任副总裁。莱伊热情拥护所有的太空旅行，尤其支持奥伯特的理论。不过，尽管全球电影股份公司可以通过捐赠和会费募集到一些资金，但还是不足以支付奥伯特的实验费用。

撇开需要资金的因素，奥伯特一开始极不情愿担任顾问。奥托·弗博斯在1930年一篇文章中回忆道，奥伯特"得知全球电影股份公司邀请他担任电影《月中女》的顾问时大吃一惊"。虽然奥伯特很喜欢阅读儒勒·凡尔纳和赫伯特·乔治·威尔斯的小说，但是他还是对通过电影传播太空旅行的理念有顾虑。他担心，电影只会增加他在其他大众文化创作中看到的卡通效果，而不是能够表现太空旅行的可能性。正如弗博斯所描述的："奥伯特在决定接受这个职位之前，不得不打消很多顾虑。因为报纸、杂志、小说和漫画已经明显违背了科学严谨性。"尽管有这些顾虑，奥伯特还是接受了朗的邀请，于1928年秋天搬到柏林，开始他的电影工作。

莱伊和奥伯特一起担当天文学顾问，撰写宣传文章。和奥伯特不同，莱伊没有丝毫顾虑，他预估了这部由德国最著名导演之一制作的太空旅行电影的巨大宣传潜力。莱伊说："弗里茨·朗要拍一部太空旅行的电影，这的确是个好消息。在当时的德国，几乎难以形容那个名字有多大的魔力……所以，弗里茨·朗的太空旅行电影就意味着用一种极富感染力和发人深省的方式传播几乎难以超越的理念。"

莱伊希望奥伯特的科幻原型能够鼓励公众支持政府为研究投入资金。一部"弗里茨·朗的电影"成了德国重大的社会事件，这是额外令人高兴的事情。受邀出席这部电影首映式都得"穿燕尾服打黑领带"，这是一个很好的机会，能直接影响到那些可能真正有办法支持火箭研究的个人：

弗里茨·朗的电影首映式是举世无双的社会活动。观众（虽然没有明文规定，但这是严格的礼仪，必须穿正式晚礼服，不得穿无尾礼服）席上坐着的就是艺术文学领域真正重量级的人物，还有一些政府高级官员。毫不夸张地说，如果弗里茨·朗的电影首映期间，电影院大楼突然倒塌，德国会瞬间失去大部分的知识领袖。

如果影片拍摄得好，太空旅行的镜头足以"证实"其可行性，就能为真正的实验筹集资金。所以，奥伯特在设计这个电影用的火箭和轨道时，就完全像真正在设计一次太空之旅一样。虽然朗时常在如何描述月球的问题上跟他的顾问争执，但是在设计火箭画面这个问题上，他给了奥伯特很大的自由，从起飞到飞行场面的技术细节。对奥伯特而言，得到在弗里茨·朗电影中设计火箭飞行的机遇，即使他再不满意影片中涉及的月球科学准确性也都无关紧要了。

作为履行制片职责的一部分，奥伯特也负责制作宣传/实验火箭的运作。因为实验火箭名义上是用来宣传影片的，奥伯特、莱伊和全球电影股份公司意识到，这个实验火箭作为宣传火箭的作用和宣传影片上的作用一样大。此外，奥伯特和莱伊发现了这部影片和实验火箭之间的重要联系。既然奥伯特设计的电影中的火箭（他的科幻原型）是以他的B型液体燃料火箭的基础上设计的，那么，首映式上成功的火箭发射就能最终证实电影太空飞行的合理性。根据莱伊所说，"这个观点即是说，这个真实的火箭代表影片中问题解决方案的第一步。"最后，奥伯特设想，首映式上实验火箭的起飞能够证明他的理论的可行性，而这些理论将在银幕上展示给观众。

在全球电影股份公司和朗的资助下，奥伯特致力于四个月内开发和改进一枚能够升空80千米的火箭。可惜奥伯特的前期工作主要都是理论研究，极少实作。用莱伊的话来说："（奥伯特）是当时火箭推进方面的最权威，但他是一位理论家而不是工程师。"火箭造了四个月，他们的努力只换来了一连串的爆炸声和几近失明的奥伯特。奥伯特唯恐没能造出大肆宣传的火箭会威胁到他的声望和引起对液体燃料火箭可行性的质疑。当他意识到他不能够将可用的模型准备就绪赶上首映的时候，他飞到了柏林。

尽管奥伯特在现实世界中没能制造出火箭，但是他为电影设计的发射画面大获成功。这个场景栩栩如生、引人注目，向有影响力的人物（包括阿尔伯特·爱因斯坦以及电影首映式上的潜在投资者和政府官员在内）转达了火箭旅行的可能性。按照莱伊的描述：火箭从地球升空，首映式观众中发出了一片惊呼：

毫无疑问，无论在地球还是月球上，没有其他任何状况能够让这群冷静、内敛的专家观众如此失态——其中有记者、学者、外交官、富翁和明星。目睹这些卓越的技术成就时，观众席炸开了锅。群情振奋，陶醉其中。影片中火焰喷射的火箭将他们一肚子的怀疑、冷漠和厌恶以火箭飞越银幕一样快的速度一扫而光，让他们见证了火箭的巨大潜力。

电影评论家同样承认在发射镜头中看到了"巨大的潜力"。发射火箭的镜头给全世界的电影评论家留下了深刻的印象，其中就有艺术历史学家鲁道夫·阿恩海姆和法国记者吉恩·阿诺伊。

其他的火箭科学家立即意识到火箭电影画面向观众展现技术"可能性"的说服力，于是他们把发射火箭的画面作为一个推广手段和筹款工具。奥伯特的一位科学对手罗贝尔·埃斯诺-佩尔特里在1931年纽约的募捐活动中展示了《月中女》的这个发射画面。《纽约时报》关于这一事件的报道抓住了科幻原型的本质元素："影片生动展现了登月者期待的一些绝妙体验。昨晚观众观看了（《月中女》的片段），仿佛就是一则当今真实事件的新闻短片。"银幕上火箭发射成功，奥伯特当初没能为首映式制造出能实际运作的火箭也就无关紧要了。柏林以及其他地方的首映式观众，离场的时候都认为他们亲见了奥伯特的火箭，因为他们在电影中见证了成功的火箭发射。最后，他的虚拟火箭（他的科幻原型）以现实中的实验火箭无法企及的方式成功研制出来了。如同拉图尔的"不可变的移动体"，电影提供了真实表现无法达到的优势；电影是可移植的、可重复的和非同一般的。20年后当太空旅行再次出现在电影中时，航天工程已经又迈出了一大步：从火箭跨度到了载人太空旅行，电影的表现优势仍然是很关键的。

未来的纪录片：《目标月球》中太空之旅可怕的必然性

冷战逐步升温，美国和苏联的鼓吹者开始利用技术霸权作为意识形态优越性的象征，这时候，《目标月球》上映了。20世纪50年代以前，当太空竞赛在科学上进展良好的时候，随着制片人乔治·帕尔的电影纪录片《目标月球》上映，相关的公众运动郑重其事地开展起来。这部电影描写的是私人出资登月旅行。电影的成功票房和良好反响开创了一段很长的好莱坞太空主题电影时期，重要代表影片是1968年库布里克的《2001》。太空旅行的未来是大量科学家（天文学家罗伯特·S.理查森、火箭科学家沃纳·冯·布劳恩和物理学家罗伯特·科诺格以及其他许多）和科学专家（威利·莱伊、艺术家切斯利·博恩斯特尔和科幻作家罗伯特·A.海因莱因）在协助电影制片中所重点关注的问题。

下面我将集中讨论《目标月球》最初的编剧和首席科学顾问罗伯特·A.海因莱因。他也是1947年《伽利略飞船》一书的作者，据说这部电影就改编自这本书。我要证实的是，海因莱因在建构这部"未来的纪录片"时，他的角色远不只是技术顾问。和赫尔曼·奥伯特一开始不情愿把他的科学名声交付给科幻电影不同，海因莱因把这部电影视为一个可以向美国公众展示火箭旅行的可行性和必要性的重要机会。还有一点和奥伯特不一样，海因莱因并不指望得到研究资金。不过，他积极倡导美国研制火箭旅行。他参加了数个火箭协会（如太平洋火箭协会），出版了不少以太空旅行为主题的短篇故事和小说。尽管他只得到了支付给他的剧本和技术支持的费用，但这部电影也给了他一个契机，不仅仅倡导了太空飞行本身的可行性，还可视化地解释了飞往太空的原因。实际上，这一技术的倡导从本质上创造了一种新的体裁，即太空电影。在《目标月球》之前，没有任何人设想一部太空电影应该是怎样的。海因莱因对《目标月球》表现形式的影响、对真实性和可信度的强调以及流露出在太空战上希望打败苏联的迫切，在今后20年对这一新体裁电影的发展都有影响。

根据海因莱因的说法，这部电影的话语权源于它对科学真实性的坚持，从他的信件往来中可以看出，自始至终制片人制作这部电影的时候都如同计划一场现实的登月旅行。从他的档案可以看出，海因莱因坚持真实性有多种原因，而所有的原因都符合他的这个理念：电影是一种展示太空旅行幻境的合理化且强有力的手段。首先，作为一名"严格意义上的"的科幻作者，海因莱因指出，创作一个无视科学准确性的太空科幻影片是亵渎科学。其次，他认为，如果制片人没有恪守科学原理却宣传这部电影是"真实的"，这就是一种欺骗。

根本上说，海因莱因相信科学真实性是电影票房成功的关键，这也是制片人和赞助商喜闻乐见的。海因莱因在若干备忘录和信件中提到了真实性对票房的好处："如果人们相信我们的电影，观看的时候信以为真，电影就成功了（票房上的成功）……看过的人会告诉其他人这是一场多么精彩绝伦、震撼人心的超现实体验——'天啊，你可不知道！ 他们真的让你感到确实是在月球上！'"海因莱因还认为，一部有科学性的电影如果能够在科学界造成积极正面的宣传，会是这样的图景："《纽约时报》科学编辑将赞美……科学家将作公开评论。"他还担心，一部不切实际的电影将会造成科学家和青少年观众的消极宣传，因为他知道"'坐在前六排那些无所不知的孩子们'是什么样的"。票房的成功即意味着有可能最广泛的观众群体见证了海因莱因的科幻模型。

对海因莱因而言，准确的表现能说明一切。一部有科学准确性的电影是"真实的"，所以，它是合理的推广工具而不是鼓吹。尽管事实上今天的观众怎么看这部电影都像是在鼓吹，但是他当时相信这部电影的主题是微妙的。海因莱因坚信，"真实性"是政治透明的关键。他在好些场合提醒制片人，"这部电影的一个目的是证明自由的人和自由的事业能够做什么——但是，这样的效果不是仅靠露骨的吹嘘就能够达到的，一定得温和处理。确切地说，我们不要宣布出来，我们要展现出来。"银幕上的太空旅行必须建立在"真正的"科学上，而不是为政治目的服务的科学。

海因莱因认为，观众能够"察觉"到真伪。所以，他处理这部电影的时候，就像在模拟一场实际的登月旅行。和昂德科夫勒、奥伯特以及其他成功的科学顾问一样，海因莱因制作这部影片时，本着电影的虚构本质于他毫不相干的态度。海因莱因的档案材料中有很多关于电影中太空飞行的每一个技术面的计算手稿，有质量比、喷射速度、轨道时间和燃料用量等。正如他所解释的："这些计算过程都不会显示到屏幕上，但结果会。"和奥伯特相似，他看到了这部影片最重要的一面，即发射、飞行和着陆月球的技术细节。海因莱因非常关注这些镜头，于是他给帕尔和制片监制马丁·艾森伯格写了一封长长的信，题为"宇宙飞船的'维护'与'支持'"，给他们提供了技术细节，"以免我被出租车撞、被投大狱，或者失踪"。詹姆斯·奥汉隆重写剧本期间，他抱怨道，"他反复确认过，从发射到着陆的画面不行也不能改动"。和奥伯特一样，海因莱因认为，太空飞行作为一项严肃的科学尝试，其信誉攸关大局，如果影片对待技术细节草率敷衍，他负不起这个责任。和奥伯特不同的是，海因莱因没有让任何技术"缺陷"显示在电影中，即使是那些能够增添技术真实性的部分。

尽管相信这些技术细节让人"感到"真实，但是海因莱因还是担心，观众对科学原理理解不充分，从而不会相信影片的太空旅行是"真的"。他最初的剧本处理意见中，有写给合作编剧里普·伦·克尔的旁注："我有一点担心，为了保证故事和戏剧效果，我们可能会遗漏有助于理解剧情基础的必要解释。在一个西方国家，无须解释驾驶、左轮手枪、套索或者烙铁——但是，实际上我们不得不解释加速度、反作用力、行星对比星星、真空、自由飞行等等，没完没了，很无趣，很悲哀但很真实。"（原文强调）为了让观众迅速理解复杂的技术原理，海因莱因推荐了好几个说教环节，今天看来都是些陈词滥调，但当时却是具有开创性的，其中有解释性的对白、讲座场面，以及最有名的动画片《啄木鸟伍迪》（1940）。

制片人并没有立即赞成海因莱因对电影真实性的恪守。同时，牛仔和音乐片很卖座；但科学讲座并不叫好。出于票房诉求，制片人聘请了资深的剧本改编詹姆斯·奥汉隆来增加一些情节。奥汉隆完全改编了海因莱因和伦·克尔的原版剧本,增加了不少当时万无一失的电影主题,如音乐插曲和牛仔等。电影出资方(如N.彼得·拉思冯)看好奥汉隆的版本,因为里面包括他们确定能赚钱的元素。海因莱因看到奥汉隆的改编很生气。他花了"五天的苦功夫"写了一封通告信向拉思冯和帕尔发难。在信中,他嚷嚷道,他们要想盈利,把钱花在火箭和特效上会更好。他告诉他们,他们把钱花在了剧本中毫不相干的元素上,"而不是大家都认为的画面中,也就是说,应该花在有助于表现真实性的特效上。我们在太空船上省吃俭用,却把钱花在了度假牧场、马匹和烧烤炉上!"

海因莱因的长篇累牍言辞尖刻。他指出了剧本的事实失真,还主要批评了情节上添加的空想元素,比如唱歌的牛仔。他明白,这些明显虚构的元素将很有可能令人怀疑影片太空飞行的合理性。比如插入音乐就会产生大大脱离现实的感觉,威胁到太空飞行的可信度。他抱怨道:"我们让观众处于音乐轻喜剧的笑闹之中,一切不紧不慢地发展,但我们却打算让他们相信登月之旅。"他还明白,任何花在烧烤炉和度假牧场上的财政预算将从单独分配给太空旅行使用的费用中划走。在后来的通告信中,他总结了自己的观点,认为观众对太空飞行情节的理解能力取决于他们花钱观看的整部电影,"在我看来,处理这部影片时有一个不言而喻的基本准则:如果观众观看这个画面时,愿意相信里面的人物是在进行一场登月之旅,那么这个电影在票房上和在其他方面都是一个成功。如果他们不认为是在登月,我们就彻底失败了"。海因莱因顺利说服制片人剪掉了每一个空想镜头。作为一名科学顾问,他提出了强硬的批评,他让制片人相信科学准确性能赢得更多票房,从而影片出资方热衷的整个剧本被否定。最后,投拍的剧本看起来没有一点儿奥汉隆的蛛丝马迹,因为导演"事实上砍掉了前一个版本中我反对的每一个地方"。

海因莱因同样深刻影响了电影叙事,去掉了任何一个描述登月旅行风险的元素,比如最初奥汉隆剧本中特写的流星雨。他同样成功强化了某些叙事元素,使得太空历程看起来像一次不可避免的、值得拥有的未来之旅。他增补了对白,论证为什么登月之旅会有好处,比如发现可能的矿藏、取得科学进步以及工业产权。最重要的一点,海因莱因认为,这样的行程有着重要的军事原因,他设计的一段对白,其内容有关从月球发射核导弹的可能性,后来这段对白成了当代整个国家的某种论调。这部影片的宣传材料也突出了登月之行的军事需要,不少文章都在讨论这个话题,其中一篇的标题是"出于自卫,美国必须加入登月竞赛吗？"这部电影中精心建构的科幻原型有效增强了海因莱因在电影中对登月的军事重要性的论证。如果这部电影能够让美国观众相信，他们的科学家能够成功登月，那么同样有必要说服他们，美国军队也能做到这一点。

从评论反馈和票房回报来看，海因莱因成功地表现了太空之旅的激动人心和军事必要性。例如来自《纽约时报》的博斯利·克劳瑟宣称："他们把登月探险打造成了一个引人入胜、风景如画的项目。"克劳瑟还用上了军事辞令，令人信服地宣称："值得注意的是，我们听到一位雄辩的科学家宣布，第一个使用月球来发射导弹的国家将统治整个地球。"现实中人为的介入强化了这部电影的夸张效果。仿佛是为了强化海因莱因的论证，全国广播公司（NBC）电台节目《X尺寸》在播出《目标月球》的1950年改编版本时突然插播进一则朝鲜战场的新闻。

尽管海因莱因坚信他的电影是太空飞行的合理推广，但是苏联确实把它当作了宣传工具。苏联认为《目标月球》和随后太空影片中的太空研究计划如《当世界毁灭时》（1951）和《火星来言》（1952）都在企图吓唬苏联人。一位苏联记者甚至宣称美国国防部炮制这些电影就是为了"鼓吹征服宇宙的念头"。当然，海因莱因说对了，苏联科学家也在计划登月。不仅仅是美国科学家才懂得电影的雄辩力量。苏联太空幻想片如《金星历险记》（1962）聘请了包括天体物理学家亚历山大·弗拉基米罗维奇·马科夫在内的数位技术顾问。电影《通向行星路》（1957）中月球和火星上的殖民地镜头让苏联观众激动不已，却使美国观众"呼吸沉重"。一位苏联观众眼中辉煌的宇宙飞船前景对另一位美国观众而言，无疑是大难临头。

月球之后的科幻原型：火星任务和超越

在奥伯特、海因莱因和其他科学顾问制作太空电影的年代，制片过程粗糙得多，但有的人把当时制片人的经验看作是一笔历史的遗产。这个观点很容易误导人。持有这样的观点的人不仅仅不懂得电影制片史，而且还低估了一个事实，即目前科学家们仍然在通过电影推广太空之旅。1920年，顾问罗伯特·戈达德同马克斯·弗莱舍在真人动画短片《登月》（1920）中合作，NASA参加《太空牛仔》和《太阳浩劫》等影片的制作，这80多年来，科学家和制片人一直致力于太空旅行主题电影，将其作为推广外层空间各种未来图景的手段。

迪士尼影片《火星任务》为物理学家罗伯特·祖布林的直击火星计划提供了不错的平台。制片人引进先锋航天公司总裁、火星学会创始人祖布林帮助他们为最初的火星任务开发一个合理计划。制片人汤姆·雅各布森阅读祖布林1996年的作品《赶往火星》的节选之后，制片公司就集中关注他的火星任务方案。随后，雅各布森聘请了祖布林担任编剧顾问，并且购买了这本书的版权。"书里有相当多的飞向火星的细节，比如飞船方案、火星环境和任务计划，"雅各布说，"我们展开前期制作时就把这本书发给每一位实际参加电影制作的人。这本书是灵感之源。"制作设计艾德·维勒承认，"许多内容都是建立在祖布林的理论上的，如发射无人驾驶机器人飞船和慢速飞行节约燃料。"直击火星计划和这部电影相比较，可以看出祖布林的计划为制片人提供了重要的蓝图。这一任务在银幕上的"成功"使得火箭学会在全美影院大厅设点，学会成员向影迷们游说，通过向国会施加压力让政府建立基金，公众们就可能把电影中的火星殖民地计划变成一个真正的计划。

因为太空科学界都十分熟悉祖布林的火星殖民计划，所以其他科学家一看电影就知道祖布林插手了电影制作。天体物理学家菲利普·普莱特在对祖布林的书评中对直击火星计划予以抨击。当时他还没有看这部电影，他认为这个计划的框架都是"摇摇欲坠的"。他指出，得知祖布林担任这部电影顾问一点儿也不感到奇怪："他是'直击火星'计划的创始人，这本质上是抵达火星的捷径。他的计划是有争议的；许多太空专家认为不起作用。我也持有严重的怀疑态度。"尽管他仍然对祖布林的理论有怀疑，但普莱特同时也表示，当他在电影中看到这个计划时，他感觉令人深省，直呼"很明智、好主意"。他总结道，"当我们真正做的时候，就会是实际应用方法的实用模型。"当阅读祖布林作品的时候，普莱特还持有保留意见，但当他在电影中看到对这个理论的呈现，这个计划成为"很明智"的"好主意"了。当时，虽然普莱特没有完全转变对祖布林直击火星计划的看法（他仍表达了些许疑虑），但是祖布林的电影火星任务貌似对普莱特起到了作用。

鉴于开发太空技术的惊人费用，《火星任务》是祖布林应该能预期到的最有效的宣传形式。祖布林不仅仅得到了开发电影版的直击火星计划版税，还得到了和科幻原型相关的所有好处。他得以向公众和其他科学家证明：火星之行是可取的，他的直击火星计划能够成功而且不会发生严重事故。同昂德科夫勒、奥伯特和海因莱因一样，祖布林得到了这些好处，因为他认真对待他的科幻原型，设计的时候就仿佛在设计一场现实的，而不是虚构的太空之旅。

技术发展、科幻原型和完美收场

在维维安·索布切克对科幻电影和美国文化颇有影响力的研究中，她把20世纪50年代的太空电影归类为技术崇拜的一种表现形式。根据她的观点，《目标月球》和《当世界毁灭时》这样的电影"从视觉上赞美宇宙飞船，停留在它的外观上，拍摄效果惊人且有亲和力，这就避免了对任何根本价值的模棱两可的诠释"。索布切克特别提到了《征服太空》"有着过多的升空、操作和着陆镜头"，是特别明显的技术崇拜的表现形式，但是她没有注意到，在这个神坛上，不仅仅是制片人顶礼膜拜。《征服太空》的科学顾问们，包括切斯利·博尼斯迪尔、罗伯特·理查森和沃纳·冯·布劳恩在内，在创作电影中的升空和着陆镜头时都提供了重要的帮助，因为他们同确定电影中太空旅行的"根本价值"利益攸关。电影给了许多科学家创建科幻原型的机会，确立太空旅行的必要性、可能性和最小风险。

这部电影随后充当了其他科学家和科学机构的宣传工具，他们引用这部电影或者至少里面的技术部分来作为他们的讲座素材。这样的公开展示能够让人们一瞥未来可能的样子。赫尔曼·奥伯特和德国火箭协会成功地建构了未来可能性的理念，20世纪50年代以前，《月中女》的电影剧照常常被作为期刊的插图。电影片段还被拼接成不同的研究短片，其中一部被英国星际学会拿到怀特霍尔街的英国战争办公大楼播放。同样，据说1950年在巴黎召开的第一届开创性的国际宇航联大会上展示的两部电影中，一部是新墨西哥州白沙导弹靶场的V-2火箭发射短片，另一部就是《月中女》。这些电影向与会专家展现了火箭技术的现状，也展现了他们期冀的未来火箭技术的发展。我们有足够的证据表明，太空旅行电影在激励公众相信太空旅行可能性上非常成功。

仔细审视太空影片，就能清楚地理解科幻原型是没有什么实际用处的，但是它们的优势肯定并不局限于这种类型的技术。布雷特·伦纳德和约翰·昂德科夫勒的早期电脑合成技术的科幻原型很快带来了资金机遇和构建现实原型的可能。在《天才除草人》《时空悍将》《少数派报告》《钢铁侠》《记忆裂痕》(2003)和基于电脑技术的电影中，观众能够亲眼看到"活生生"的人轻松地和这些极新潮的电脑技术对话。实际上，昂德科夫勒认为，电影为技术发展提供的潜在可能性应该被纳入科学界。《少数派报告》之后，昂德科夫勒和艾利克斯·麦克道威尔帮助成立了一个组织，名为"MATTER艺术与科学"，目标是把电影的创作方法迁移到科学研究中。对MATTER艺术与科学组织而言，每一种潜在技术都应该被当成一种科幻原型。这样他们就能够在考虑开发之前就指出这种技术在社会、政治、经济和实践上的可能性。

科幻电影天马行空无拘无束，提供了一个广阔、自由的空间供制片人创作、推理和设想。电影将推理嵌入叙事之中，仿佛是社会语境中已经实现了的理论。科幻原型的关键在于辅助顾问将具体方法和技术在科幻世界的社会语境中呈现出来。每一位科学顾问可以利用电影的叙事和画面来将具体技术的潜在特征语境化和模型化，这种技术无论是医学技术、电脑技术还是太空技术。电影提供了一个理想的手段来确定社会范围内一种技术的必要性、可行性和无害性。银幕上的描述代表了罗伯特·贾维克的人工心脏，布雷特·伦纳德和约翰·昂德科夫勒的基于电脑的技术，以及赫尔曼·奥伯特和罗伯特·海因莱因的太空之旅画面。迪士尼的试金石影业让罗伯特·祖布林有机会证明他的直击火星计划能够奏效，同时这些电影呈现也指出了为什么公众应该希望它奏效的原因。对于那些设法取得资金来从事未开发技术的科学顾问而言，科幻原型就能帮助他们"如愿以偿"。

阅读思考：你是否同意此文的观点？可否举出类似的其他实例？你认为这种促进的正、反面的意义各是什么？

从《雪国列车》看科幻中的反乌托邦传统①

江晓原

江晓原,上海交通大学特聘教授,上海交通大学科学史与科学文化研究院院长。所谓乌托邦思想,用此文作者的话来讲,就是"幻想一个美好的未来世界"。但从历史上到当下,在科幻作品中,反乌托邦传统的主题却比比皆是,在此文中,作者以著名的科幻影片《雪国列车》为例,对历史和当下各种科幻作品中的反乌托邦传统进行了讨论,并总结出了"永不停驶的列车"这个科学技术发展的重要隐喻。

影片《雪国列车》(*Snowpiercer*,2013)系从法国同名科幻漫画改编,在中国的上映时,没有太大的营销力度,票房固然乏善可陈,口碑也未见高度评价。其实该片不失为韩国电影努力在国际上"入流"之作,不仅选择的是有相当思想高度的方向,影片的"精神血统"堪称高贵,演员阵容也堪称豪华,远非等闲商业娱乐片可比,而且在叙事、象征、隐喻等技巧上亦颇有可圈可点之处,可惜知之者不多,不久就寂寞收场了。

欲知《雪国列车》之"精神血统",必须从"乌托邦—反乌托邦"传统说起。理解了这个传统之后,对《雪国列车》的评价就会完全改观。

从"乌托邦"传统说起

所谓乌托邦思想,简单地说也许就是一句话——幻想一个美好的未来世界。

用"乌托邦"来称呼这种思想,当然是因为1516年莫尔(Sir T.More)的著作

---

① 江晓原.江晓原科幻电影指南[M].上海:上海交通大学出版社,2015.

《乌托邦》(*Utopia*)。但是实际上，在莫尔之前，这种思想早已存在，而且源远流长。例如，赫茨勒(J.O.Hertzler)在《乌托邦思想史》中，将这种思想传统最早追溯到公元前8世纪的先知，而他的乌托邦思想先驱名单中，还包括启示录者、耶稣的天国、柏拉图的《理想国》、奥古斯丁的《上帝之城》、修道士萨沃纳罗拉15世纪末在佛罗伦萨建立的神权统治等等。在这个名单上，也许还应该添上中国儒家典籍《礼记·礼运》中的一段："大道之行也，天下为公。选贤与能，讲信修睦。故人不独亲其亲，不独子其子，使老有所终，壮有所用，幼有所长，矜寡孤独废疾者，皆有所养。男有分，女有归。货恶其弃于地也，不必藏于己；力恶其不出于身也，不必为己。是故谋闭而不兴，盗窃乱贼而不作，故外户而不闭，是谓大同。"

莫尔首次采用了文学虚构的手法，来表达他对未来理想社会的设计。这种雅俗共赏的形式，使得这一思想传统得以走向大众。所以这个如此源远流长的思想传统，最终以莫尔的书命名。自《乌托邦》问世以后，类似的著作层出不穷。例如：

安德里亚(J.V.Andreae)的《基督城》(*Christianopolis*, 1619)；

康帕内拉(T.Campanella)的《太阳城》(*Civitas Solis*, 1623)；

培根(F.Bacon)的《新大西岛》(*The New Atlantis*, 1627)；

哈林顿(J.Harrington)的《大洋国》(*Oceana*, 1656)；

维拉斯(D.Vairasse)的《塞瓦兰人的历史》(*Histoire des Sevarambes*, 1677—1679)；

卡贝(E.Cabet)的《伊加利亚旅行记》(*Voyage en Icarie*, 1840)；

贝拉米(E.Bellamy)的《回顾》(*Looking Backward*, 1888)；

莫里斯(W.Morris)的《梦见约翰·鲍尔》(*A Dream of John Ball*, 1886)和《乌有乡消息》(*News from Nowhere*, 1890)；

……

这些著作都使用了虚构的通信、纪梦等文学手法，旨在给出作者自己对理想社会的设计。这些书里所描绘出的虚构社会或未来社会，都非常美好，人民生活幸福，物质财富充分涌流，类似于共产主义社会。这就直接过渡到我们所熟悉的"空想社会主义"了。事实上，上面这个名单中的后几种，就被视为"空想社会主义"的重要思想文献。

小说中的"反乌托邦三部曲"

到了20世纪西方文学中，情况完全改变了。如果说19世纪儒勒·凡尔纳（J.Verne）的那些科幻小说，和他的西方同胞那些已经演化到"空想社会主义"阶段的乌托邦思想还有某种内在的相通之处的话，那么直到19世纪末，威尔斯（H.G.Wells）的科幻小说已经开始了全新的道路——他们幻想中的未来世界，全都变成了暗淡无光的悲惨世界。甚至儒勒·凡尔纳到了后期，也出现了转变，被认为"写作内容开始趋向阴暗"。

按理说这样一来，科幻作品这一路，就和乌托邦思想及"空想社会主义"分道扬镳了。以后两者应该也没有什么关系了。然而，当乌托邦思想及"空想社会主义"逐步式微，只剩下"理论研究评价"的时候，却冒出一个"反乌托邦"传统。

所谓"反乌托邦"传统，简单地说也就是一句话——忧虑一个不美好的未来世界。

苏联作家尤金·扎米亚京（Yevgeny Lvanovich Zamyatin），在十月革命的次年就写出了"反乌托邦三部曲"中的第一部《我们》（We, 1920—1921）。小说假想了千年之后高度专制集权的"联众国"，所有的人都只有代号没有姓名。主角D-503本来"纯洁"之至，衷心讴歌赞美服从这个社会，不料遇到绝世美女I-330，堕入爱河之后人性苏醒，开始叛逆，却不知美女另有秘密计划……作品在苏联被禁止出版，扎米亚京被批判、"封口"，后来流亡国外，客死巴黎。《我们》1924年首次在美国以英文出版。

赫胥黎（A.Huxley）的《美丽新世界》（Brave New World, 1932）是"反乌托邦三部曲"中的第二部，从对现代化的担忧出发，营造了另一个"反乌托邦"。在这个已经完成了全球化的新世界中，人类告别了"可耻的"胎生阶段，可以被批量克隆生产，生产时他们就被分成等级。每个人都从小被灌输必要的教条，比如"如今人人都快乐""进步就是美好"等等，以及对下层等级的鄙视。

在这个新世界里，即使是低等级的人也是快乐的："七个半小时和缓又不累人的劳动（经常是为高等级的人提供服务），然后就有索麻口粮（类似迷幻药）、游戏、无限制的性交和'感觉电影'（只有感官刺激、毫无思想内容的电影），他夫复何求？"由于从小就被灌输了相应的教条和理念，低等级的人对自身的处境毫无怨言，相反还相当满足——这就是"如今人人都快乐"的境界。这个新世界的箴言是："共有、划一、安定。"所有稍具思想、稍具美感的作品，比如莎士比亚戏剧，都在公众禁止阅读之列，理由是它们"太老了""过时了"。高等级的人方能享有阅读禁书的特权。

1948年，乔治·奥威尔（G.Orwell）写了幻想小说《一九八四》，表达他对未来可能的专制社会（很大程度上以苏联为蓝本）的恐惧和忧虑，成为"反乌托邦"作品中的经典。"反乌托邦三部曲"中数此书名头最大。"一九八四"不过是他随手将写作时的年份1948后两位数字颠倒而成，并无深意，但是真到了1984年，根据小说改编的同名电影问世，为"反乌托邦"艺苑的经典（奇怪的是《我们》和《美丽新世界》至今未见拍成电影）。

在"反乌托邦"小说谱系中，新近的重要作品或许应该提到加拿大女作家玛格丽特·阿特伍德（M.Atwood）2003年的小说《羚羊与秧鸡》（*Oryx and Crake*，2004）——我为小说的中译本写了序。在这部小说的未来世界中，文学艺术遭到空前的鄙视，只有生物工程成为天之骄子。所有的疾病都已被消灭，但是药品公司为了让人们继续购买药品，不惜研制出病毒并暗中传播。如果有人试图揭发这种阴谋，等待他的就是死亡。色情网站和大麻等毒品泛滥无边，中学生们把这种东西当作家常便饭。最后病毒在全世界各处同时爆发，所有的人类在短短几天内死亡，人类文明突然之间陷于停顿和瘫痪。

电影中的反乌托邦"精神血统"

"反乌托邦"向前可以与先前的乌托邦思想有形式上的衔接（可以看成一种互文或镜像），向后可以表达当代一些普遍的恐惧和焦虑，横向还可以直接与社会现实挂钩。正是在这个"反乌托邦"传统中，幻想电影开始加入进来。影片《一九八四》可以视为电影加入"反乌托邦"谱系的一个标志。

但是在此之前，至少还有两部可以归入"反乌托邦"传统的影片值得注意：

1976年的《罗根逃亡》（*Logan's Run*）名声不大，影片描述了一个怪诞而专制的未来社会。在这个社会中，物质生活已经高度丰富，但人人到了一个固定的青年年龄就必须死去。罗根和他的女友千辛万苦逃出这个封闭城市，才知道原来人可以活到老年。

1981年的《银翼杀手》（*Blade Runner*）初映票房失利且"恶评如潮"，但多年后在英国《卫报》组织60名科学家评选出的"历史上十大优秀科幻影片"中名列首位。影片根据迪克(P.K.Dick)的科幻小说《仿生人会梦见电子羊吗？》(*Do Androids Dream of Electric Sheep*, 1986)改编，讲述未来2019年阴郁黑暗的洛杉矶城中，人类派出的银翼杀手追杀反叛"复制人"的故事。因其既有思想深度（如"复制人"的人权问题、记忆植入问题等），又有动人情节，且充满隐喻、暗示和歧义，让人回味无穷，遂成为科幻经典。而影片黑暗阴郁的拍摄风格，几乎成为此后"反乌托邦"电影作品共有的形式标签。

影片《1984》中的1984年在奥威尔创作小说时还是一个遥远的未来。奥威尔笔下1984年的"大洋国"，是一个物质上贫困残破、精神上高度专制的社会。篡改历史是国家机构的日常任务，"大洋国"的统治只能依靠谎言和暴力来维持。能够监视每个人的电视屏幕无处不在，对每个人的所有指令，包括起床、早操、到何处工作等等，都从这个屏幕上发出。绝大部分时间里，电视屏幕上总在播放着两类节目：一类是关于"大洋国"工农业生产形势如何喜人，各种产品如何不断增产；另一类是"大洋国"中那些犯了"思想罪"的人物的长篇忏悔，他们不厌其烦地述说自己如何堕落，如何与外部敌对势力暗中勾结等等。播放第二类节目时，经常集体收看，收看者们通常总是装出义愤填膺的样子振臂高呼口号，表达自己对坏人的无比愤慨。

与影片《1984》接踵问世的幻想电影《巴西》(*Brazil*, 1985, 中译名有《妙想天开》等)，将讽刺集中在由极度技术主义和极度官僚主义紧密结合而成的政治怪胎身上。影片表现出对技术主义的强烈反讽，一上来对主人公山姆从早上起床到上班这一小段时间活动的描写，观众就知道这是一个已经高度机械化、自动化了的社会，可是这些机械化、自动化又是极不可靠的，它们随时随地都在出毛病、出故障。所以《巴西》中出现的几乎所有场所都是破旧、肮脏、混乱不堪的，包括上流社会的活动场所也是如此。

2002年的影片《撕裂的末日》(*Equilibrium*)，假想未来社会中，臣民被要求不准有任何感情，也不准对任何艺术品产生兴趣，为此需要每天服用一种特殊的药物。如果有谁胆敢一天不服用上述药物，家人必会向政府告密，而不服用药物者必遭严惩。然而偏偏有一位高级执法者，因为被一位暗中反叛的女性所感召，偷偷停止了服药，最终毅然挺身而出，杀死了极权统治者——几乎就是《一九八四》中始终不露面的"老大哥"。反抗成功虽然暗示了一个可能光明的未来，而且影片有颇富舞蹈色彩的枪战和日式军刀对战，有时还被当作一部动作片，但影片充分反映了西方人对极权统治的传统恐惧，在"反乌托邦"谱系中占有不可忽视的位置。

2006年的影片《人类之子》(*Children of Men*)描写了一个阴暗、混乱、荒诞的未来世界,人类已经全体丧失生育能力18年,故事围绕着一个黑人少女的怀孕、逃亡和生产而展开。随着男主人公保护这个少女逃亡的过程,影片将极权残暴的国家统治和无法无天的叛军之间的内战、源源不断涌入的非法移民和当局的严厉管制、环境极度污染、民众艰难度日等末世光景渲染得淋漓尽致。

2006年更重要的影片是《V字仇杀队》(*V for Vendetta*),它可以说是"反乌托邦"电影谱系中最正统、最标准的成员之一。这个故事最初是小说家的创作,1982年开始在英国杂志上发表,随后由漫画家与小说作者联手收编为漫画,最后由鼓捣出《黑客帝国》(*Matrix*, 1999—2003)的电影奇才沃卓斯基兄弟(现已成为姐弟)将它搬上银幕。该片的编剧在《黑客帝国》之前就已完成,影片描绘了一个"严酷、凄凉、极权的未来",法西斯主义竟获得了胜利,英国处在极权主义的残酷统治之下,没有言论自由,只有压迫和无穷无尽的谎言。无政府主义的孤胆英雄V反抗极权统治,挑战这个黑暗社会,最后V煽动了一场群众革命。这个结局与《撕裂的末日》中反叛的执法者斩杀"老大哥"异曲同工。

残剩文明与极权统治

了解电影史上反乌托邦的"革命家史"之后,理解《雪国列车》就变得容易了。

雪国列车中头等车厢里那些上等人富足优雅但又空虚无聊的生活场景,正是小说《美丽新世界》中所描述的样子。而雪国列车上的极权统治者维尔福,正是《1984》中的"老大哥",也就是影片《撕裂的末日》中的统治者。而雪国列车下层民众所在的后部车厢,肮脏残破,一派末日凄凉,拍摄风格黑暗阴郁,明显和影片《银翼杀手》一脉相承。

由于后部车厢的场景大约占去了影片《雪国列车》三分之二的时间,观众老是面对着黑暗阴郁的画面,到影片接近尾声时才出现"光鲜亮丽"的场景(比如维尔福所在的车厢),这很可能大大抑制了中国观众的观影兴趣。考虑到中国一般观众对于影片的反乌托邦"精神血统"了解甚少,这样的推测应该是不无道理的。

但是影片中大量展示的残破场景,是为影片预设的反乌托邦主题服务的。

如果就广泛的意义而言,似乎大量幻想影片都可以归入"反乌托邦"传统。因为在近几十年的西方幻想电影中，几乎从来没有出现过光明乐观的未来世界，只有比如《未来水世界》(*Water World*, 1995)中的蛮荒，《撕裂的末日》中的黑暗，《罗根逃亡》中的荒诞，《黑客帝国》(*Matrix*, 1999—2003)中的虚幻，《终结者》(*Terminator*, 1984—2015)中的核灾难，《12猴子》(*12 Monkeys*, 1995)中的大瘟疫之类。在这些幻想作品中，未来世界大致有几种主题：①资源耗竭；②惊天浩劫；③高度专制；④技术失控或滥用。在《雪国列车》的故事中，就是人类为应对所谓的全球变暖，试图以人工技术为地球降温时失控，导致地球变成了寒冰地狱，人类最终只剩下那列列车的空间可以生存了。

残剩文明必然处在资源耗竭或濒临耗竭的状态：狭小有限的空间、极度短缺的食物和其他生活资料……雪国列车后部车厢底层人民的生存状态就是如此。在这种残剩文明中，极权统治几乎是不可避免的——仅仅为了实施有限生活资料的分配，就很容易导向无产阶级革命中的军事共产主义。红色苏维埃政权在十月革命后面对西方列强武装干涉，新政府处于极度危险时，就不得不出此下策。那些年在苏联发生的种种惨状，成为此后幻想作品中描写残剩文明极权统治的模板（只是苏联广阔的领土使得生存空间并不狭小）。

《雪国列车》对经典科幻作品的模仿或致敬

影片《雪国列车》在内容和技巧上，和一些经典科幻作品之间的关系是非常明显的。这种关系可以谓之继承，亦可谓之模仿，甚至可以视为抄袭——这个行为在电影界更常见的说法是"致敬"。

只要对科幻经典作品稍有涉猎，就会知道影片中列车的极权统治者维尔福就是《1984》中的"老大哥"，或者造反者贿赂安保专家的毒品就是《美丽新世界》中的"索麻口粮"等等，这类相似之处太容易发现，就不必多言了。这里我们分析一个稍具深度和复杂性的例子，看《雪国列车》是如何向科幻经典作品"致敬"的。

在《雪国列车》中，赶来造反——更正式的说法是革命——的领袖经过英勇奋战，终于打到最高统治者维尔福所在的车厢，在那里他与维尔福有一场相当冗长的对话。维尔福告诉革命领袖一个惊天秘密：列车上有史以来的每一场叛乱（革命），包括眼下看起来即将胜利的这一场，都是事先精密设计好的！目的是为了维持列车上的生态平衡——列车容纳不了太多的人口，所以必须在叛乱及其镇压中让一些人死去。

维尔福对目瞪口呆的革命领袖和盘托出：你们这些叛乱，不都是后部车厢中那个名叫吉连姆的老头子暗中策动的吗？他因为策动叛乱的罪名，手和脚都已经失去了（列车上有一种特殊的刑罚，将犯人的手足伸到车外冻掉）。可是你要知道，吉连姆他是我的拍档！他负责策动叛乱，我负责镇压叛乱，我们列车上的生态平衡才维持到了今天。难怪影片中吉连姆第一次出场时，那些镇压骚乱的卫兵对他表现了不合常理的尊敬姿态。

用后现代的眼光来看，这一幕极大地"解构"了先前铺垫了一个多小时的革命——解构了这场革命的正义性，解构了革命中战友浴血牺牲的神圣性。原来从一开始，我们就都只是小白鼠、小棋子，让那些大人物玩弄于股掌之间！

那么《雪国列车》这个高度解构的结局，是在向哪部经典"致敬"呢？

在我个人评判标准中，科幻电影的"无上经典"离今天并不遥远——那就是1999—2003年横空出世的影片《黑客帝国》系列。《黑客帝国》三部曲〔严格地说还应该加上那部有9个短片的《黑客帝国卡通版》（Animatrix，2003）〕讨论了多重主题：机器人反叛、世界的真实性、记忆植入（我是谁）、谁有权统治世界，当然也包括反乌托邦，但这里我们姑且只关注《雪国列车》的结尾是如何向《黑客帝国》"致敬"的。

在《黑客帝国·Ⅱ·重装上降》（The Matrix：Reloaded，2003）结尾处，地下反抗者们向Matrix的要害部门发动了总攻，原以为可以一举摧毁敌人，但他们低估了敌人的能力，进攻失败。这时造物主（Matrix的设计者）告诉尼奥，不要低估Matrix的伟大，因为事实上你们的每一次反抗和起义都是事先设计好的，就连锡安基地乃至你尼奥本身，都是设计好的程序（尼奥已经是第六任这样的角色了！），目的是帮助Matrix完善自身——在此之前Matrix已经升级过五次了。

上述两个结局的高度同构是显而易见的：雪国列车对应于Matrix，维尔福对应于造物主，列车中的革命领袖对应于尼奥，革命都是被革命对象事先设计好的。

这就是电影界典型的"致敬"。类似的例子我们可以在影史上找出许许多多。比较奇怪的是，在电影界很少有人发起"抄袭"的指控。看来在这个问题上，搞电影的人比写小说的人要宽容得多。

永不停驶的列车：一个科学技术的隐喻

我问过好几个看过《雪国列车》的人一个同样的问题：影片中的雪国列车为什么要不停地行驶？没有一个人能够回答我。有的人根本没有想过这个问题。

其实没有人能够回答这个问题，这本身就提示了问题的一条解释路径。

按照影片故事的交代，因为维尔福发明了"永动机"——尽管这在现今的物理学理论中是不可能成立的，所以雪国列车有了取之不尽用之不竭的能源，因此在影片故事的理论逻辑上，列车一直行驶下去确实是可能的（这里没有考虑列车机件在持续行驶中的磨损，以及补充更换这些机件的困难）。

但问题是，列车有什么必要不停地行驶呢？"永动机"即使能够提供取之不尽用之不竭的能源，如果让列车停靠在某处，不是更节省能源吗？有什么必要昼夜行驶，每年绕行地球一圈呢？不停地行驶非但浪费能源，还会磨损机件从而减少列车工作寿命，而且列车行驶还会不可避免地产生持续的噪声……总之是有百害而无一利。影片也没有从技术上交代过列车不停行驶有什么必要性（比如"永动机"必须在列车行驶中才能工作？）。

于是，雪国列车的毫无必要的行驶，只能解释为一个隐喻。

雪国列车是依靠什么来建成和运行的？当然是依靠科学技术。影片中的雪国列车，可以说就是"高科技"的结晶，所以它就是科学技术的象征。

想到这里，我竟忍不住要小小自鸣得意一下了：多年以前，我就把当今的科学技术比作一列无法停下的列车。为了证明我所言不虚，请允许我抄录一小段旧文，见于我为我主持的"ISIS文库"写的"总序"中：

今天的科学技术，又像一列"欲望号"特快列车……

车上的乘客们，没人知道是谁在驾驶列车——莫非已经启用了自动驾驶程序？

而且，没人能够告诉我们，这列"欲望号"特快列车正在驶向何方！

最要命的是，现在我们大家都在这列列车上，却没有任何人能够下车了！

今天看来，这段旧文几乎就是雪国列车的直接写照：按照影片所设定的故事，雪国列车就是自动行驶的；它每年绕行地球一圈，就是没有目的地的；列车没有停靠站，而且车外的环境低温酷寒没有任何生物可以生存，当然就是没有任何人可以下车的。

所以，雪国列车毫无必要的荒谬行驶，就是用来隐喻当代科学技术"停不下来""毫无必要地快速发展""没有任何人能够下车"的荒谬性质的。

而且，常识告诉我们，这样的列车及其运行状态，是不可持续的。

所以，如果说雪国列车是对当代科学技术的隐喻，那么影片结局时列车的颠覆毁灭，简直就是对现今这种过度依赖科学技术支撑的现代化之不可持续性的明喻了。

反乌托邦作为一种纲领的生命力

从扎米亚京的《我们》到今天已经90多年了，扎米亚京、赫胥黎、奥威尔他们所担忧的"反乌托邦"是否会出现呢？按照尼尔·波兹曼（N.Postman）在《娱乐至死》（*Amusing Ourselves to Death*，1986）一书中的意见，有两种方法能让文化精神枯萎，一种是奥威尔式的"文化成为一个监狱"；一种是赫胥黎式的"文化成为一场滑稽戏"。《美丽新世界》这样的作品，展示了另一种路径的"反乌托邦"——如果文化一味低俗下去，发展到极致也可能带来一个黑暗的未来。现在看来，也许奥威尔的预言现在看来似乎威胁已经不大，但他认为"赫胥黎的预言正在实现"。

在影片《雪国列车》中，人类残剩文明走上了奥威尔《1984》的道路，最终难以避免地走向崩溃。也许，在雪国列车所象征的人类文明崩溃的那一瞬间，导演的心有点软了，他给观众留下了一点点若隐若现的希望。

要看到这一点点希望，需要在观影时保持持续的注意力，并维持较好的记忆力——因为《雪国列车》是一部相当精致的电影，其中有不少含义丰富、前后照应的细节。影片一开始交代说地球已经成为寒冰地狱，任何生物无法生存；中间则在列车每年经过同一处飞机残骸时，让车上的人注意到残骸上的雪线在逐年下降——这意味着地球温度可能在缓慢回升；结尾处只有尤娜和一个小男孩幸存下来，尤娜和远处一只北极熊意味深长地对望了一眼，这暗示地球温度还在回升，已经有生物可以在地球上生存了。

但孤立无助的尤娜和小男孩能够活下去吗？他们两人能够将人类文明从冰天雪地的废墟中重新建立吗？这看起来仍是毫无希望的，人们只能祈祷奇迹的降临了。

现在我们已经看到，在幻想作品（电影、小说、漫画等等）中，反乌托邦传统宛如一列长长的列车，《雪国列车》就是这列列车的一节新车厢。

如果我们借用科学哲学家拉卡托斯的术语，将"乌托邦"和"反乌托邦"看成两个不同的"研究纲领"（research programmes），而那些作品就是研究纲领所带来的成果，那么现在看来，"乌托邦"纲领已经明显退化，虽然不能说它已经绝对失去生命力（按照拉卡托斯的观点，任何纲领都不会绝对失去生命力），但它已经百余年没有产生任何有影响的新作品了；而"反乌托邦"纲领则仍然保持着欣欣向荣的生命力——百余年来"反乌托邦"谱系的小说、电影和漫画作品层出不穷，它们警示、唤醒、启发世人的历史使命，也还远远没有完成。这也许还从一个侧面提示我们：今天的科学技术，正是在这百余年间的某个时刻，告别了她的纯真年代。

阅读思考：科幻作品中反乌托邦传统的意义和价值是什么？这种价值取向对于我们如何看待今天的科学技术发展有什么借鉴意义？

第二编

科幻作家

科幻小说的起源：玛丽·雪莱①

奥尔迪斯　温格罗夫

奥尔迪斯，英国科幻作家和批评家，创作过四十多部长篇小说，三百多篇短篇小说，获得过所有重要的科幻小说奖项。温格罗夫，英国科幻作家。一般认为，第一部现代意义上的科幻小说，是英国作家玛丽·雪莱在19世纪所写的《弗兰肯斯坦》。此文，以文学批评的方式介绍了这位重要的科幻小说的创始者的背景、生平、创作过程，也有对这部作品的分析。从中，我们可以看到科幻小说早期史的若干重要内容。

反映未来向现在所投射的巨大阴影的镜子……

——波西·比希·雪莱《诗辩》

"浮云从星空下掠过，星光点点闪烁；黑压压的松树耸立在我的面前，折断的树干倒在地上，七零八落；这难以名状的肃穆情景，在我头脑中激发了奇异的念头。"维克多·弗兰肯斯坦在与那个他用支离破碎的尸体部分制造出来的怪物碰面之后，在考虑着是否要为它再造一个女性伴侣。

破碎凌乱的场景、荒凉孤寂的感觉、叙述者进退两难的困境——这种可怕的，但并非人们通常会遭遇的那种窘况——都是广义的科幻小说的特点。对于维克多的奇思异想，科幻小说是一座将它们汇集起来的名副其实的大森林。

这座森林已经具有相当大的面积和密度，很有必要进行一次新的、认真的探寻。本书作者希望开辟一条新的通往这座森林中心的快速干道。我们不会把每一棵树都标示出来，我们要提供的是一幅整个科幻小说景观的轮廓地图。

① [英]布赖恩·奥尔迪斯，戴维·温格罗夫.亿万年大狂欢：西方科幻小说史[M].舒伟，译.合肥：安徽文艺出版社，2011.

作为一个出发的开端，我们需要一个关于科幻小说的定义。

有许多定义已经被锤炼出来。大多数定义都不准确，因为它们只关注内容，而忽略了形式。下面的定义在界定一种具有强烈娱乐倾向的类型时可能显得有些夸夸其谈，不过我们可以在随后的讨论中加以修正。

科幻小说是一种寻求界定人类和人类在宇宙中位置的探寻之作，它将出现在我们先进而又混乱的知识状态（科学）之中，而且独特地采用了哥特式小说或后哥特式小说的表现模式。

我们这个定义中的最后一个词语是特意选定的。科幻小说是好几种写作模式中的一种。但它往往因为商业原因而被营造成通用的写作类型，去迎合通常的期待。这里留下一个更广泛的潜在范畴。

> 童年时的我四处寻访鬼魂，穿过
> 多少个听音室、洞穴和废墟，
> 星光下的树林，疾步行走，提心吊胆，
> 一心要聆听亡者的话音。[1]

这就是充满哥特式情感的雪莱，总在追寻隐秘。

新的时代对那些难以言状的东西具有很高的热情，正如我们在自己的时代有我们自己的热情一样；它的不确定性很快就令人难忘地被珍藏在雪莱的第二个年轻妻子创作的小说的字里行间。

《弗兰肯斯坦：或现代普罗米修斯》（ *Frankenstein : or, The Modern Prometheus* ）是1818年3月11日匿名发表的，也就是在雪莱、皮科克、司各特、赫兹列特、济慈、拜伦他们发表自己作品的同一年。拿破仑战争已经结束；萨凡纳（Savannah）横渡了大西洋，是完成此项穿越壮举的第一只汽船；早期蒸汽机车扑哧扑哧地行驶在它们的铁轨上；博尔顿的铁石铸造厂正开办得如火如荼；兰开郡的棉纺厂用煤气灯进行照明，煤气总站就设在伦敦；特尔福德和麦克亚当正致力于铺设公路，修建桥梁；高尔范尼（Galvani）的追随者与汉弗

---

① 雪莱，《心智之美的颂歌》（ *Hymn to Intellectual Beauty* ），第五节。

莱·戴维(Humphry Davy)进行着电的实验。"有多少事情已经完成了,"弗兰肯斯坦从心灵深处发出这样的呼唤,"我定要取得更多更多的成就!"

与伊拉斯马斯·达尔文的声望所遭遇的经历一样,《弗兰肯斯坦》的这位谦和的作者也经历了长期的黯淡无光与默默无闻。

玛丽·沃尔斯东克拉夫特·葛德温出生于1797年8月。十天之后,这位女婴学识渊博的漂亮母亲却在经历了一场疟疾和严重的大出血之后与世长辞,把照顾新生婴儿和3岁女儿范妮的重担扔给了毫无经验的葛德温,而这个范妮乃是玛丽·沃尔斯东克拉夫特在她的前一个同居关系期间所生的女儿。

后来,波西·比希·雪莱到葛德温家登门拜访,成为葛德温的朋友。玛丽爱上了雪莱,并在1814年与他私奔到欧洲大陆。第二年,玛丽为雪莱生下一子,但夭折了。至此,她的命运已经与这个诗人联结在一起。到1822年雪莱溺水身亡,玛丽与雪莱一起度过了8年的短暂时光,这段经历对她的生活产生了决定性的影响。他俩的婚姻成为文学史上最具传奇色彩的婚姻之一。

1816年对于玛丽的生活是至关重要的一年。1月,儿子威廉出生。5月,雪莱、玛丽,还有玛丽同父异母的妹妹克莱尔·克莱蒙特第二次离开英国,居住在瑞士的日内瓦附近。在这里,就在她19岁生日之前,玛丽开始动笔写《弗兰肯斯坦》。12月初,雪莱的第一个妻子哈丽特在蛇形湖①投水自尽,雪莱和玛丽在年底之前正式结婚。

以下是特里劳尼对玛丽的刻画:"她脸上最令人难忘的特征就是她那对宁静的淡褐色眼睛。她比通常的英国女人稍矮一点,一头金栗色的秀发,富有才智,善于待人接物,与朋友交往时非常热情开朗,但独自一人时却忧思忡忡。"这就是第一位科幻小说作者的画像。玛丽汲取了洛克的哲学思想,还有达尔文、汉弗莱·戴维、约瑟夫·普里斯特利以及其他人的科学思想。她读过康迪拉克(Condillac)的《论情感》(*Treatise on the Sensations*)。所有这些都有助于构建她的精神生活,她着手把自己的思想写在纸上,通过一种包含悬念与追逐的松散的哥特式结构呈现出来。

《弗兰肯斯坦》是在玛丽20岁之前完成的。她一生中还写了其他的小说,最终就靠写作维持生活。她没有再婚,于1851年去世——那一年正举办工业博览会——时年53岁。她被安葬于伯恩茅斯的一个教堂墓地。

---

① 蛇形湖位于伦敦市区的海德公园之内。

她与雪莱所生的两个儿子和两个女儿当中，只有比希·弗洛伦斯没有在孩提时代夭折。正如雪莱在写给她的一首诗里所言：

> 我们并不幸运，亲爱的！我们的处境
> 奇特而又充满疑惑和恐惧。

似乎是一种回应，玛丽·雪莱说她希望她的小说能够"表达我们本性中的神秘的恐惧"。这一点《弗兰肯斯坦》肯定是做到了。

玛丽·雪莱后来的小说应当被列出来。它们是《瓦尔珀迦》(*Valperga*，1823)、《最后的人》(*The Last Man*，1826)、《珀金·沃贝克的财富》(*The Fortunes of Perkin Warbeck*，1830)、《洛多尔》(*Lodore*，1835)，以及《福克纳》(*Faulkner*，1837)，全是匿名发表的。她写的故事《玛蒂尔达》(*Matilda*)直到1959年才得以发表。玛丽的父亲葛德温看过故事的手稿，但态度冷淡，未置一词。这个故事讲述没有母亲的玛蒂尔达由姑母抚养长大，在她16岁时，她的父亲从海外归来。玛蒂尔达把全部感情都倾注在父亲身上，也得到了父亲的爱——直到她发现父亲对她的爱既有父爱也有性爱。震惊之下，父亲在海里自溺身亡。当诗人伍德维勒向她表达爱情时，玛蒂尔达却无法接受他。她对自己的身体状况漠然无视，放任自流，结果染上了19世纪最浪漫的疾病——肺痨，最终病故了。

一些评论者在这篇故事里发现了玛丽自我体验的乱伦情感的证据。她最近的传记作者更谨慎地说："是父亲对玛蒂尔达怀有乱伦欲望，但这个父亲在许多方面接近雪莱的强悍特点，他的溺海身亡和玛蒂尔达在噩梦中追寻他的消息与雪莱之死具有对应关系，是玛丽在回首往事时的预言。"

大海、溺水身亡，总是回响在玛丽的作品中。这两个母题都出现在一个被忽略的故事《身心转换》(*The Transformation*)中，它为我们理解《弗兰肯斯坦》的婚礼之夜提供了启迪。

一个丑陋怪异的小矮人，同时也是一个魔法师，他在一次船只失事中幸存下来。他从海里游到意大利海岸，遇见了在海滩上游荡的吉多。吉多与朱丽叶订了婚，但他的不端行为最终使朱丽叶无法容忍。吉多与小矮人相互交换了身体。于是小矮人（作为吉多）前往热那亚，使朱丽叶深为着迷，回心转意，同意成婚。吉多（作为小矮人）发现朱丽叶与他的替身在一起喃喃私语，情意绵绵，于是从暗处跳将出来，将短剑刺进了真正的小矮人的喉咙。

小矮人(作为吉多)说:"刺狠一点! 毁掉这个身体——你还会活下去的。"

小矮人(作为吉多)说着拔出了一把剑。吉多(作为小矮人)向剑刃扑去,与此同时把短剑刺进了对方的身体。

吉多复活了,发现自己回到了原来的身体,而小矮人却死去了。朱丽叶对他是情深意长的。然而他心里明白,是丑陋的小矮人重新赢得了朱丽叶的芳心,而她现在痛骂不已的怪物正是他本人。

这个"双重自我之幽灵"的主题与弗兰肯斯坦和怪物之间的相互混淆具有密切联系。在这两个故事里,奇形怪状的伙伴都无名无姓。这两个故事都表现了玛丽内心深处激荡着的,在可爱与可恨之间,在光明与黑暗之间所进行的冲突。我们认识到雪莱的死亡对于玛丽来说一定就像她自己的死亡一样。

读者和评论家们看法一致,都认为《弗兰肯斯坦》是玛丽·雪莱的杰出的独创性小说。这一点儿也不奇怪。《弗兰肯斯坦》是玛丽在雪莱生前写出来的。正如雪莱在自己的诗歌中开拓着新的疆界,玛丽——处于激荡于两人之间的知识才智热情的氛围之中——也勇敢地闯进了令人震惊的新领域。

虽然玛丽·雪莱的声望长期以来由于拜伦和雪莱——在她身边光芒四射的双子星座——的赫赫有名而显得黯淡无光,但《弗兰肯斯坦》从一问世就获得巨大成功。

从她1823年的信中反映出来的那少有的快乐时刻之一,是她在雪莱去世后从意大利返回英国时所发出的感慨:"真奇妙! 我发现自己成名了! ——《弗兰肯斯坦》就像一出好剧一样获得巨大成功,而且还要在英国歌剧院里进行第23次演出。"

表面上看,《弗兰肯斯坦》,或《现代普罗米修斯》的故事在梗概方面与电影、舞台和电视剧里的故事很相似。维克多·弗兰肯斯坦用新鲜尸体的各个部分合成一个躯体,然后使其获得生命。但他很快便对这个新生怪物产生了憎恶,它也随即消失了,并且成为危害弗兰肯斯坦和其他人的凶手。小说篇幅较长,而且比那简要的梗概所能显示的更加复杂,里面包含着政治和哲学的观察、思考,而这些却是电影表现形式所忽略的。

《弗兰肯斯坦》以一位沃尔顿队长[①]写给他在家乡已成家的姐姐的信件开

---

① 沃尔顿是一个在性格上和弗兰肯斯坦极为相似的人,为了求索知识而把个人的一切,包括生死,都置之度外。他租了一条船,组织了一个前往极地冰川考察的探险队。

始。沃尔顿的航船在靠近极地的陌生的北极海域里进行探险航行。沃尔顿是一个渴望发现神奇事物的人。他碰巧远远看到了一个架着雪橇穿行在浮冰之中的奇形怪状的身影。第二天，船员们从冰上救起一人。此人原来就是维克多·弗兰肯斯坦，日内瓦的一个科学家。他已经奄奄一息，濒临死亡。从极度的衰竭中恢复过来之后，他向沃尔顿讲述了自己的故事。

弗兰肯斯坦的讲述构成了小说的主干。最后，我们又回到沃尔顿队长的信件中。他的探寻被放弃了，沃尔顿向姐姐讲述了弗兰肯斯坦之死。

弗兰肯斯坦的讲述部分有六章，其中由他制造的怪物讲述它自己的生活，着重于它得到的教育，以及由于它不合群的特点而不为社会所容的情形。这个怪物的讲述包括一个简短的关于不公正的故事，关于德·莱西的故事，其房屋成为怪物的栖身之处。

小说中几乎没有女性人物的活动，这背离了哥特式小说的传统。维克多的未婚妻伊丽莎白自始至终停留在远处，态度冷漠。故事中的人物狂热地追求知识。这种追求对于弗兰肯斯坦和沃尔顿就意味着一切，他们始终没有放弃这一狂热而幡然醒悟。弗兰肯斯坦赞颂了作为一种值得荣耀和富于勇气的行为的发现之旅，即使当怪物的双手要扼住他的喉咙时也是如此。而在背景当中连续不断地进行的诉讼则代表了对知识的另一种寻求，尽管常常有偏差或者扭曲。

这部小说另一个吸引人的特点就是故事不是发生在玛丽·雪莱从小就熟悉的、破旧的伦敦，而是发生在她与雪莱一块去探访过的壮丽险峻的高山景色之中。怪物的凶悍和气势由于与威凌群山的因素，与风暴、大雪、孤寂等联系在一起而越发显得强劲。它与自己的创造者进行的对话是在阿尔卑斯山勃朗峰下的冰川上进行的。

那么，《弗兰肯斯坦》独特的首创性究竟是什么呢？

人们的兴趣总是集中在对这个无名怪物的创造之上。这是小说的核心，一个出了偏差的实验——成为一种后来在《惊奇故事》(*Amazing Stories*)以及其他地方得到更加煽情应用的模式。弗兰肯斯坦的实验是浮士德式的获得无穷尽力量的梦幻，但弗兰肯斯坦没有与魔鬼订立任何契约。"魔鬼"属于一种被放逐的信仰体系。弗兰肯斯坦的勃勃雄心之所以获得成功，是因为他扔掉了那些属于前科学时代的陈旧的参考书，并潜心在实验室里进行研究。这当然是现在普遍流行的做法。然而这个现在普遍的做法在1818年却是一个令人震惊的认识，一次小小的革命。

这部小说戏剧化地表现了旧时代和新时代之间的差异，在一个按照规矩机械办事的年代和一个对所有事物突然产生疑问的年代之间的差异。

骗人的魔法是威尔斯颇为鄙夷的，它在这个新时代里没有获得任何进展。维克多·弗兰肯斯坦前往因戈尔施塔特大学拜访两位教授。他向第一位教授，一个叫作克兰佩的自然哲学教授披露，他对知识的追寻把他引向了科尼利厄斯·阿格里帕（Cornelius Agrippa）、帕拉塞尔西斯（Paracelsus）、艾伯特斯·马格努斯（Albertus Magnus）的著作。克兰佩嘲笑他说："这些玄虚不实的东西，这些你如此急迫地汲取的东西，早已是上千年的陈货了。"

这是一个现代的反抗。经典古书不再是人们能够寻求帮助的最高法庭。古老的智慧已经被现代的实验所取代。

弗兰肯斯坦拜访第二位教授——讲授化学的沃尔德曼。沃尔德曼对于古代贤明的态度更加尖锐无情，认为他们"对不可能的事情做出许诺，但一事无成，毫无建树"。他赞扬的是使用显微镜和坩埚的现代人，他将弗兰肯斯坦的思想观念转变为他的思维方式。只有在弗兰肯斯坦告别了炼金术和过去，转向科学和未来之后，他才得到回报，获得可怕的成功。

在德比的赖特的空气实验罐里，一只白鸟挣扎着死去。现在，一个怪物却挣扎着活了下来。

"生命的电火花"被输入人工合成的躯体。在没有超自然神力相助的情况下，生命被创造出来。科学独当一面。一种新的认识出现了。

拜伦和雪莱圈子里的人士都清楚地意识到他们生活在一个新的时代，他们感到自己是现代人。对气体的研究取得了进展，人们获得了许多对于大气的组成成分的认识，人们已经知道闪电与电流是完全相同的一回事——虽然对于电流不是一种液体的认识还是模糊不清的，以至于玛丽可以将其作为隐喻而误用。雪莱在牛津大学读书时就拥有一台显微镜，人们也在进行病理解剖学方面的研究。玛丽生活在一个完全牛顿化的世界里，人们对自然现象寻找自然科学的解释。正是有鉴于此，她让维克多·弗兰肯斯坦前往因戈尔施塔特大学求教，这所大学在那个年代作为科学研究的中心而闻名于世。玛丽对于她那个时代的科学知识的了解比人们普遍认为的要更多一些。塞缪尔·霍姆斯·瓦斯宾德尔（Samuel Holmes Vasbinder）在这方面进行的有价值的研究应当改变这一无知的观点。

那么，弗兰肯斯坦为什么花费了这么多时间去研究炼金术士，研究科尼利厄斯·阿格里帕和帕拉塞尔西斯呢？

一个实际的回答是，玛丽·雪莱希望向人们表明那些"对不可能的事情做出许诺，但却一事无成"的旧权威必须抛弃。她必须表明他们是无用的、落伍的，在一个现代社会里是没有可取之处的。克兰佩的鄙视表达得非常清楚。"我绝没有料到，"他对他的学生说，"在这个科学昌明的时代，居然还有一个艾伯特斯·马格努斯和帕拉塞尔西斯的门徒。亲爱的先生，你必须从头开始你的学习研究。"

沃尔德曼对现代研究者们取得的奇迹进行了概括。"他们进入了天空：他们发现了血液是如何循环的，发现了我们呼吸的空气的本质；他们掌握了新的、几乎无穷尽的能量；他们能够驾驭天空的雷霆闪电，能够模拟地震，甚至凭借模糊的蛛丝马迹去构想那看不见的世界。"

于是，玛丽·雪莱就像一个老到的现代科幻小说作家，让我们准备好去认识即将出现的事物。当然，她无法像一个现代作家那样，告诉我们生命是怎样被注入一个僵死的躯体，但是她能够悬置我们的疑惑。在沃尔德曼列举的科学奇迹中，只有这一项有些疑难："凭借模糊的蛛丝马迹去构想那看不见的世界。"

这可能是暗指布洛肯山的幽灵[①]，而不是神奇幻灯，或者卢森堡的幻影，以及所有其他根据当时流行的力学和光学原理制作的装置。布洛肯山的幽灵正是那种对雪莱夫妇和浪漫主义作家具有很大吸引力的大自然的视觉效果。和"摩根仙女幽灵"一样[②]，这幽灵是一种幻影，人们能够在山区地带看见它们。有关于此的一个最精彩的叙述出自豪尔，他在1797年，也就是玛丽出生的那一年目睹了这种幻影。一天凌晨四点，太阳升起来了。在四点一刻，豪尔看见了一个形状巨大的人影，若隐若现地站在附近的一个山上。他把一个旅馆老板叫了过来，两人看见两个怪模怪样的人影在模仿他们的动作。尽管从自然的角度看，这是可以解释的，但这种巨大的幽灵幻影仍然在所有看见它们的人们心中激起了敬畏之感。它们也可能在那个怪物的形成过程中扮演了某种角色。

似乎是为了消除任何她对"障眼魔法"的厌恶的疑问，玛丽清楚地表明，她的主要奇迹是借用了科学实验的基本特性，而不是那种偶然出现的招数。她

[①] 布洛肯山是德国境内哈茨山脉的高峰，海拔1059米。在德国民间传说中，布洛肯山是女巫们在"5月1日前夕夜"聚会欢饮的地方。

[②] 在意大利墨西拿海峡附近的西西里海岸可以看到的视觉幻影——海市蜃楼，被认为是摩根仙女所为。

让弗兰肯斯坦第二次创造生命。

弗兰肯斯坦同意在约定的特别条件下，为怪物制造一个女性伴侣。当这项工作即将完成时，弗兰肯斯坦却停下了，因为他想到这两个怪物的结合可能会繁衍出"魔鬼种族"（这对于科幻小说是一个奇异的时刻，回顾一下在《暴风雨》中卡利班对普洛士帕罗公爵的咆哮——"我要让岛上遍布我们卡利班人！"——展望一下凶狠的机器人队伍，它们即将穿行在20世纪世界的作品之中）。维克多毁掉了他制造的东西。怪物发现他俩的约定遭到破坏，发出了赤裸裸的威胁——"我会在你的婚礼之夜来找你的"，然后就不见了踪影。

接下来就是逃亡和追逐的情节，穿插着死亡和惩罚行动，人人都行动起来，打击凶恶的怪物。这一段故事包含了许多葛德温的思想，以及他的小说《凯莱布·威廉斯》中的东西。这部小说正如其前言所说，"是一个对国内的，以及尚无记录的暴虐行为的考察，正是通过这种暴虐行为，人才成为人类自己的毁坏者"。

葛德温和《凯莱布·威廉斯》的影响是很大的。弗兰肯斯坦的朋友克莱夫可能就是根据克莱尔先生所著的《凯莱布·威廉斯》中的一个好人的名字取名的——正如玛丽·雪莱后来小说中的雷蒙德勋爵的名字来自他父亲小说中的雷蒙德，一个18世纪的罗宾汉式人物。

这里没有天国里的复仇，没有魔鬼，没有上帝的惩罚，只有人类独自苦思冥想着去实现那要落空的设想。和《凯莱布·威廉斯》一样，《弗兰肯斯坦》成为一个毫不宽容的、世俗的复仇故事，出现的是仇恨、司法过错、从敞开的窗户里开枪、受挫折的探险航行、没有地图或者罗盘的难以继续的航程。有复仇的行动，但没有来生的许诺——除非是怪物所遭受的悲惨的、被追逐的来生。

尽管受到葛德温的强烈影响，玛丽毕竟还是有主见的女性，她在信件中很早就表明她对政治进行过思考。她的编辑说，这些信件展示了她对个体自由的坚定的信念。

书中一个持久的吸引力就是那一连串隐晦的、具有多种含义的地方，它们并非全都出于一个没有经验的小说家的意图。我们从未看到弗兰肯斯坦在他的实验室里拉开那至关重要的开关。那是电影。小说告诉我们的只是怪物在主人面前曲意倾诉。而且在追逐过程中，追逐者和被追逐者不断交换位置，特别是小说的语言表述有意促使我们混淆故事的主要角色。也许作者期待我们去相信怪物是弗兰肯斯坦的幽灵自我，要将他追逐到一死方休。他们中哪一个"被恢复了生命活力"？"我们……使他恢复了生命活力……他刚出现生命的迹象，我们就把他包裹在毯子里。我经常担心他的痛苦使他失去了理解的能力……他总是感到忧郁和绝望……"

在维克多给沃尔顿讲述他的故事之前，这可不是怪物，而是维克多。我们只能通过他的话来看故事的准确性，正如在最后我们只听见怪物在他消失在远方的黑暗之前发出的要毁灭他自己的誓言。所有审判的结果（书中有四处）都是不可靠的，难道就是这样鼓励我们相信自己的智力吗？

"我是这些最无辜人们的杀手，他们死于我设想制作的产物之手"，这里又是维克多——而不是怪物——谈起他的怪物造成的死亡。他似乎不能确信怪物实际的客观存在（这个犹豫不决在这里被所用的"杀手"一词强化，这表明一种恍惚和改变的内心状况）。世人把谁是弗兰肯斯坦、谁是怪物的问题弄混淆了，其中是有原因的，这个混淆似乎是玛丽创作意图的一个部分。

1831年，一个经少许修改的《弗兰肯斯坦》版本出版了。1818年的版本有一个前言，而1831年的版本有一个引言。从这些序言性的文字中，我们可以收集到一些有关玛丽的灵感和意图的信息。

在1831年版本的引言中，玛丽表明她的故事像《奥特朗托城堡》一样，源自于一场梦，而梦正是那些来自我们自身的信号。在梦中，她看见"一个狰狞可怕的人形怪物伸展肢体，然后在某种强力引擎的作用下，显露出生命的迹象，然后随着艰难的、僵硬的生命活动而躁动起来"。这里，被躁动起来的正是科幻小说。

这场梦引发了她与雪莱、拜伦和拜伦的医生约翰·波里多利所进行的深夜交谈。他们谈论的是吸血鬼和超自然鬼怪之物。波里多利为他们提供了一些相应的阅读材料。拜伦和雪莱还谈论了达尔文、达尔文的思想和实验。在拜伦的提议之下，他们四人决定每人写一个鬼怪故事。

玛丽梦中那个狰狞可怕的幻影躁动着获得生命，这带有一年前她记述在日记里的一个噩梦所留下的情感色彩。1815年2月，由于早产，她失去了第一个婴儿。3月15日，她这样写道："梦见我的小宝宝又活了。他只不过是冻坏了，我们在炉火前揉擦他的身体，他就活过来了。"

从一开始，怪物就是她本人的一部分。

从小说的某个方面看，《弗兰肯斯坦》是一个发生语病的创造神话（diseased creation myth），一个有许多效仿者的原型——这是我们在探讨和发现《吸血鬼德拉库拉》(*Dracula*)时要思考的一个方面。

在这里，我们遭遇了小说更个人化的一面。维克多与他的恶魔之间进行的搏斗本质上是俄狄浦斯式的。和安德烈·纪德的俄狄浦斯一样，恶魔感觉自己似乎是"从什么地方冒出来的"："我是谁？我是什么？我从什么地方来的？"它问自己。几代人和一代人之间的混乱反映出玛丽·雪莱对自己的家庭环境感到的迷惑，在这个家庭里，与她生活在一起的是异父异母的姐妹，有的是她母亲早期与人同居所生，有的是她父亲后来再婚所生。

有些批评家解读了《弗兰肯斯坦》中有关吸血鬼情结（这是拜伦爵士的爱好）和乱伦意味方面的更加恐怖的情境。"在你的新婚之夜，我将与你同在。"怪物对维克多喊道，而维克多在某种意义上正是怪物的父母。性的紧张力度贯穿全书。

正如她不得不独自临产，因此——就像她在引言里说的——玛丽独自产下了她"狰狞可怕的后代"。

通过她自己的复杂个性，玛丽对雪莱有了更深的了解，因为他们之间相互依恋的情感非常强烈。批评家克里斯托弗·斯莫尔(Christopher Small)提出，弗兰肯斯坦和弗兰肯斯坦的怪物共同刻画了诗人的两面性——充满甜美和光明的一面，死气沉沉、阴森恐怖的一面，知识渊博的一面和不负责任的一面。

一部好的小说所包含的隐喻性特点使它具备多种解释。斯莫尔的解读并不排除我自己的看法，玛丽受到伤害和孤独悲怆的情感都体现在这个不为任何人所疼爱的怪物身上。这是因为玛丽感到她自己就是奇形怪状的，无怪乎她的怪物在如此长的时间里拥有如此强大的力量。这部小说历久不衰的吸引力就部分地来自这个被世人遗弃的孩子的悲剧。

通常，作家的第一部小说总要取材于某个人的生活经历。这并不否认其他的分析解读，认为玛丽把她自己当作了怪物。正因为如此，她也在努力地融进社会。通过与雪莱的私奔，她获得了爱情的实现。然而这一举动却使她远离了社会，她成为一个漂泊者、流亡者，就像拜伦一样，就像雪莱本人一样。她母亲在生她时遭遇的死亡一定使她感到她也像怪物一样，是从死者那里诞生出来的。在怪物的雄辩后面，是玛丽的悲怆之情。

当然，纯粹的科幻小说并不被期望去容纳自传性的材料！

当我们说《弗兰肯斯坦》是一个发生语病的创造神话时，我想到的是小说中带有性含义的词语，如弗兰肯斯坦说到他的秘密工作室用的是"我那龌龊丑陋的创造物的工作室"。玛丽的经历使她把生与死紧密地联系起来，我们前面引用的用来描写她的梦境的词语是值得注意的。她看见"一个狰狞可怕的人形怪物伸展肢体，然后在某种强力引擎的作用下，显露出生命的迹象，然后随着艰难的、僵硬的生命活动而躁动起来"。这富有强悍活力的话语既表明了一个有关她母亲之死的扭曲的意象，而那些最后的不安宁时刻常常富有吸引力地暗示恢复生机，而非死亡，也暗示了性交活动的躁动，尤其是当我们想一想"强力引擎"作为色情方面的用语乃是阴茎的同义词。

埃伦·莫尔斯在写到女性哥特式小说时，排除了一个像玛丽这样的少女怎么会想到如此可怕的念头的想法（虽然作者本人是第一个提出这个问题的人）。绝大多数18世纪和19世纪的女性作家都是独身者或处女，而且无论在什么情况下，维多利亚时代的禁忌都是反对写妇女临产的。特别是像玛丽这样的情况：没有结婚，伴侣是个已婚男子，而且还有与另一个女人所生的孩子，在国外某地受到债务的困扰。这个世间只有一个女子，只有玛丽·雪莱这个女子才能写出《弗兰肯斯坦》。

在《弗兰肯斯坦》的第一版和第二版发表之间的这段时间，发生了重大的事件。莱尔（Lyell）的《地质学原理》（*Principles of Geology*）第一卷出版了，极大地扩展了地球的年岁。曼特尔和其他人正在进行从地里挖掘巨大的化石骨骸的工作，从岩石中发掘出动物种类，一丝不苟，就像弗兰肯斯坦的怪物从各种各样的尸体中被一块一块地组合起来。将我们想象的生命大大扩展的意识已经觉醒，那是我们所说的"爬行动物时代"——我们把那些不复存在的怪物召集起来投入活跃的生存状态。

1831年版的引言提到了流电学和电学。1818年初版的序言也是具有启发意义的。虽然按照拜伦的指令，玛丽开始动笔写一个鬼怪故事，但她很快就改变了最初的意图。她在序言中明确地说："我并没有打算仅仅编织一系列超乎自然的恐怖事件。"这个序言是一个辩护，而玛丽·雪莱为自己辩护的主要证据，她的第一句话提到的就是伊拉斯马斯·达尔文。

把新的生命赋予一具死尸应当被看作是"并非不可能的事情"，在本质上远非什么超自然的鬼怪异事。

在小说不同版本之间进行的改动也是值得注意的，而且很可能向我们揭示了有关玛丽悲苦的情感状态。维克多和他的未婚妻伊丽莎白被赋予不同的关系。在小说的第一版中，伊丽莎白是维克多姨妈的女儿。在修订版中，她是通过收养而进入这个家庭的。在两个版本中，她常常被称作"表妹"。玛丽早年的阴郁经历在她心中引发了混乱。在一个家庭里作为兄妹一起长大,然后又相互爱恋的乱伦模式在她别的作品中时有发生。

在玛丽后来的科学传奇《最后的人》中的艾德里安和伊娃尼,两人都住在温莎。短篇故事《隐身姑娘》(*The Invisible Girl*,1833)中的亨利和罗齐娜,"他俩从小就是玩伴和伙伴,后来则是恋人"。

乱伦癖和恋尸癖在维克多肢解那个奇形怪状的夏娃的情境中显露出来,这个夏娃是他为那个狰狞恐怖的亚当所制造的女性。不过在那时,乱伦现象还很时兴,不仅仅是一种固定的文人的桃色话题:拜伦与他最亲爱的奥古斯塔——他同父异母的妹妹,就是活生生的例子,这一定使玛丽联想到她本人与同父异母的弟弟和同父异母的姐妹之间的关系。

如果玛丽读过戴·萨迪的小说《贾丝汀》——事实似乎很可能如此——她会看到那些做父亲的是如何强奸和毁掉他们的女儿,而在她丈夫雪莱的诗剧《钦契一家》(*The Cenci*)中,同样的主题赫然在目。老钦契凌辱他的女儿甚至到了无所不为的地步,就像那个老侯爵式主人公中的一个狂徒。

施虐狂和受虐狂在玛丽的创作中肯定是不会少的。她在写作《弗兰肯斯坦》时就想到了她的婴孩威廉,但她却使怪物的第一个受害者成为一个叫作威廉的小男孩——维克多的弟弟。"我扼住他的喉咙让他安静下来,他当即就直挺挺地躺在我的脚下死去了。我打量着我的牺牲品,心中充满恶毒的胜利喜悦。"这个威廉是哪一个呢,是她的父亲还是她的儿子? 她的小威廉("威毛斯")死于1819年夏天。

玛丽本人在《弗兰肯斯坦》1831年版本的引言中,似乎在吁请人们对她的故事进行心理学的解释,她说:"发明创造……并不体现在从虚无中创造出什么,而是从混乱中创造意义。首先是提供材料:它为隐藏的、无形的东西赋予形式,但它无法创造这些东西本身。"

这段话显示了对文学的敏锐理解,不管里面还有什么别的含义。

在每一千个熟悉弗兰肯斯坦故事——从各种尸体碎块中创造他的怪物,并用电流使其获得新的生命——的读者中,只有一个读者读过小说。电影极大地传播了这个神话,同时也消解了它的意义。

在出版后不久,《弗兰肯斯坦》就被改编成戏剧。舞台上演出了各种各样的剧本,而且大获成功,一直到18世纪30年代。此时,电影界也不甘寂寞地加入进来,出现了较短的默片版本,但直到1931年,随着由鲍里斯·卡尔洛夫扮演怪物的詹姆斯·惠尔的通用影业公司的《弗兰肯斯坦》推出，这个怪物才真正开始了他的银幕生涯。从那以后，城堡实验室里的仪表刻度盘就没有停止过摆动。这个怪物孵化出儿子、女儿、鬼魂、凶宅；抢占新娘，制造女人；注定要与吸血鬼和狼人住在一起；尽情享受罪恶、恐怖和复仇，而且发出诅咒；在很多情境里，它要遭遇艾勃特（Abbot）和科斯特洛（Costello）、太空怪物，以及来自地狱的怪物。

惠尔所拍影片的许多风格因素都是从德国表现主义运动中吸取的。第一部是由哈默公司拍的"弗兰肯斯坦"影片——1957年的《弗兰肯斯坦的诅咒》（*Curse of Frankenstein*），设置了豪华气派的维多利亚时代的场景，由表情冷漠的彼得·卡辛出演弗兰肯斯坦。然而所有的"弗兰肯斯坦"影片都趋于简单化，只抓住了表面的东西。

他们忽略了对小说具有重要作用的社会结构，而且使故事的节奏变得缓慢，这正是电影的大忌。通过把社会批评与新的科学观念结合起来，玛丽·雪莱开了H.G.威尔斯的写作方法的先河，以及众多步威尔斯后尘的作家的先河。

在《弗兰肯斯坦》之后，出现了一个停顿。展望未来的观点需要恰当地来自某种宗教意识。关于未来发展状况的这一类文字往往带有一种政治的或讽刺的特点，就像首次发表于1819年的一本匿名小册子——《公元1829年》（*One Thousand Eight Hundred and Twenty-Nine*）。它抨击了欢迎天主教改革的呼声，预言斯图亚特王室将在1829年卷土重来。

然而一个有敏锐洞察力的作品来自一个除了P.B.雪莱以外，与玛丽最接近的诗人。

就在《弗兰肯斯坦》写作的过程中，拜伦爵士正处于永远地离开英国的流亡生活中。在1816年那个阴沉忧郁的夏天，他住在日内瓦湖岸边的一所房子里。雪莱一家的住所就在附近。就是在这个时间里，拜伦写出了他的诗作《黑暗》（*Darkness*）——又是这个词——一种惨淡的进化论的景象，其意象对于我们这一代人来说，具有核冬天的冲击力。和玛丽的小说一样，《黑暗》一诗也是始于一场梦，或者说至少一个睡梦般的幻想。

做了一个不完全是梦的梦。
明亮的太阳熄灭了，群星
在永恒太空的黑暗中流浪

没有光线，道路荒芜，冰凉的地球在

盲目地旋转，在没有月光的空气中越变越暗。

地球遭到毁坏，野蛮盛行，所有人都忍饥挨饿。最后活着的两个人在相遇时死于恐惧。

诗里叙说的是一个荒芜凄凉的世界，"没有树木，没有人烟，没有生命"。这正是玛丽·雪莱在拜伦和雪莱相继去世以后——一个在希腊，一个在意大利——在她之后创作的最好的小说中探索的主题。

玛丽·雪莱生前发表了六部小说和两部旅行游记。《最后的人》（1826）是匿名出版的，署名是"由《弗兰肯斯坦》的作者创作"。和前面发表的作品一样，它的扉页上印着引自《失乐园》的警句，这次非常触目惊心：

不要让任何人从今以后

寻求预示，问什么命运会降临在

他或他的孩子们身上。

在这一时期，整个小说界还没有获得它后来所拥有的势头，还不是主要的文学力量，18世纪40年代的杰出作家们还没有从地平线上升起来。这是一个过渡时期。不管它多么出色，拥有多么巨大的力量，《最后的人》总让人感到它只是一部过渡性的小说。场景描写占据了小说的重要部分，却没有获得《弗兰肯斯坦》的场景描写（"异国部分"）所具有的寓意性力量。这使得我们想到散文体小说和游记文学在共同演进时，相互的促进作用是多么强大。尽管如此，《最后的人》仍然能够引起我们超越文学历史基础的兴趣。

这是关于莱昂内尔·弗尼的故事，发生在21世纪末。英格兰国王迫于公众的压力而退位。国王之子艾德里安即如今的温莎伯爵，后来成为英国的护国公，与弗尼是好友。弗尼的父亲曾受到过国王的宠幸，但后来由于弗尼"像野蛮人一样粗野地浪迹在文明英国的山冈上"而被冷落。他通过与艾德里安的友情而得以转变，获得更好的思想情感。

这时，雷蒙德爵士——一个才华出众、相貌英俊的贵族青年出现了。日期是公元2073年，但土耳其人仍然凌驾在希腊人头上作威作福。雷蒙德最后成为希腊军队的统帅，并且将君士坦丁堡围困起来。

这些事情，以及许多关于各方姐妹和母亲的复杂事情构成叙述的前三个部分。只要思考一下，玛丽是在为她所结识的人创作画像，一个现代读者可以从中杀出一条路来：雪莱就是艾德里安，拜伦乃雷蒙德，克莱尔·克莱蒙特·珀迪塔就是弗尼的妹妹。有好几个婴幼儿也是可以确认的。这个故事发生在平静地从君主制向共和制转变的英国——虽然当瘟疫降临时，一切都荡然无存。

当君士坦丁堡落入围困者之手时，纪实小说的相关之处被部分地放弃了。在雷蒙德的率领下，他们没有遭到任何抵抗就开进城里。守城者已经死于瘟疫：这里只是一座空城。

对瘟疫的介绍使小说的叙述获得节奏，可怕的事件和更加糟糕的凶兆相继出现。

作为这个地球上的居民，我们到底是什么呢？我们属于无限空间里存在的众多生物中人数最少的人吗？我们的思想可以遨游无穷无尽的时空，但有关我们生存的可见的机制却取决于最偶然的事件。

雷蒙德被坠落的砖石砸死，珀迪塔投水自尽。瘟疫蔓延到整个世界，结果，"美国的大都市、印度斯坦富饶的平原、中国人口拥挤的住所，全都面临着灭顶之灾"。

再回到温莎，虽然从瘟疫肆虐地区过来的逃难者被允许在城堡的城墙内栖身，弗尼仍为他的妻子和孩子们感到忧心忡忡。公园被耕种出来为人们提供食物。艾德里安在伦敦为公众的利益而忙碌着，瘟疫在这里已露出苗头。弗尼给他做助手，之后回到温莎，发现城堡里出现了瘟疫。

冷酷无情的死神闯进了这些可爱的城墙……（后来）沉寂笼罩着城堡，里面的居民们一片死寂，长眠不醒。在死气沉沉的漫漫长夜，我却醒着，脑子飞快地转动，就像一万架磨坊水车一般，急速地、猛烈地、无法控制地飞转着。所有人都睡着了——整个英国都睡着了。透过一扇窗户，我可以鸟瞰一大片星光闪烁下的乡村，我看到大地在寂静无声的休眠中向远处延伸。我醒着，活着，而死神兄弟抓住了我的民众。

冬天的到来暂时止住了瘟疫肆虐的步伐。第二年夏天，瘟疫又卷土重来，此时英国还遭受了美国人和爱尔兰人的侵略——艾德里安通过和平谈判去平息入侵者。

艾德里安和弗尼最终领着一些幸存的英国人离开英国，前往法国。此时，弗尼的一个儿子已经死去，他的妻子死于一场暴风雪。

只剩下五十个幸存者，人数还在减少，他们从第戎向南行进。玛丽·雪莱简直不给人片刻安宁。"毁灭的惨象、绝望的情景、获得最后胜利的死神的横行肆虐，都将展现在您的面前。"她告诫她的读者诸君。

艾德里安和弗尼带着两个孩子——克莱拉和小伊夫琳，抵达了意大利。伤寒夺走了伊夫琳的性命。三个幸存者再没有发现任何其他还活着的人，这个国家已经荒无人烟。他们来到威尼斯，看到的是一片废墟，正在慢慢地沉入泻湖。

艾德里安希望再看一下希腊，于是他们从亚得里亚海乘船航行。在海上他们遇到一场风暴，船沉没了。他们被抛入海水之中——最终只有弗尼只身一人挣扎上岸。他是最后一个活着的人。

弗尼把他的处境与鲁滨孙的处境进行对比，然后向不朽之城罗马走去（雪莱的骨灰就埋在那里）。他仍然没有发现一个活着的个体。在罗马，他尽情游览着罗马过去留下的财富珍宝，漫步于艺术馆和图书馆，直到静下心来写他的历史。我们最后看到的，是弗尼带着一只狗与自己做伴，乘船从地中海向南行驶，经过非洲海岸，驶向位于印度洋远方的飘着芳香气息的岛屿。

令人惊奇的是，小说以一种宁静的气氛收尾。它没有出现《弗兰肯斯坦》那样的黑暗而遥远的地域，遥远之乡迎来了光明，灿烂的光明。这个唯一的幸存者成为另一个亚当，比弗兰肯斯坦的怪物还要孤独寂寞。

弗尼这个名字可能表达了对沃尼（Volney）的崇尚，这位法国公爵——康斯坦丁·弗朗西斯·德·夏斯博夫（Constantin Francois de Chasseboeuf），他的革命性论著《大溃败或对帝国革命的思考》描述了古代文明的兴衰以及对未来专制暴政将被废除的前景的展望。沃尼的书英文名是《帝国的灭亡》。正是从这本书里，弗兰肯斯坦的怪物认识了"读书识字的科学"。它也是雪莱通向那首雄心勃勃的诗作《麦布女王》（*Queen Mab*）的跳板，雪莱在诗中（像他之前的葛德温一样）宣称道：

权力，就像腐败的瘟疫
腐蚀着它所接触的一切。

沃尼可能导致了深刻的矛盾——对毁灭以及折磨着那些描写未来的人们的毁灭性前景的思考。一旦沃尼的哲理性上层建筑得以确立，当我们到达君士坦丁堡，玛丽·雪莱的故事就获得了强烈的悬念效果。有些道德说教和狂热描写可能会使一个现代读者觉得沉闷乏味——玛丽·雪莱的散文在《弗兰肯斯坦》之后变得更为丰满——但也不乏出现显现真理的令人惊骇的时刻，例如，在梦中，雷蒙德的身体成为瘟疫本身。这里把伯克的"令人愉悦的恐怖"发挥到了极致。

《最后的人》的郁闷气氛也是非常突出的，而且非常鲜明地表现出来。雷蒙德对弗尼说道：

你是这个世界的，我可不是。你伸出了你的手，它是你的一部分。你没有把认同的情感与构成艾德里安的凡人形体分开。你又怎么能理解我呢？大地对于我是个墓穴，苍穹是个墓顶，里面包裹的只有腐败之物。时光尽逝，我已经迈进了永恒之国的门槛，我遇见的每个人都像是一具尸体，很快就会在糜烂和腐败的前夜失去生命的火花。

这种对腐烂的迷恋令人触目惊心。从《弗兰肯斯坦》滋生出的冲动就像癌症一样生长着，直到发生急剧的反应。一旦用于一个异常罕见的病例，就对整个人类发出谴责。这是人类群体遭到被流放和灭绝的厄运，而不是个人之命运。

我们该怎样看待玛丽·雪莱的这两部小说呢？它们不仅仅是主题性故事。《最后的人》不仅仅是"一个关于混乱的宏大幻想"，我们也不能断言说它无法被"置放于任何现存的类别之中"，因为这一时期的许多诗歌、故事，以及绘画作品，都无不致力于用不同方式表达同一主题。正如人们所指出的，《最后的人》在许多方面是对现实的换位，而不仅仅是幻想而已。玛丽·雪莱写的是正在发生的事。这就是一部科学传奇。

批评家们往往喜欢追索文学影响。富有创造力的作家用书本之外的宏大世界作为其素材。坚守在这个分界线后面，批评家们没有看到结果，就在《最后的人》的写作过程中，一个现实的、真正的瘟疫正在肆虐。当《弗兰肯斯坦》于1818年首次问世时，发生在印度的一场可怕的流行病的消息已经传到英国。加尔各答附近的杰索尔（Jessore）的居民，或者死亡，或者逃离，即将使得疫病扩散和传播开来。1818年春天，疫病重新爆发，来势更加凶猛。3年之后，疫病的扩散越过了阿拉伯海。病死者不计其数，他们的尸体被扔进了海水之中。在巴士拉，十八天内就有15000人死去。这是霍乱——当时被认为是不治之症。

1822年，疫病感染波及俄国南部。它还向东蔓延——1819年波及缅甸，1820年波及泰国，接着蔓延到如今构成印度尼西亚的岛屿，直到菲律宾群岛。它还溜进了中国大门。

到1830年，瘟疫已经蔓延到莫斯科。它席卷了欧洲。死亡人数已无法统计。英国人焦虑地注视着，疫病抵达了他们的海岸。1831年的夏天异乎寻常地明媚、温暖。接着，霍乱传播到英格兰北部，很快波及伦敦。

与疫病同样可怕的是国内民众伴随着疫病的无情蔓延而产生的混乱。外国医生和有钱人常常受到责备。在匈牙利，贵族人士的住宅遭到凶猛的冲击。许多城市调动了军队。

玛丽·雪莱在《最后的人》中只不过对现实中发生的事情进行了一个象征性的描绘，一个精神上的银幕再现。在这方面，她至少为20世纪大量涌现的科幻小说作家们树立了一个效仿的榜样。

我们永远无法对《弗兰肯斯坦》做出最后的评论。这个评论将包含太多看上去相互冲突的因素。对其中一些因素的思考就将作为本章的结语。

科学与社会对外在事物的关注在小说中通过玛丽借助她的梦所获得的对内心世界的关注而得以平衡。这个特殊的平衡可能是《弗兰肯斯坦》最大的价值之一：外部历险与不幸的灾难故事伴随着并推动着心理深度的出现。玛丽在她的戏剧性故事里所张扬的，就是雪莱在《解放了的普罗米修斯》的序言中所说的："我运用的意象可以在许多情形中找到，它们来自于人类心灵的活动，或者来自那些使它们得以表达的外部行动。"

爱、恐惧、父母和爱人的残酷——这些人们熟悉的情感经历被主要的奇异因素激荡起来。

维克多的丑陋无比的怪物——人类社会的弃物，对自己抱有高傲的看法——与我们所熟悉的电影中几乎沉默无语的魔鬼形成鲜明对比——对于它遭受的痛苦高谈阔论。

从这里，我们得到的是一个教育性的良方，它回溯并展望了这样一个时期：人类不仅仅通过相貌来判断人的价值，以貌取人。

1816年，雪莱大声地对玛丽朗读《失乐园》。

怪物把自己比作诗中的亚当——然而比起亚当，他又是何等不幸，因为在这里，创造者"惊恐万状，从他丑陋的尤物身边"逃奔而去。怪物的经历与亚当有相似之处，一个重要的不同之处在于他失去了夏娃。他首先被创造出来，然后又获得对于他生存的这个世界的清晰认识——在此阶段，"出现在我面前的只有仁爱和宽容"（第十五章）。接着，当"复仇的信念在我心中燃烧起来"，他开始经历他的"堕落"过程（第十六章）。此时的怪物被频频称作"魔鬼"。在许多方面，它的人性越来越少，更多地成为非人性的象征。"我看见他，"弗兰肯斯坦说，"从山上下来，比老鹰飞行的速度还要快疾，很快就消失在起伏不平的冰海之中。"（第十七章）

这个魔鬼更多地用弥尔顿的话语谈论它自己，最后在维克多的尸体前，它这样说道："堕落的天使成为一个恶毒的魔鬼。"

怪物本性的改变使玛丽·雪莱能够呈现这一斗争的两个方面，它们是从属于末世论主题的。

第一个方面是人与自己的冲突，这是创造的力量所必须产生的。发生语病的创造神语是杰基尔医生和海德先生的原型，正如弗兰肯斯坦与他的另一个自我相互搏斗厮杀一样。他们对自己另一半的迷恋和追求只有在抽象观念中才是有意义的。

第二个方面是随着人自身力量的消退而产生的社会分裂。自然秩序的败坏会导致新的败坏出现。《弗兰肯斯坦》充满腐败堕落的意味，"魔鬼"在世界上到处流窜，随心所欲地狠下杀手，就像一种疾病，很自然地滋生于一个尸骨存放所，只能在一个飘浮的冰山上进行隔离和消毒。

对一个公正的天父的拒绝，对苦难、对性的迷恋和关注，都有助于维系《弗兰肯斯坦》的主题。它不仅预言了我们对于科学发展的双刃剑似的胜利和惧怕，它还是第一部由进化论思想引发创作的小说。上帝是一个不见踪影的地主，不管人们多么频繁地呼唤他。房客们不得不自己去解决相互间的问题。这里显现了小说的副标题的分量。在雪莱的抒情诗剧《解放了的普罗米修斯》（*Prometheus Unbound*）中，强大的朱庇特用铁链把普罗米修斯捆缚在岩石上。普罗米修斯遭受了可怕的折磨，但在朱庇特被推翻而退隐下台之后，他最终获得了自由。

如果不是寻求上帝的话，人类究竟在追寻什么呢？对这个现代疑难问题的回答包括追求知识、力量和自我实现的目标。根据对小说的解读，人们可以发现维克多·弗兰肯斯坦追求的是所有这三者，对这个现代浮士德式主题的运用特别适用于第一部真正的科幻小说：弗兰肯斯坦的困境就是现代人的困境，涉及后卢梭主义的个人与社会之间的二元对立，以及科学对那个社会的侵袭，人类的双重本性，他所继承的猿猴的好奇心给他同时带来了成功和苦难。暂且不谈他的伟大发现，弗兰肯斯坦是一个过度追求而弄巧成拙的人，一个受害者，摇摇晃晃地穿行在一个几乎找不到美德的世界里（虽然那个魔鬼提到过它们）。没有希望和宽恕，只有对人的误解以及对怪物那可憎的类人生命的误解。知识没有带来任何幸福的保证。

对于这样的批评取向，弗兰肯斯坦的主题比那些星际旅行故事更具有当代性、更加富有趣味，因为它使我们更加接近人的隐秘、生命的隐秘，正如星际旅行比那些诸如心灵感应之类的奇幻主题更加有趣一样。

自从《千万年大狂欢》出版以来，许多学者开始着手对《弗兰肯斯坦》进行科幻小说领域内外的探讨。其中最富有创意和独到的批评家是戴维·凯特瑞（David Ketterer），虽然他竭力否认，说这部小说根本不是科幻小说，因为它具有太多别的东西。然而任何只要能够满足它的要求的就一定是优秀的科幻小说。凯特瑞还暗示道，由于在1816年科幻小说还不是一种类型，所以《弗兰肯斯坦》不可能是科幻小说。然而在1816年，连"科学家"这个词也不存在，可是人们都把弗兰肯斯坦看作是不负责任的科学家的典型。

尽管如此，凯特瑞有关这部非凡小说的观点，追寻知识的重要倾向（"知识是《弗兰肯斯坦》的全部关注"）还是令人振奋、发人深思的。《弗兰肯斯坦》也是"全力关注"父母与子女关系的。

可以恰如其分地说，"黑暗和遥远的距离"应当是《弗兰肯斯坦》的结语，正如"黑暗"几乎是它的第一个词，呈现在其扉页上那摘自《失乐园》的引语之中。科幻小说往往难以摆脱同样关于腐败和迷茫意义的困扰。当我们转向其他的探讨对象时，我们又发现了对乱伦、恐惧和"对人类躯体的巨大秘密"的关注。

阅读思考：我们应该如何看待玛丽·雪莱的《弗兰肯斯坦》的创作？

王晋康——中国科幻的思想者[①]

赵海虹

赵海虹，浙江工商大学外国语学院教师，科幻作家。王晋康是目前中国最有影响力的科幻作家之一，有众多科幻作品出版。在此文中，作者简要地介绍王晋康的生平和科幻创作历程，让人们可以初步地了解这位重要的中国科幻作家的思想发展和科幻创作概况。

自1904年荒江钓叟的《月球殖民小说》开始，中国科幻历经新中国成立初期、20世纪70年代末至80年代初两个历史活跃期，其后又经过近10年的沉寂，进入了"20世纪90年代至今的最新的活跃期"，而王晋康是这个时期最重要的科幻作家之一。他在这个最新的活跃期中引领了中国科幻前10年的发展。《科幻世界》杂志主编姚海军甚至将20世纪90年代称为"王晋康时代"。

一、大器晚成的业余科幻作家

王晋康，男，汉族，中国民主同盟盟员，中国科普作协会员，中国作协会员，1948年生于河南镇平。他天资聪颖，中学时文理成绩皆出类拔萃，怀抱着成为理论物理学家的理想。但少年之梦被那个扭曲的时代击碎了。1966年，他高中毕业时恰逢"文化大革命"开始，1968年他下乡到河南新野五龙公社，度过了3年知青生涯。1971年，到云阳钢厂杨沟树铁矿当木模工，1974年调入南阳柴油机厂。全国恢复高考后，1978年，王晋康以优异成绩考入西安交通大学动力二系。1982年毕业，在石油部第二石油机械厂（后改为南阳石油二机集团公司）从事技术工作，曾任设计研究所副所长、高级工程师，是本单位特种车辆重型

① 王卫英.中国科幻的思想者——王晋康科幻创作研究文集[M].北京：科学普及出版社,2016.

底盘领域的开拓者。

王晋康的科幻创作发端于偶然，像J.K.罗琳为了给女儿讲床头故事而创作了"哈利·波特"系列小说一样，王晋康也是为了给喜欢科幻的10岁的儿子讲故事，被"逼"成了科幻作家。1994年的《中国石油报》发表了一条题为《十龄童无意间逼迫父亲，老爸爸竟成了科幻新星》的新闻，记载了这段饶有趣味的故事。王晋康把一则被儿子夸奖"今天讲得好听"的故事转化为文字，试寄给当时中国唯一的科幻杂志《科幻世界》。这篇名为《亚当回归》的处女作在《科幻世界》1993年第5期发表，在读者中引起巨大反响，获当年度科幻银河奖小说类作品一等奖[①]。

从此一发不可收拾的王晋康以业余作者的身份高歌猛进，一举成为中国著名的科幻小说家。翌年他的短篇小说《天火》再获1994年度银河奖最高奖（该年度银河最高奖为"特等奖"），此后他更以《生命之歌》（1995）、《西奈噩梦》（1996）、《七重外壳》（1997）、《豹》（1998）蝉联六届科幻"银河奖"特等奖或一等奖。1999年为鼓励新人，王晋康主动向评委会申请退出评奖，随后进入了一段休整期。笔者作为这个时期中国科幻的读者与创作参与者，曾亲身体会到"王晋康"这个名字具有的魔力。甚至可以说，在20世纪90年代，王晋康的作品占据了中国科幻的半壁江山。

二、高歌猛进的第一阶段

1993—1999年可视为王晋康科幻创作的第一个阶段。作为一个大器晚成的作家，他的处女作《亚当回归》起点甚高，很难相信出自新人之手。这是因为，与大多数在《科幻世界》发表处女作的青年作者不同，人到中年的王晋康历经"文化大革命"浩劫、上山下乡和工厂的基层锻炼，已经具有丰富的生活阅历，对生活、科学、大自然及人类未来有了大量的思考与积淀。他大学时代对现代文学作品的大量阅读以及两年时间的练笔（曾创作过十几部短篇主流小说，未发表），也为他的厚积薄发提供了基础。

《亚当回归》的前半部情节并未跳出传统科幻作品的藩篱：星际旅行归来的宇航员王亚当发现地球已经物是人非，新智人（即大脑中植入电脑芯片的自然人）成了人类的绝对主体。年迈的脑科学家钱人杰既是新智人之父，又是坚

---

① 银河奖对最高奖的设置多有变化，1993年度一等奖为最高奖。

决抵制大脑改造的仅存的少数自然人之一。他暗示王亚当只有借助植入电脑芯片获得更高智能，才有可能找到推翻新智人统治的途径，"用卑鄙的手段实现高尚的目的"。王亚当知其不可为而为之，悲壮地接受了大脑的改造。但在接受更高智能之后他有了猛醒，知道自己和钱老的抵抗是可笑的，"就像是世上最后两只拒绝用火的老猴子"。最后，新智人王亚当面对旧人类文明的暮日只能发出一声悲凉的叹息。这样的结尾显然超越了以往此类科幻小说中"人类必胜"的俗套，进入了更深一层的思考，到达了更高的境界。文中对两种人类之间关系的叙述是平和的、适度的（即使在两位反抗者策划阴谋时），含着淡淡的无奈。这种特有的风格是作者心态成熟的外在表现，也与大多数类似题材的作品拉开了距离。文中非常贴切地引用了"西汉李陵不得不归属异族"的历史典故，用中国笔墨加深了科幻主题，预示了王晋康此后作品浓重的中国风格。

伴随着这篇作品的成功，王晋康迅速进入了中国科幻迷的视野。

1994年发表的《天火》凝聚了王晋康丰富的个人情感。小说的主人公林天声无疑带有少年王晋康的影子，因此小说在生活化的描写和人物形象的塑造上有血有肉。林天声"脑袋特大，身体却很羸弱，好像岩石下挣扎出来的一棵细豆苗"，他因家庭出身不好而在性格上近于自闭。但他的思想天马无羁，敢于怀疑"天经地义的事实"，大胆地用新眼光审视"穿墙术"，最后以生命的代价证实了"物质无限可分"的规律。这位青年科学殉道者成为王晋康小说中塑造得最成功、最感人的形象之一。

发表于1995年的《生命之歌》，与王晋康的处女作《亚当回归》相比，是同一个核心哲理引出的两种选择——作为旧人类，应当如何面对即将取代自己历史地位的新"人类"，只不过由《亚当回归》中大脑植入芯片的新智人换成《生命之歌》中具有生存欲望的机器人。由于新人类具有人类无法匹敌的先天优势，顺应时代潮流就意味着旧人类被彻底取代。在《生命之歌》中，女主角孔哲云选择了与王亚当相反的另一条道路：她在"撕心裂肺的痛苦中"拿起父亲丢下的枪，准备杀死"亲亲的小弟弟"，即新人类始祖机器人小元元，以便为旧人类文明尽量争取一点儿时间——即使人类被历史淘汰的命运已无可避免。

《生命之歌》被公认为是王晋康在这一创作阶段最优秀的短篇作品，实至名归地获得了1995年科幻银河奖特等奖。它的成功除了得益于曲折的故事结构、高明的悬念设置与深刻的人物性格刻画之外，更在于其"令人炫目的具有开拓性的科幻内核和对生命本质的思考"，甚至"改变了中国科幻的面貌"。此文中关于"生存欲望的物质表达形式"的科幻构思是首次出现于国内的科幻作品。它具有超硬的哲理内核，表现了作者在生命领域中坚信唯物主义、彻底摒弃超自然力的勇气。

获得1997年银河奖一等奖的《七重外壳》是一个悬念迭起的故事。中国大学生小甘来到姐夫斯托恩·吴工作的美国B基地，尝试挑战基地的一项超级发明——一种能让被试者完全融入虚拟世界的电子"外壳"。被套上外壳的小甘如果能找到虚拟世界的漏洞就能获得1万美元奖金，故事里，小甘一次又一次"穿上"和"脱下"外壳，在真实和虚拟间穿梭进出。足以乱真的虚拟世界充满了高科技社会的刺激与诱惑，而一层又一层剥洋葱式地剥离虚幻世界，使这位以才智自负的主人公逐渐失去对现实的把握，迷失了自我。后应小甘的强烈要求，斯托恩让他回到家乡，在家乡与亲人这条最为粗大坚韧的"根"中总算找回了自我，但最后却因一个小小的细节又产生了严重的自我怀疑，给小说留下一个开放的结尾。这个开放式结尾是本篇的亮点之一，它使一个技术故事的主题上升到两个传统的文学命题，即关于"自我的认知"（我是谁？我在哪里？），以及科技对人性的异化。十几年后的美国著名科幻影片《盗梦空间》与《七重外壳》在构思和故事结构上有颇多相似之处，可见"科幻无国界"。

《豹》是以故事性见长的一部长篇小说。王晋康的大部分作品都有很强的故事性，《豹》更是个中翘楚。小说以一起诡异的性虐待案件开场，迅速推进到4年后的雅典奥运会。从观赛的中国体育记者费新吾、老运动员田延豹、田延豹的表妹田歌以及美籍华裔科学家谢教授着笔，把读者目光一步步引向谢教授的儿子谢豹飞，这个以极大幅度打破奥运会百米世界纪录的、不出世的亚裔体育天才。但随后一位神秘人向费新吾和田延豹二人透露了有关谢豹飞出身的爆炸性秘闻，二人在他的指引下进行了剥茧抽丝的探寻，才知道谢豹飞居然是嵌有非洲猎豹基因的豹人，而泄密的神秘人竟是他的父亲谢教授！谢豹飞在月圆之夜兽性大发，咬死了恋人田歌。田延豹愤而扼死神志不清的凶手后，以杀人罪被起诉。法庭辩论中，田的律师奇兵突起，以豹人非人、不适用人类法律为理由，成功帮助田延豹脱罪。而谢教授却借法庭为发言场，阐述了自己对基因技术的激进观点。他认为人兽本无截然区别，人兽杂交以改良人类是一种进步。人类社会对这种观念的敌意就如当年社会敌视进化论。这场法庭之战写得酣畅淋漓，奇峰突起，既形成了故事线的高潮，也是哲理线的高峰。小说中，科幻构思始终是故事线的内在推动力，二者水乳交融，始终保持着故事的张力。

这正是王晋康作品的一大优点。而且该构思紧扣基因科学的进步，真实可信，也加强了作品的感染力。

王晋康虽然是业余作家，但产量很高，这一时期除6篇银河奖获奖作品外，其他代表作品还包括中短篇《斯芬克斯之谜》（1996）、《拉格朗日墓场》（1997）、《三色世界》（1997）、《养蜂人》（1999）、长篇小说《生死平衡》（1997）等等，主要发表在《科幻世界》《科幻大王》[①]等杂志上。

《生死平衡》以狂放不羁的中国民间医生皇甫林为主人公，讲述了一个以"平衡医学观"挑战传统西方医学的故事。皇甫林在出游西亚C国期间，以祖传的"平衡医术"治好了首相之子的痼疾，又疯狂地爱上了首相之女艾米娜。但艾米娜性格乖戾，导致二人进行了一场激烈的"爱情决斗"。后西亚狂人萨拉米所在的L国以世上早已绝迹的天花病毒用阴险的方式向C国散播，妄图不战而胜。C国民众却在皇甫林的祖传针剂的帮助下获得了早期免疫力，战胜了天花病毒。这篇小说完全走传奇故事的路子，情节跌宕起伏，引人入胜。人物带着漫画的夸张，鲜明生动。小说中的"平衡医学观"在作者10年后的长篇《十字》中得到延续和深化。《生死平衡》发表后，对该文包含的医学观点在网上引起了很大争议。其实作者在小说后序中曾预先指出："《生死平衡》是科学幻想小说而不是医学专著。""它只着眼于思想趋势的正确，不拘泥于医疗细节的精确。"读者若因小说对"平衡医术"戏剧化的描写就认为作者提倡"一药治百病"的江湖医术是一种典型的理解错位，是把科幻等同于科研或科普。

王晋康的小说虽以哲理思考见长，但他认为，科幻小说就其主体来说是一种大众文化，小说中的哲理思考必须依附于精彩的故事才有生命力。所以他的作品尤其是中长篇作品一直在主动向通俗化靠拢，常常糅合侦探小说、推理小说和传奇小说的技巧，以机智的悬念和情节来吸引读者，这在《生死平衡》的传奇故事架构上表现得特别明显。他的某些作品中也可见一些情色描写的"佐料"，比如《豹》中对女主人公死于豹人的性暴力的描写，《拉格朗日墓场》中变态女鲁冰对鲁克多少带点乱伦意味的爱情（鲁冰本以为鲁克是自己的亲哥哥）等。其实相对于主流小说来说，王晋康作品中的情色成分是极为低度的，但由于科幻小说长期以来被认为是青少年文学，而且实际情况中也确实是青少年读者占绝对优势，所以类似情节在读者中曾引起非议。相比而言，另一位著

---

① 2011年该杂志更名为《新科幻》。

名科幻作家韩松的作品中情色描写的尺度远为大胆,但由于韩松作品诡异的基调、纯粹成人作品的定位及更为主流文学化,反倒没有引起多少非议。

王晋康曾说过,他这代中国人缺少西方作家所具有的信息量和世界阅历,在把小说背景设置在国外时,"常常难以把精彩的构思转化为丰满流畅的生活流",虽然场景多变,人物三教九流,但似乎多来自早年国内对西方的负面宣传及外国电影和娱乐小说的印象,因此失之概念化。他的作品中时常有民族主义情绪的流露,包括民族悲情意识和民族自豪感,也不乏刚刚形成或者可以说是刚刚复苏的大国心态。这给他的小说带来别样的特色,也更宜与中国读者的心灵产生共鸣。不过民族主义与科幻这种关心人类整体的文学样式契合度并不高,"是短促的"(王晋康语),不容易赢得国外读者的共鸣。这个问题在作者的第二阶段有了很大的调整。

王氏哲理科幻的又一代表作——发表于1999年的《养蜂人》,将"整体论"这种科学观点进行了文学化的阐述。一个年轻有为的科学家在多次探访养蜂人之后为什么自杀?他留下的遗言"不要唤醒蜜蜂"又藏着怎样的深意?林达是否就是一只被唤醒的蜜蜂,意识到人类之上高踞着一个超级智力的上帝(电脑网络),自己毕生的努力与人生的目只如蜜蜂般卑微?对于年轻读者们来说这篇作品不大容易理解,无法得到明确答案。本篇小说风格内敛,文字简洁典雅,节奏跳荡,文中作者第三人称的叙述与死者的意识流转换自然,如行云流水。将深刻的哲学思考隐藏在对林达这个神秘人物的层层揭示之中。《养蜂人》也因此成为一篇回味隽永,值得反复咀嚼的精品。某种程度上讲,这篇读者中反响并不强烈的作品堪称他的代表作之一。

三、突破自我的第二阶段

2001年,在经过一段时间的休整之后,王晋康重新出发,进入了创作的第二阶段。《替天行道》出手不凡,以科幻作家特有的使命感对转基因食品给予了深切的关注,获得了读者的热烈好评,获得当年度的科幻银河奖[①]。主人公吉明是我们身边真实的小人物,曾经一心追求出国、绿卡,之后以国际著名种子公司雇员的身份,到自己家乡推销带有"自杀基因"的转基因种子。但自杀基因的蔓延带来了一场生态危机,吉明多次联络公司高层却得不到合理回复,反而险

---

① 2001年银河奖不分等次。

被暗杀，最后不得不用汽车炸弹以死抗争。吉明临终前，家乡老农皱纹纵横的脸幻化成梦中的上帝，谴责种子公司的发明违反生命大义，戕害生灵。

"上帝长发乱须，裸肩赤足，瘦骨嶙峋，穿一袭褐色的麻衫，脸上皱纹纵横如风干的核桃——他分明是那个不知姓名的中国老汉嘛。"（《替天行道》）

这个颠覆性的上帝形象带着浓厚的中国土地气息，他的身上体现了传统的农业社会中人与自然的关系。著名科幻作家、新华社记者韩松在评价这篇作品时说：与刘慈欣一样，王晋康"在努力复兴中国文学文以载道的大传统，而这实际上体现的也是中国科幻的传统"。"《替天行道》和刘慈欣的《乡村教师》都意味着从郑文光和童恩正时代开创的现实主义、英雄主义和爱国主义的回归。"吉明这个小人物与王晋康此前作品中的单线条科学家形象相比，复杂性和真实性都有了较大的提升。此外，应当说明的是，小说中对转基因技术的怀疑和对传统观念的倡导固然有着"反科学"的一面，但是在科技爆炸的大背景下不断反思和预见科学技术可能带来的问题，这种怀疑精神恰恰是科学的精髓。他对"在文明社会规则下的短期的合理"是否就符合"上帝规则下的长期的合理"的诘问是深刻而犀利的。

此后，王晋康的作品呈现出更强的主题性。

关于文明的发端，以及宗教的思考在他的作品中结合具体的科幻点反复出现，如在水星撒播新生命、并使新生命的守护者演变为圣巫，进而神化为耶稣基督式的信仰主体的《水星播种》；私德卑劣的机器人麻勒赛因为对生命的贪婪而成了机器人种族的先知的《兀鹫与先知》；一群被遗留在异星进行生存实验的孩子成为新文明始祖的《生存实验》等等，相关主题还有"假设微生物群体能够组成超级智力"的《沙漠蚯蚓》和《五月花号》。

王晋康也多次借虚构的小说推出自己对无尽宇宙与物理半理论的构想，如根据超圆体宇宙理论进行环宇航行的《新安魂曲》，描绘宇宙由膨胀转为急剧收缩时人类终极命运的《活着》等中短篇小说。

对社会和人性的思考也深深融入他小说的血液中，面对终极能量思考战争的《终极爆炸》和讽刺人类贪婪本性的《转生的巨人》都是此中佳作。长篇小说《蚁生》上升到纯哲学命题，探讨以外界施加的手段造成一个完全"利他"乌托邦的可能；长篇小说《十字》则依据"低烈度纵火理论"重审现代医学免疫体系及它对社会伦理造成的巨大冲击，这两部长篇的问世将王晋康第二阶段的创作推上了高峰。

2002年,《科幻世界》第5期推出了王晋康作品专辑,含《新安魂曲》与《水星播种》两个中篇。前者是一幕宏大的太空剧,后者却是一篇颇具宗教性的科幻寓言。

《新安魂曲》的主人公周涵宇自小沉迷于爱因斯坦的"宇宙超圆体假说"——三维宇宙空间通过更高维数的折叠形成一个超圆体,如果我们在三维宇宙中一直向外走,最终会通过超三维的空间而返回地球。基于这个假说,周涵宇提出了"环宇探险"的设想,他不惧众人的误解与嘲笑,历经74年的努力,终于使之成为现实。他也因此成为探险船"夸父号"的三名宇航员之一,伴随着一对早慧的少年夫妇踏上了大宇宙的征程。环宇旅行经历180亿年才胜利完成,飞船重回地球,但周涵宇已在途中辞世,宇航员夫妇带着他们的新生儿走向新的世纪与新的人类。小说以第三人称从"夸父号"起程开始叙述,在对宏伟的宇宙景观的描述中,多次插入对周涵宇74年艰辛努力的种种回溯,其中通过周涵宇的演说,总结了古代人类在地球各大洲迁徙的历史,并直接切入一段3000多年前南美洲土著的探险经历。历史与未来的声声相应,使这部在空间上无限辽阔的小说获得了时间上的纵深感,这次环宇旅行也就如当年麦哲伦的环球之旅,体现了人类探索未知世界的勇气与决心。小说不但在爱因斯坦的构想上假设了整个充满技术细节的环宇旅行过程,而且将主人公设置为中国河南省镇平县的农家孩子(周涵宇与作者本人籍贯相同,这应该不是巧合,而是作者在这个人物身上贯注了自己的个人理想),让一个普通的中国农民推动了如此宏大的科学探险;乡土与科学,平凡与伟大,这种对照大大加强了小说的感染力,类似写法在刘慈欣的《乡村教师》中也曾获得绝佳的艺术效果。

《水星播种》则以上下部的形式记载了一个播种生命的实验及其结果。2034年的地球世界,商人陈义哲接受了一笔特殊的遗产:实验室中偶然产生的金属变形虫——一种全新的纳米机器生命。他受命要将新生命播种在水星,并长期关照这个全新物种的繁衍过程。亿万富翁洪其炎资助了水星播种计划,并自愿留在水星扮演新生命的造物主。他采用休眠技术,让自己每1000万年苏醒一次,引导新生命逐步创建自己的文明。颇具讽刺意义的是,洪其炎丑陋残缺的身体也因此成为水星圣府中伟大沙巫的化身。10亿年后,水星人在疯狂的宗教冲动下举行大神复生仪式,让洪其炎的身体暴露在水星表面的强光下灰飞烟灭。为逃避罪责,肇事的水星人将他诬为伪神。随后,黑暗时期来临,赎罪派兴起,杀死化身沙巫成了水星人世代背负的原罪。小说作为全新机器生命的创世纪,充满了宗教性的隐喻。"水星播种"计划在地球引起的巨大风波与10亿年后水星人的朝圣之旅穿插在一起，一步步将我们引向发人深省的大结局。最后水星人中兴起的"赎罪派"教徒与其原罪显然隐射基督教的"原罪"与赎罪精神，同时也隐含这样的推测：宗教的起源或许来自变形的真实，而人类或许也只是"造物主"的生存实验的产品而已。这部在10亿年跨度上展开的生命寓言以其对宗教与文明史的追问成为王晋康最优秀的小说之一。

短篇小说《转生的巨人》(《科幻世界》2005年10月号)是王晋康以笔名"石不语"发表的小说。世界巨富，西铁集团董事长今贝先生为逃避高额遗产税，在垂暮之年，通过医学技术，将自己的大脑移植到一个无脑儿体内，重新开始自己的生命。但他的贪婪本性在新生儿身上转化成了无节制的吃的生理需要。婴儿今贝变成一个巨型儿童，不得不移居海上，让鲸鱼为他哺乳。但即使如此，今贝不断膨胀的欲望依然得不到满足，终于饿死了，成为一座大山般的臭肉堆。小说以讽刺的笔调和艺术的夸张对人类的贪婪本性作了最无情的鞭挞。按作者自述，此文主人公以日本首富堤义明为模特，文中大部分细节源于相关的真实新闻，小说真实性的一面更深化了它力图表达的社会意义和普世价值观。而将对现实的批判与"一个奇崛但可信的科幻构思"相结合(作者语)，进一步强化了作品的感染力，使这篇科幻小说具有了主流纯文学作品的质地。

短篇小说《活着》有意与当代著名作家余华的代表作《活着》同名，主题也相同，只是把它放进宏大的宇宙背景。故事的取角很独特——一个患先天绝症、余生有限的孩子乐乐，在义父的引领下重燃"活下去"的意愿。他在观星中发现，宇宙正由红移膨胀进入蓝移收缩。这个构思把灾难小说推到了极致——全宇宙得了绝症，没有任何逃生希望。此时人类该怎么办？之后乐乐发现这只是宇宙的一次"尿颤"，但这次思想的洗礼改变了人类。小说思想跨度大，富有哲理性，主人公的绝症与宇宙的绝症两条线互相烘托，相得益彰。虽然文学上的笔力无法与余华相比，但其宏大的想象和厚重的内蕴依然获得了众多读者的喜爱。小说获得2008年的科幻银河奖"优秀奖"。

长篇小说《十字》延续了王晋康多年创作中时常涉足的生物科学题材，大量使用了作者比较熟悉的写作技法，融国际恐怖主义、神秘科学组织与中国的社会现实为一炉，语言技巧更加纯熟，情节紧张刺激，故事精彩纷呈，刻画了一个勇于献身、充满理想主义的完美女性梅茵。

小说一开始就充满了神秘色彩。秘密科学组织"十字"的成员梅茵从俄罗斯科学机构里取走了天花病毒，并斥巨资在中国内地建立了生物工厂，以生产生物制品的掩护开发减活天花病毒。同时她把私人积蓄都投入到慈善事业上，在孤儿院孩子们的心目中是一个完美的慈母。然而这个慈母居然在她最心爱的"女儿"小雪的生日蛋糕上投放了天花病毒，让孩子们成了第一批经历减活天花病毒洗礼的人。小雪因此成了一个丑陋的麻子。同时推进的另一条故事线中，装扮成印第安人的恐怖分子在美国撒播天花病毒，造成了全球大恐慌。后来，梅茵撒播减活天花病毒的"罪恶"被揭露。原来，"十字"组织遵循"低烈度纵火"的理念，认为应该给病毒留出一定的生存空间，使其温和化，与宿主人类和谐相处。这对人类群体来说更有好处。梅茵虽然获刑，"十字"组织的理念却逐渐得到了大众的理解。多年后，恐怖分子假借作香水广告，在日本用飞机大规模播撒天花病毒。而梅茵家人开创的新技术协助日本度过了这一危机。

《十字》宣扬"低烈度纵火"可以打破临界状态因而对避免灾难有重要意义，探讨了人类与细菌和病毒"共生"的机制，并进一步扩展到"人类这个物种中个体与整体之间的关系"问题。小说中的观点经科学工作者的讨论，认为确实具有一定的科学性。

王晋康认为，"上帝只关爱群体而不关爱个体，这才是上帝大爱之所在。"而现代医学的发展，客观上中断了"物竞天择"的自然淘汰，对于整个物种的健康延续未必是一件好事。这个观点显然发展了《生死平衡》中的"平衡医学观"，体现了王晋康作品中在思想观点上的延续性。当然，这种颇为激进的观念强调种群的"大生存权"，认为个人的"小生存权"可以被牺牲——这显然与文明社会的主流观念有所冲突。

《十字》是王晋康对自己熟悉的小说主题的一大提升，是《生死平衡》的高级版本。女主角梅茵是个完美的女性：她既有聪慧的头脑又有美貌性感的外形，危急时刻还能用中国功夫护身。她是一位出色的科学家，爱护孤儿的母亲，又是一位勇于牺牲的理想主义者。由于这个人物过于完美，一定程度上降低了人物的真实感。但不可否认的是，王晋康对女性人物的塑造能力在本书中有很大的提升。如果说《蚁生》中"秋云"这个人物的成功来自于他真实生活中对女知青形象的了解，那么《十字》体现了王晋康对小说女主人公（之前常常是男性）形象的刻画已进一步纯熟，"梅茵"很大程度上可以视为《生命之歌》中"孔哲云"这个角色的升级版。

《十字》由于其主题的社会意义和现实意义，一经问世，便获得了读者的热烈反响。经历了"非典"禽流感和H1N1病毒蔓延全球的噩梦，加之近来"超级病毒"的现身，让当代人对于人类现代医学体制中的免疫机制产生了怀疑，这部小说的发表恰逢其时，也彰显出作者对于人类命运的深切关注。

2011年，王晋康新作《与吾同在》隆重问世。如果说，《蚁生》曾经通过蚂蚁社会和人类社会的对比给我们提出了问题，那么《与吾同在》在某种程度上试图回答这个严肃的问题：利他的蚂蚁社会模式与自私的人类组成的现有社会模式，哪一种更符合远期发展的需要？小说中人类生命由"外星上帝"创造而来，是充满博爱的文明播种运动的直接成果之一。外星使者（即"外星上帝"）提升了地球生命之后，还长年关照地球生物种群尤其是人类的发展。但外星上帝的母星却因这次大爱之举消耗国力，导致了自身的衰微，反被自己播种的新文明之一所灭。辗转千年，再次复兴后的外星文明将目光投向地球，计划把这里当成自己的重生之地，却遭到了外星上帝引导下的地球人类的抵抗……小说结构层次分明、悬念十足、极富可读性；既可以作为对《蚁生》的回应，也可以作为对《水星播种》这类创世纪类的科幻小说的深化与发展，其深层的哲理性思考与独特的"共生圈观念"也带有鲜明的王氏烙印——"生物的群体道德，在共生圈内是善、利他与和谐，在共生圈外则是恶、利己与竞争。"以恶为人类文明的推动力，善只是一种共生圈内的自我协调，这是自霍布斯的《利维坦》以来就饱受争议的观念，但以整部长篇来推动一种形而上的哲学思考，是王晋康小说的独特魅力。

四、哲理科幻和核心科幻

值得注意的是，王晋康的几篇小说都曾引起公众对某种哲理观点或科学观点的广泛关注和争论，包括《生死平衡》中的"平衡医学"观点；《替天行道》中对于商业道德与"上帝道德"的冲突；《十字》中关于"低烈度纵火理论"、凶恶病毒的温和化、"上帝只关心群体而不关心个体，这才是上帝大爱之所在"的观点、《与吾同在》中的"共生圈"观念等等，类似的情况在国内科幻作家中绝无仅有。能以一篇文学作品而引发科学和思想领域的争论，其实正好表现了其科幻构思的超硬与厚重。可以说，以超硬的、厚重的科幻构思来承载人文内容，用科学本身所具有的震撼力来打动读者，这正是王晋康作品的另一个重要特点。综观王晋康近20年的作品，既贯串着对科学的深情讴歌，也贯串着对科学深刻的反思和批判，他对医学、人性、生物伦理学、人类未来、科技对人性的异化等方面，都有独到而深刻的甚至十分锋利的见解，而且这些见解都基于厚重的科学基础。可以说王晋康是走在时代前列的思想者。他的作品常常被称为"哲理科幻"。

在王晋康创作的这一阶段，作品的社会影响力总体上或许不如他创作的第一阶段。客观上是因为，20世纪90年代中国科幻虽然有星河、韩松、何宏伟等优秀的作者，但却依然是当之无愧的王晋康时代。而1999年以后，另一位厚积薄发的科幻大家刘慈欣已经以他汪洋恣肆、宏大奇崛的小说强烈冲击着中国读者的心灵。21世纪初，中国科幻逐步迈入刘慈欣时代，足以与世界对话。在这样的背景之下，王晋康同样优秀但多少偏于"理性化"的作品，在读者中的影响力有所减少。但是，这并不能影响这样一个事实：近20年来，王晋康的作品感染了千千万万的读者尤其是青少年（中国科幻的核心读者群），使他们对科技主导下的人类历史可能会出现的种种未来走向充满了好奇。他小说中深刻但并不晦涩的科学内核引起了读者对科学的兴趣，启发他们进行科学的思考，也就对科学的普及起到了很好的推动作用。

同时王晋康对自己的小说有着清醒的认识。他认为，自己小说中的核心人物经常是科学家，是生活在理性世界中的人，再加上他本人对科学的感情和认识，主人公的内心世界常常是苍凉的。由于这些原因，他的作品中人物形象比较单一，如《生命之歌》中的孔昭仁父女、《十字》中的梅茵等，都是理想主义的科学家。

王晋康小说的语言苍凉沉郁，后期则沉稳平和，冷静简约，带着"中国红薯味儿"（王晋康自语）。小说在叙事手法上一直秉承传统，大多强化小说的故事性、可读性，情节设置高潮迭起，悬念重重，让人手不释卷。他从不在小说中采用偏于晦涩的现代、后现代手法，客观上这也符合并满足了国内科幻读者的阅读需要。

在创作理论上，王晋康提出了"核心科幻"的观点——也就是科幻作品中最具"科幻特质"、不会与其他作品混淆的作品，以突出"科学是科幻的源文化"这个特点。对此他具体解释为以下三点：

（1）宏大、深邃的科学体系本身就是科幻的美学因素。按科幻界的习惯说法：这些作品应充分表达科学所具有的震撼力，让科学或大自然扮演隐形作者的角色，这种美可以是哲学理性之美，也可以是技术物化之美。

（2）作品浸泡在科学精神与科学理性之中，借用美国著名的科幻编辑兼科幻评论家坎贝尔的话说，就是"以理性和科学的态度描写超现实情节"。

（3）充分运用科幻独有的手法，如独特的科幻构思、自由的时空背景设置、以人类整体为主角等，作品中含有基本正确的科学知识和深广博大的科技思想，以润物细无声的方式向读者浇灌科学知识，最终激起读者对科学的尊崇与向往。

王晋康认为，核心科幻与非核心科幻单就作品本身而言并无高下之分，但就科幻文学这个文学品种而言，必须有一批优秀的核心科幻作品来做骨架，否则"它就会混同于其他文学品种，失去了存在的合理性和必要性"。从这个意义上讲，这位一向自称"凭直觉写作"的作者在科幻理论领域也颇有见地。

已经迈入花甲之年的"老王"依然在尝试新的变化和新的突破。在王晋康的上述晚近作品中，延续一贯硬科幻风格。但在小说技巧和人物塑造上更上一层楼的《十字》，完全使用纯文学语言，打造历史的真实与科幻水乳交融的《蚁生》，和思考宇宙的总体生物发展规律、推出"共生圈"观念的《与吾同在》共同将他的创作生涯推向了新的高度。

我们可以期待，这是王晋康重新出发的第三阶段，未来他还将继续以苍凉凝重的笔锋，以深邃、博大，有时甚至不失苦涩的思考来引领读者，进入一个又一个幻想的世界。

阅读思考：按照此文的介绍，你认为王晋康科幻创作的基础立场是什么？他的科幻作品最突出的特色是什么？

为什么人类还值得拯救？①

刘慈欣　江晓原

　　刘慈欣，中国著名科幻作家，代表作有《三体》等多种。江晓原，上海交通大学特聘教授，上海交通大学科学史与科学文化研究院院长。作为一位有影响的科幻作家，刘慈欣对于科学和人类文明的未来等问题自然有自己独特的思考，而作为一位人文学者和科幻研究者，江晓原对于这些问题同样有基于人文立场的思考。在这篇对话中，两位作者对于科学和人类的未来，对于如何看待科学，对于有关科学主义的问题展开了针锋相对的争论。这些问题，甚至在超出科幻的范围，对于普通公众，也是有重要意义而且值得思考的问题。

　　有时候，科学让我们必须面对非常遥远的地方，那里有宇宙的浩渺，还有这份浩渺之美背后无数的未知与危险。在一个很大的尺度上，人类最终会被带往何处？人类对未来的信念能否一直得到维系？用什么来维系？科学吗？科学能解决什么？不能解决什么？这或许是一些大而无当的提问，可自从《新发现》杂志创办的那一天起，我们就不得不一次次面对类似问题，它们来自读者，来自内心。

　　2007年8月26日，闲适的夜晚，在女诗人翟永明开办的"白夜"酒吧，《新发现》编辑部邀请到前来成都参加"2007中国（成都）国际科幻·奇幻大会"的两位嘉宾：著名科幻作家刘慈欣（以下简称"刘"），以及近年经常发表科幻评论的上海交通大学教授江晓原（以下简称"江"），就我们共同的疑惑，就科幻、科学主义、科学与人文的关系等问题进行了一场精彩的面对面的思想交锋。

　　下面是对谈的记录。

---

① 刘慈欣.最糟的宇宙，最好的地球——刘慈欣科幻评论随笔集[M].成都：四川科学技术出版社，2015.

刘：从历史上看，第一部科幻小说，玛丽·雪莱的《弗兰肯斯坦》就有反科学的意味，她对科学的描写不是很光明。及至更早的《格列佛游记》，其中有一章描写科学家，把他们写得很滑稽，从中可以看到一种科学走向学术的空泛。但到了儒勒·凡尔纳那里，突然变得乐观起来，因为19世纪后期科学技术的迅猛发展激励了他。

江：很多西方的东西被引进来，都是经过选择的，凡尔纳符合我们宣传教育的需要。他早期的乐观和19世纪科学技术的发展是分不开的，当时的人们还没有看到科学作为怪物的一面，但他晚年就开始悲观了。

刘：凡尔纳确实写过一些很复杂的作品，有许多复杂的人性和情节。有一个是写在一艘船上，很多人组成了一个社会。另外，他的《迎着三色旗》也有反科学的成分，描写科学会带来一些灾难；还有《培根的五亿法郎》也是如此。但这些并不占主流，他流传于世的几乎都是一些在思想上比较单纯的作品。值得注意的是，科幻小说的黄金时代反而出现在经济大萧条时期，20世纪20年代。为什么呢？可能是因为人们希望从科幻造成的幻象中得到一种安慰，逃避现实。

江：据说那时候的书籍出版十分繁荣。关于凡尔纳有个小插曲，他在《征服者罗比尔》里面写到过徐家汇天文台，说是出现了一个飞行器，当时徐家汇天文台的台长认为这是外星球的智慧生物派来的，类似于今天说的UFO，但其他各国天文台的台长们都因为他是一个中国人而不相信他，后来证实了那确实来自外星文明。这个故事犯了一个错误：其实那时候徐家汇天文台的台长并不是中国人，而是凡尔纳的同胞——法国人。

刘：凡尔纳在他的小说中创立了大机器这个意象，以后很多反科学作品都用到了。福斯特就写过一个很著名的反科学科幻作品，叫作《大机器停转之时》，说的是整个社会就是一台运转的大机器，人们连路都不会走了，都在地下住着，有一天这个大机器出了故障，地球就毁灭了。

江：很多读者都注意到，你的作品有一个从乐观到悲观的演变。这和凡尔纳到了晚年开始出现悲观的转变有类似之处吗？背后是不是也有一些思想上的转变？

刘：这个联系不是很大。无论悲观还是乐观，其实都是表现手法的需要。写科幻这几年来，我并没有发生过什么思想上的转变。我是一个疯狂的技术主义者，我个人坚信技术能解决一切问题。

江：那就是一个科学主义者。

刘：有人说科学不可能解决一切问题，因为科学有可能造成一些问题，比如人性的异化、道德的沦丧，甚至像南希·克雷斯（美国科幻女作家）所说的"科学使人变成非人"。但我们要注意的是：人性其实一直在变。我们和石器时代的人，会互相认为对方是没有人性的非人。所以不应该拒绝和惧怕这个变化，我们肯定是要变的。如果技术足够发达，我想不出任何问题是技术解决不了的。我觉得，那些认为科学解决不了人所面临的问题的人，是因为他们有一个顾虑，那就是人本身不该被异化。

江：人们反对科学主义的理由中，人会被异化只是其中的一方面；另一方面在于科学确实不能解决一些问题，有的问题是永远也不能解决的，比如人生的目的。

刘：你说的这个确实成立，但我谈的问题没有那么宽泛。并且我认为"人生的目的"这个问题，科学是可以解决的。

江：依靠科学能找到人生的目的吗？

刘：科学可以让我不去找人生的目的。比如说，利用科学的手段把大脑中寻找终极目的这个欲望消除。

江：我认为很多科学技术的发展，从正面说，是中性的，要看谁用它：坏人用它做坏事，好人用它做好事。但还有一些东西，从根本上就是坏的。你刚才讲的是一个很危险甚至邪恶的手段，不管谁用它，都是坏的。如果我们去开发出这样的东西来，那就是罪恶的。为什么西方这些年来提倡反科学主义？反科学主义反的对象是科学主义，不是反对科学本身。科学主义在很多西方人眼里，是非常丑恶的。

刘：我想说的是这样一个问题：如果我用话语来说服你，和在你脑袋里装一个芯片，影响你的判断，这两者真有本质区别吗？

江：当然有区别，说服我，就尊重了我的自由意志。

刘：现在我就提出这样一个问题，这是我在下一部作品中要写的：假如造出这样一台机器来，但是不直接控制你的思想，你想得到什么思想，就自己来拿，这个可以接受吗？

江：这个是可以的，但前去获取思想的人要有所警惕。

刘：对了，我要说的就是这一点。按照你的观点，那么"乌托邦三部曲"里面，《1984》反倒是最光明的了，那里面的人性只是被压抑，而另外两部中人性则消失了。如果给你一个选择权，愿意去《1984》还是《美丽新世界》，你会选择哪一个？

江：可能更多的人会选择去《美丽新世界》，前提是你只有两种选择。可如果现在还有别的选项呢？

刘：我记得你曾经和我谈到的一个观点是：人类对于整体毁灭，还没有做好哲学上的准备。现在我们就把科学技术这个异化人的工具和人类大灾难联系起来。假如这个大灾难真的来临的话，你是不是必须得用到这个工具呢？

江：这个问题要这么看——如果今天我们要为这个大灾难做准备，那么我认为最重要的有两条：第一条是让我们获得恒星际的航行能力，而且这个能力不是偶尔发射一艘飞船，而是要能够大规模地迁徙；第二条是让我们找到一个新的家园。

刘：这当然很好。但要是这之前灾难马上就要到了，比如说就在明年5月，我们现在该怎么办？

江：你觉得用技术去控制人的思想，可以应付这个灾难？

刘：不，这避免不了这个灾难，但是技术可以做到把人类用一种超越道德底线的方法组织起来，用牺牲部分的代价来保留整体。因为现在人类的道德底线是处理不了《冷酷的方程式》（汤姆·戈德温的科幻名篇）中的那种难题的：死一个人，还是两个人一块儿死？

江：如果你以预防未来要出现的大灾难为理由，要我接受（脑袋中植入芯片）控制思想的技术，这本身就是一个灾难，人们不能因为一个还没有到来的灾难就非得接受一个眼前的灾难。那个灾难哪天来还是未知，也有可能不来。其实类似的困惑在西方好些作品中已经讨论过了，而且最终它们都会把这种做法归于邪恶。就像《数字城堡》里面，每个人的E-mail都被监控，说是为了反恐，但其实这样做已经是一种恐怖主义了。

刘：我只是举个例子，想说明一个问题：技术邪恶与否，它对人类社会的作用邪恶与否，要看人类社会的最终目的是什么。江老师认为控制思想是邪恶的，因为它把人性给剥夺了。可是如果人类的最终目的不是保持人性，而是为了繁衍下去，那么它就不是邪恶的。

江：这涉及了价值判断：延续下去重要还是保持人性重要？就好像前面有两条路可以走：一条是人性没有了，但是人还存在；一条是保持人性到最终时刻，然后灭亡。我相信不光是我，还会有很多人选择后一条，因为没有人性和灭亡是一样的。

刘：其实，我从开始写科幻到现在，想的就是这个问题，到底要选哪个更合理？

江：这个时候我觉得一定要尊重自由意志。可以投票，像我这样的可以选择不要生存下去的那个方案。

刘：你说的这些都对，但我现在要强调的是一个尺度问题。科幻的作用就在于它能从一个我们平常看不到的尺度来看问题。传统的道德判断不能做到把人类作为一个整体来进行判断。我一直在用科幻的思维来思考，那么传统的道德底线是很可疑的，我不能说它是错的，但至少它很危险。其实人性这个概念是很模糊的，你真的认为从原始时代到现在，有不变的人性存在吗？人性中亘古不变的东西是什么？我找不到。

江：我觉得自由意志就是不变的东西中的一部分。我一直认为，科学不可以剥夺人的自由意志。美国曾经发生过这样一件事：地方政府听从了专家的建议，要在饮用水中添加氟以防止牙病，引起了很多人的反对。其中最极端的理由是：我知道这样做对我有好处，但，我应该仍然有不要这些好处的自由吧？

刘：这就是《发条橙》的主题。

江：我们可以在这里保持一个分歧，那就是我认为用技术控制思想总是不好的，而你认为在某些情况下这样做是好的。

现在的西方科幻作品，都是反科学主义思潮下的产物，这个转变至少在新浪潮时期就已经完成了。反科学主义可以说是新浪潮运动四个主要诉求里面的一部分，比如第三个诉求要求能够考虑科学在未来的黑暗的部分。

刘：其实在黄金时代的中段，反科学已经相当盛行。

江：在西方，新浪潮的使命已经完成。那么，你认为中国的新浪潮使命完成了吗？

刘：20世纪80年代曾经有一场争论，那就是科幻到底姓"科"还是姓"文"，最后后者获得了胜利。这可以说是新浪潮在中国的迟来的胜利吧。目前，中国科幻作家大多数是持有科学悲观主义的，即对科学技术的发展抱有怀疑，这是受到西方思潮影响的一个证明。在我看来，西方的科学已经发展到这个地步了，到了该限制它的时候，但是中国的科学思想才刚刚诞生，我们就开始把它妖魔化，我觉得这毕竟是不太合适的。

江：我有不同的看法。科学的发展和科学主义之间，并不是说科学主义能促进科学的发展，就好像以污染为代价先得到经济的发展，而后再进行治理那样。科学主义其实从一开始就会损害科学。

刘：但我们现在是在说科幻作品中对科学的态度，介绍它的正面作用，提倡科学思想，这并不犯错吧？

江：其实在中国，科学的权威已经太大了。

刘：中国的科学权威是很大，但中国的科学精神还没有。

江：我们适度限制科学的权威，这么做并不等于破坏科学精神。在科学精神之中没有包括对科学自身的无限崇拜——科学精神之中包括了怀疑的精神，也就意味着可以怀疑科学自身。

刘：但是对科学的怀疑和对科学的肯定，需要有一个比例。怎么可以所有的科幻作品，98%以上都是反科学的呢？这太不合常理。如果在老百姓的眼里，科学发展带来的都是一个黑暗世界，总是邪恶，总是灾难，总是非理性，那么科学精神谈何提倡？

江：我以前也觉得这样有问题，现在却更倾向于接受。我们可以打个比方，一个小孩子，成绩很好，因此非常骄傲。那么大人采取的办法是不再表扬他的每一次得高分，而是在他的缺点出现时加以批评。这不可以说是不合常理的吧？

刘：你能说说在中国，科学的权威表现在哪些方面吗？

江：在中国，很多人都认为科学可以解决一切问题；此外，他们认为科学是最好的知识体系，可以凌驾于其他知识体系之上。

刘：这一点我和你的看法真的有所不同。尽管我不认为科学可以凌驾于其他体系之上，但我认为它是目前我们所能拥有的最完备的知识体系。因为它承认逻辑推理，它要求客观的和实验的验证而不承认权威。

江：作为学天体物理出身的，我以前完全相信这一点，但我大概从2000年开始有了转变，当然这个转变是慢慢发展的。原因在于接触到了一些西方的反科学主义作品，并且觉得确实有其道理。你相信科学是最好的体系，所以你就认为人人都需要有科学精神。但我觉得只要有一部分人有科学精神就可以了。

刘：它至少应该是主流。

江：并不是说只有具有科学精神的人才能做出正确的选择，实际上，很多情况下可能相反。我们可以举例子来说明这个问题。

就比如影片《索拉里斯星》的索德伯格版（《飞向太空》），一些人在一个空间站里，遇到了很多怪事，男主角克里斯见到了早已经死去的妻子蕾亚。有一位高文博士，她对克里斯说："蕾亚不是人，所以要把她（们）杀死。"高文博士的判断是完全符合科学精神和唯物主义的。最后他们面临选择：要么回到地球去，要么被吸到大洋深处去。克里斯在最后关头决定不回地球了，而宁愿喊着蕾亚的名字让大洋吸下去。在这里，他是缺乏科学精神的，只是为了爱。当然，索德伯格让他跳下大洋，就回到自己家了，而蕾亚在家里等他。这个并非出于科学精神而做出的抉择，不是更美好吗？所以索德伯格说，索拉里斯星其实是一个上帝的隐喻。

刘：你的这个例子，不能说明科学主义所做的决策是错误的。这其中有一个尺度问题，男主角只是在个人而不是全人类尺度上做出了这个选择。反过来想，如果我们按照你的选择，把她带回地球，会带来什么样的后果？这个不是人的东西，你不知道她的性质是什么，也不知道她有多大的能量，更不知道她会给地球带来什么。

江：有爱就好。人世间有些东西高于科学精神。我想说明的是，其他的知识体系并不一定比科学好，但可以有很多其他的知识体系，它们和科学的地位应该是平等的。

刘：科学是人类最可依赖的一个知识体系。我承认在精神上宗教确实更有办法，但科学的存在是我们生存上的一种需求。这个宇宙中可能会有比它更合理的知识体系存在，但在这个体系出现之前，我们为什么不能相信科学呢？

江：我并没有说我不相信科学，只不过我们要容忍别人对科学的不相信。面临问题的时候，科学可以解决，我就用科学解决，但科学不能解决的时候，我就要用其他的东西。

刘：在一个太平盛世，这种不相信的后果好像还不是很严重，但是在一些极端时刻来临之时就不是这样了。看来我们的讨论怎么走都要走到终极目的上来。可以简化世界图景，做个思想实验。假如人类世界只剩你、我、她了，我们三个携带着人类文明的一切，而咱俩必须吃了她才能生存下去，你吃吗？

江：我不吃。

刘：可是，宇宙的全部文明都集中在咱俩手上，莎士比亚、爱因斯坦、歌德……不吃的话，这些文明就要随着你这个不负责任的举动完全湮灭了。要知道宇宙是很冷酷的，如果我们都消失了，一片黑暗，这当中没有人性不人性。现在选择不人性，而在将来，人性才有可能得到机会重新萌发。

江：吃，还是不吃，这个问题不是科学能够解决的。我觉得不吃比吃更负责任。如果吃，就是把人性丢失了。人类经过漫长的进化，才有了今天的这点人性，我不能就这样丢失了。我要我们三个人一起奋斗，看看有没有机会生存下去。

刘：我们假设的前提就是要么我俩活，要么三人一起灭亡，这是很有力的一个思想实验。被毁灭是铁一般的事实，就像一堵墙那样横在面前，我曾在《流浪地球》中写到一句：这墙向上无限高，向下无限深，向左无限远，向右无限远，这墙是什么？那就是死亡。

江：这让我想到影片《太空堡垒卡拉狄加》中最深刻的问题："为什么人类还值得拯救？"在你刚才设想的场景中，我们吃了她就丢失了人性。丢失了人性的人类，就已经自绝于莎士比亚、爱因斯坦、歌德……还有什么拯救的必要？

一个科学主义者，可能是通过计算"我们还有多少水、还有多少氧气"得出只能吃人的判断。但文学或许提供了更好的选择。我很小的时候读拜伦的长诗《唐璜》，里面就有一个相似的场景：几个人受困在船上，用抓阄来决定把谁吃掉，但是唐璜坚决不肯吃。还好他没有吃，因为吃人的人都中毒死了。当时我就很感动，决定以后遇到这样的情况，我一定不吃人。吃人会不会中毒我不知道，但拜伦的意思是让我们不要丢失人性。

我现在非常想问刘老师一个问题：在中国的科幻作家中，你可以说是另类的，因为其他人大多数都去表现反科学主义的东西，你却坚信科学带来的好处和光明，然而你又被认为是最成功的，这是什么原因？

刘：正因为我表现出一种冷酷的但又是冷静的理性，而这种理性是合理的。你选择的是人性，而我选择的是生存，读者认同了我的这种选择。套用康德的一句话：敬畏头顶的星空，但对心中的道德不以为然。

江：是比较冷酷。

刘：当我们用科幻的思维思考这些问题的时候，就变得这么冷酷了。

阅读思考：对于文中两位作者在面对科学主义时的不同立场，你有什么评论？你认为人类还值得拯救的理由何在？

第三编

科幻作品欣赏

微纪元①

刘慈欣

刘慈欣，中国著名科幻作家，代表作有《三体》等多部作品。刘慈欣最有代表性的科幻著作当属《三体》，但在有限的篇幅中选文，显然无法以节选的方式体现出三大卷《三体》的恢宏。在这里所选的《微纪元》，是其比较有特色的一部短篇作品。从中也可略为领略"大刘"的小说特色。

一、回归

先行者知道，他现在是全宇宙中唯一的一个人了。

他是在飞船越过冥王星时知道的。从这里看去，太阳是一个暗淡的星星，同30年前他飞出太阳系时没有两样，但飞船计算机刚刚进行的视行差测量告诉他，冥王星的轨道外移了许多，由此可以计算出太阳比他启程时损失了4.74%的质量，由此又可推论出另外一个使他的心先是颤抖然后冰冻的结论。

那事已经发生过了。

其实，在他启程时人类已经知道那事要发生了，通过发射上万个穿过太阳的探测器，天体物理学家们确定太阳将要发生一次短暂的能量闪烁，并损失大约5%的质量。

如果太阳有记忆，它不会对此感到不安，在那几十亿年的漫长生涯中，它曾经历过比这大得多的剧变。当它从星云的旋涡中诞生时，它的生命的剧变是以"毫秒"为单位的。在那辉煌的一刻，引力的坍缩使核聚变的火焰照亮星云混沌的黑暗……它知道自己的生命是一个过程，尽管现在处于这个过程中最稳定的时期，偶然的、小小的突变总是免不了的，就像平静的水面上不时有一个小气泡浮起并破裂。能量和质量的损失算不了什么，它还是它，一颗中等大

---

① 刘慈欣.微纪元[M].北京：北京理工大学出版社,2015.

小，视星等为-26.8的恒星。甚至太阳系的其他部分也不会受到太大的影响，水星可能被熔化，金星稠密的大气将被剥离，再往外围的行星所受的影响就更小了，火星颜色可能由于表面的熔化而由红变黑，地球嘛，只不过表面温度升高至4000℃，这可能会持续100小时左右，海洋肯定会被蒸发，各大陆表面岩石也会熔化一层，但仅此而已。以后，太阳又将很快恢复原状，但由于质量的损失，各行星的轨道会稍微后移，这影响就更小了，比如地球，气温可能稍稍下降，平均降到-110℃左右，这有助于熔化的表面重新凝结，并使水和大气多少保留一些。

那时人们常谈起一个笑话，说的是一个人同上帝的对话：上帝啊，一万年对你是多么短啊？上帝说：就一秒钟。上帝啊，一亿元对你是多么少啊？上帝说：就一分钱。上帝啊，给我一分钱吧！上帝说：请等一秒钟。

现在，太阳让人类等了"一秒钟"：预测能量闪烁的时间是在18000年之后。这对太阳来说确实只是一秒钟，但却可以使目前活在地球上的人类对"一秒钟"后发生的事采取一种超然的态度，甚至当作一种哲学理念。影响不是没有的，人类文化一天天变得玩世不恭起来，但人类至少还有四五百代的时间可以从容地想想逃生的办法。

两个世纪以后，人类采取了第一个行动：发射了一艘恒星际飞船，在周围100光年以内寻找带有可移民行星的恒星，飞船被命名为"方舟号"，这批宇航员都被称为"先行者"。

方舟号掠过了六十颗恒星，也是掠过了六十个炼狱。其中只有一颗恒星和一颗卫星，那是一滴直径八千公里的处于白炽状态的铁水，因其液态，在运行中不断地改变着形状……方舟号此行唯一的成果，就是进一步证明了人类的孤独。

方舟号航行了23年时间，但这是"方舟时间"，由于飞船以接近光速行驶，地球时间已过了25000年。

本来方舟号是可以按预定时间返回的。

由于在接近光速时无法同地球通信，必须把速度降至光速的一半以下，这需要消耗大量的能量和时间。所以，方舟号每月减速一次，接收地球发来的信息，而当它下一次减速时，收到的已是地球一百多年后发出的信息了。方舟号和地球的时间，就像从高倍瞄准镜中看目标一样，瞄准镜稍微移动一下，镜中的目标就跨越了巨大的距离。方舟号收到的最后一条信息是在"方舟时间"自启航13年，地球时间自启航17000年时从地球发出的，方舟号 个月后再次减速，发现地球方向已寂静无声了。一万多年前对太阳的计算可能稍有误差，在方舟号这一个月，地球这一百多年间，那事发生了。

方舟号真成了一艘方舟，但已是一艘只有诺亚一人的方舟。其他的七名先行者，有四名死于一颗在飞船4光年处突然爆发的新星的辐射，两人死于疾病，一人（是男人）在最后一次减速通信时，听着地球方向的寂静开枪自杀了。

以后，这唯一的先行者曾使方舟号保持在可通信速度很长时间，后来他把飞船加速到光速，心中那微弱的希望之火又使他很快把速度降下来聆听，由于减速越来越频繁，回归的行程拖长了。

寂静仍持续着。

方舟号在地球时间启程25000年后回到太阳系，比预定的晚了9000年。

二、纪念碑

穿过冥王星轨道后，方舟号继续飞向太阳系深处。对于一艘恒星际飞船来说，在太阳系中的航行如同海轮行驶在港湾中。太阳很快大了、亮了。先行者曾从望远镜中看了一眼木星，发现这颗大行星的表面已面目全非：大红斑不见了，风暴纹似乎更加混乱。他没再关注别的行星，径直飞向地球。

先行者用颤抖的手按动了一个按钮，高大舷窗的不透明金属窗帘正在缓缓打开。啊，我的蓝色水晶球，宇宙的蓝眼珠，蓝色的天使……先行者闭起双眼默默祈祷着，过了很长时间，才强迫自己睁开双眼。

他看到了一个黑白相间的地球。

黑色的是熔化后又凝结的岩石，那是墓碑的黑色；白色的是蒸发后又冻结的海洋，那是殓布的白色。

方舟号进入低轨道，从黑色的大陆和白色的海洋上空缓缓越过，先行者没有看到任何遗迹，一切都被熔化了，文明已成过眼烟云。但总该留个纪念碑的，一座能耐4000℃高温的纪念碑。

先行者正这么想，纪念碑就出现了。飞船收到了从地面发上来的一束视频信号，计算机把这信号显示在屏幕上，先行者首先看到了用耐高温摄像机拍下的九千多年前的大灾难景象。能量闪烁时，太阳并没有像他想象的那样亮度突然增强，太阳迸发出的能量主要以可见光之外的辐射传出。他看到，蓝色的天空突然变成地狱般的红色，接着又变成噩梦般的紫色；他看到，纪元城市中他熟悉的高楼群在几千摄氏度的高温中先是冒出浓烟，然后像火炭一样发出暗红色的光，最后像蜡一样熔化了；灼热的岩浆从高山上流下，形成了一道道巨大的瀑布，无数个这样的瀑布又汇成一条条发着红光的岩浆的大河，大地上火流的洪水在泛滥；原来是大海的地方，只有蒸气形成的高大的蘑菇云，这形状狰狞的云山下部映射着岩浆的红色，上部透出天空的紫色，在急剧扩大，很快一切都消失在这蒸气中……

当蒸气散去，又能看到景物时，已是几年以后了。这时，大地已从烧熔状态初步冷却，黑色的波纹状岩石覆盖了一切。还能看到岩浆河流，它们在大地上形成了错综复杂的火网。人类的痕迹已完全消失，文明如梦一样无影无踪了。又过了几年，水在高温状态下离解成的氢氧又重新化合成水，大暴雨从天而降，灼热的大地上再次蒸气弥漫。这时的世界就像在一个大蒸锅中一样阴暗闷热和潮湿。暴雨连下几十年，大地被进一步冷却，海洋渐渐恢复了。又过了上百年，因海水蒸发形成的阴云终于散去，天空现出蓝色，太阳再次出现了。再后来，由于地球轨道外移，气温急剧下降，大海完全冻结，天空万里无云，已死去的世界在严寒中变得很宁静了。

先行者接着看到了一个城市的图像：先看到如林的细长的高楼群，镜头从高楼群上方降下去，出现了一个广场，广场上一片人海。镜头再下降，先行者看到所有的人都在仰望着天空。镜头最后停在广场正中的一个平台上，平台上站着一个漂亮姑娘，好像只有十几岁，她在屏幕上冲着先行者挥挥手，娇滴滴地喊："喂，我们看到你了，像一个飞得很快的星星！你是方舟一号？"

在旅途的最后几年，先行者的大部分时间是在虚拟现实游戏中度过的。在那个游戏中，计算机接收玩者的大脑信号，根据玩者思维构筑一个三维画面，这画面中的人和物还可根据玩者的思想做出有限的活动。先行者曾在寂寞中构筑过从家庭到王国的无数个虚拟世界，所以现在他一眼就看出这是一幅这样的画面。但这个画面造得很拙劣，由于大脑中思维的飘忽性，这种由想象构筑的画面总有些不对的地方，但眼前这个画面中的错误太多了：首先，当镜头移过那些摩天大楼时，先行者看到有很多人从楼顶窗子中钻出，径直从几百米高处跳下来，经过让人头晕目眩的下坠，这些人平安无事地落到地上；同时，地上有许多人一跃而起，像会轻功一样一下就跃上几层楼的高度，然后他们的脚踏在了楼壁上伸出的一小块踏板上（这样的踏板每隔几层就有一个，好像专门为此而设），再一跃，又飞上几层，就这样一直跳到楼顶，从某个窗子中钻进去。仿佛这些摩天大楼都没有门和电梯，人们就是用这种方式进出的。当镜头移到那个广场平台上时，先行者看到人海中有用线吊着的几个水晶球，那球直径可能有一米多。有人把手伸进水晶球，很轻易地抓出水晶球的一部分，在他们的手移出后，晶莹的球体立刻恢复原状，而人们抓到手中的那部分立刻变成了一个小水晶球，那些人就把那个透明的小球扔进嘴里……除了这些明显的谬误外，有一点最能反映造这幅计算机画面的人思维的变态和混乱：在这城市的所有空间，都飘浮着一些奇形怪状的物体，它们大的直径有两三米，小的也有半米，有的像一块破碎的海绵，有的像一根弯曲的大树枝。那些东西缓慢地飘浮着，有一根大树枝飘向平台上的那个姑娘，她轻轻推开了它，那大树枝又打着转儿向远处飘去……先行者理解这些，在一个濒临毁灭的世界中，人们是不会有清晰和正常的思维的。

这可能是某种自动装置，在这大灾难前被人们深埋地下，躲过了高温和辐射，后来又自动升到这个已经毁灭的世界的地面上。这装置不停地监视着太空，监测到零星回到地球的飞船时就自动发射那个画面，给那些幸存者以这样糟糕透顶又滑稽可笑的安慰。

"这么说后来又发射过方舟飞船？"先行者问。

"当然，又发射了十二艘呢！"那姑娘说。不说这个荒诞变态的画面的其他部分，这个姑娘设计得倒是真不错。她那融合东西方精华的姣好的面容露出一副天真的样子，仿佛她仰望的整个宇宙是一个大玩具。那双大眼睛好像会唱歌。还有她的长发，好像失重似的永远飘在半空不落下，使得她看上去像身处海水中的美人鱼。

"那么，现在还有人活着吗？"先行者问，他最后的希望像野火一样燃烧起来。

"是您这样的人吗？"姑娘天真地问。

"当然是我这样的真人，不是你这样用计算机造出来的虚拟人。"

"前一艘方舟号是在730年前回来的，您是最后一艘回归的方舟号了。请问你船上还有女人吗？"

"只有我一个人。"

"您是说没有女人了？"姑娘吃惊地瞪大了眼。

"我说过只有我一人。在太空中还有没回来的其他飞船吗？"

姑娘把两只白嫩的小手儿在胸前绞着，"没有了！我好难过好难过啊！您是最后一个这样的人了，如果，呜呜……如果不克隆的话……呜呜……"这美人儿捂着脸哭起来，广场上的人群也是一片哭声。

先行者的心沉到谷底，人类的毁灭最后得到证实了。

"您怎么不问我是谁呢？"姑娘又抬起头来仰望着他说。她又恢复了那副天真神色，好像转眼忘了刚才的悲伤。

"我没兴趣。"

姑娘娇滴滴地大喊："我是地球领袖啊！"

"对，她是地球联合政府的最高执政官！"下面的人也都一齐闪电般地由悲伤转为兴奋，这真是个拙劣到家的制品。

先行者不想再玩这种无聊的游戏了，他起身要走。

"您怎么这样？首都的全体公民都在这儿迎接您，前辈，您不要不理我们啊！"姑娘带着哭腔喊。

先行者想起了什么，转过身来问："人类还留下了什么？"

"照我们的指引着陆，您就会知道！"

三、首都

先行者进入了着陆舱，把方舟号留在轨道上，在那束信息波的指引下开始着陆。他戴着一副视频眼镜，可以从其中的一个镜片上看到信息波传来的那个画面。

"前辈，您马上就要到达地球首都了，这虽然不是这个星球上最大的城市，但肯定是最美丽的城市，您会喜欢的！不过您的落点要离城市远些，我们不希望受到伤害……"画面上那个自称地球领袖的女孩还在喋喋不休。

先行者在视频眼镜中换了一个画面，显示出着陆舱正下方的区域，现在高度只有一万多米了，下面是一片黑色的荒原。

后来，画面上的逻辑更加混乱起来，也许是几千年前那个画面的构造者情绪沮丧到了极点，也许是发射画面的计算机的内存在这几千年的漫长岁月中老化了。画面上，那姑娘开始唱起歌来：

啊，尊敬的使者，你来自宏纪元！

辉煌的宏纪元，

伟大的宏纪元，

美丽的宏纪元，

你是烈火中消逝的梦……

这个漂亮的歌手唱着唱着开始跳起来，她一下从平台跳上几十米的半空，落到平台上后又一跳，居然飞越了大半个广场，落到广场边上的一座高楼顶上，又一跳，飞过整个广场，落到另一边，看上去像一只迷人的小跳蚤。她有一次在空中抓住一根几米长得奇形怪状的飘浮物，那根大树干载着她在人海上空盘旋，她在上面优美地扭动着苗条的身躯。

下面的人海沸腾起来，所有人都大声合唱："宏纪元，宏纪元……"每个人轻轻一跳就能升到半空，以至整个人群看起来如同撒到振动鼓面上的一片沙子。

先行者实在受不了了，他把声音和图像一齐关掉。他现在知道，大灾难前的人们嫉妒他们这些跨越时空的幸存者，所以做了这些变态的东西来折磨他们。但过了一会儿，当那画面带来的烦恼消失一些后，当感觉到着陆舱接触地面的震动时，他产生了一个幻觉：也许他真的降落在一个高空看不清楚的城市中？当他走出着陆舱，站在那一望无际的黑色荒原上时，幻觉消失，失望使他浑身冰冷。

先行者小心地打开宇宙服的面罩，一股寒气扑面而来，空气很稀薄，但能维持人的呼吸。气温在-40℃左右。天空呈一种大灾难前黎明和黄昏时的深蓝色，但现在太阳正在正空照耀着。先行者摘下手套，没有感到它的热力。由于空气稀薄，阳光散射较弱，天空中能看到几颗较亮的星星。脚下是刚凝结了2000年左右的大地，到处可见岩浆流动的波纹形状，地面虽已开始风化，仍然很硬，土壤很难见到。这带波纹的大地伸向天边，其间有一些小小的丘陵。在另一个方向，可以看到冰封的大海在地平线处闪着白光。

先行者仔细打量四周，看到了信息波的发射源，那儿有一个镶在地面岩石中的透明半球护面，直径大约有一米，半球护面下似乎扣着一片很复杂的结构。他还注意到远处的地面上还有几个这样的透明半球，相互之间相隔二三十米，像地面上的几个大水泡，反射着阳光。

先行者又在他的左镜片中打开了画面。在计算机的虚拟世界中，那个恬不知耻的小骗子仍在那根飘浮在半空中的大树枝上忘情地唱着扭着，并不时向他送飞吻，下面广场上所有的人都在向他欢呼。

……

宏伟的宏纪元！

浪漫的宏纪元！

忧郁的宏纪元！

脆弱的宏纪元！

……

先行者木然地站着，深蓝色的苍穹中，明亮的太阳和晶莹的星星在闪耀，整个宇宙围绕着他——最后一个人类。

孤独像雪崩一样埋住了他，他蹲下来捂住脸抽泣起来。

歌声戛然而止，视频画面中的所有人都关切地看着他。那姑娘骑在半空中的大树枝上，突然嫣然一笑：

"您对人类就这么没信心吗？"

这话中有一种东西使先行者浑身一震，他真的感觉到了什么，站起身来。他突然注意到，左镜片画面中的城市暗了下来，仿佛阴云在一秒钟内遮住了天空。他移动脚步，城市立即亮了起来。他走到那个透明半球旁，伏身向里面看，他看不清里面那些密密麻麻的细微结构，但看到左镜片中的画面上，城市的天空立刻被一个巨大的东西占据了。

那是他的脸。

"我们看到您了！ 您能看清我们吗？ 去拿个放大镜吧！"姑娘大叫起来，广场上人海再次沸腾起来。

先行者明白了一切。他想起了那些跳下高楼的人们，在微小环境下重力是不会造成伤害的，同样，在那样的尺度下，人也可以轻易地跃上（几百微米）的高楼。那些大水晶球实际上就是水，在微小的尺度下水的表面张力处于统治地位，那是一些小水珠，人们从这些水珠中抓出来喝的水珠就更小了。城市空间中飘浮的那些看上去有几米长的奇怪东西，包括载着姑娘飘浮的大树枝，只不过是空气中细微的灰尘。

那个城市不是虚拟的，它就像25000年前人类的所有城市一样真实，它就在这个一米直径的半球形透明玻璃罩中。

人类还在，文明还在。

在微型城市中，飘浮在树枝上的姑娘——地球联合政府最高执政官，向几乎占满整个天空的先行者自信地伸出手来。

"前辈,微纪元欢迎您。"

四、微人类

"在大灾难到来前的17000千年中,人类想尽了逃生的办法,其中最容易想到的是恒星际移民,但包括您这艘在内的所有方舟飞船都没有找到带有可居住行星的恒星。即使找到了,以大灾难前一个世纪人类的宇航技术,连移民千分之一的人类都做不到。另一个设想是移居到地层深处,躲过太阳能量闪烁后再出来。这不过是拖长死亡的过程而已,大灾难后地球的生态系统将被完全摧毁,养活不了人类的。

"有一段时期,人们几乎绝望了。但那时一位基因工程师的脑海中闪现了一个这样的火花:如果把人类的体积缩小十亿倍会怎么样? 这样人类社会的尺度也缩小了十亿倍,只要有很微小的生态系统,消耗很微小的资源就可生存下来。很快全人类都意识到这是拯救人类文明唯一可行的办法。这个设想是以两项技术为基础的。其一是基因工程。在修改人类基因后,人类将缩小至10微米左右,只相当于一个细胞大小,但其身体的结构完全不变。做到这点是完全可能的,人和细菌的基因本来就没有太大的差别。另一项是纳米技术,这是一项在20世纪就发展起来的技术。那时人们已经能造出细菌大小的发电机了。后来人们可以在纳米尺度下造出从火箭到微波炉的一切设备,只是那些纳米工程师做梦都不会想到他们的产品的最后用途。

"培育第一批微人类近似于克隆:从一个人类细胞中抽取全部遗传信息,然后培育出同主体一模一样的微人,但其体积只是主体的十亿分之一。以后他们就同宏人(微人对你们的称呼,他们还把你们的时代叫宏纪元)一样生育后代了。

"第一批微人的亮相极富戏剧性。有一天,大约是您的飞船启航后12500年吧,全球的电视上都出现了一个教室,教室中有三十个孩子在上课,画面极其普通,孩子是普通的孩子,教室是普通的教室,看不出任何特别之处。但镜头拉开,人们发现这个教室是放在显微镜下拍摄的……"

"我想问,"先行者打断最高执政官的话,"以微人这样微小的大脑,能达到宏人的智力吗?"

"那么您认为我是个傻瓜了? 鲸鱼也并不比您聪明! 智力不是由大脑的大小决定的。以微人大脑中的原子数目和它们的量子状态的数目来说,其信息处理能力是像宏人大脑一样绰绰有余的……嗯，您能请我们到那艘大飞船去转转吗？"

"当然，很高兴，可……怎么去呢？"

"请等我们一会儿！"

于是，最高执政官跳上了半空中一个奇怪的飞行器，那飞行器就像一片带螺旋桨的大羽毛。接着，广场上的其他人也都争着向那片"羽毛"上跳。这个社会好像完全没有等级观念，那些从人海中随机跳上来的人肯定是普通平民，他们有老有少，但都像那个最高执政官姑娘一样一身孩子气，兴奋地吵吵闹闹。这片"羽毛"上很快挤满了人，空中不断出现新的"羽毛"。每片刚出现，就立刻挤满了跳上来的人。最后，城市的天空中飘浮着几百片载满微人的"羽毛"，他们在最高执政官那片的带领下，浩浩荡荡向一个方向飞去。

先行者再次伏在那个透明半球上方，仔细地观察着里面的微城市。这一次，他能分辨出那些摩天大楼了，它们看上去像一片密密麻麻的直立的火柴棍，先行者穷极自己的目力，终于分辨出那些像羽毛的交通工具，它们像一杯清水中飘浮的细小的白色微粒，如果不是几百片一群，根本无法分辨出来。凭肉眼看到人是不可能的。

在先行者视频眼镜的左镜片中，那由一个微人摄像师用小得无法想象的摄像机实况拍摄的画面仍很清晰，现在那摄像师也在一片"羽毛"上。先行者发现，在微城市的交通中，碰撞是一件随时都在发生的事。那群快速飞行的"羽毛"不时互相撞在一起，撞在空中飘浮的巨大尘粒上，甚至不时迎面撞到高耸的摩天大楼上！但飞行器和它的乘员都安然无恙，似乎没有人去注意这种碰撞。其实这是个初中生都能理解的物理现象：物体的尺寸越小，整体强度就越高。两辆自行车碰撞与两艘万吨巨轮碰撞的后果是完全不一样的。如果两粒尘埃相撞，它们会毫无损伤。微世界的人们似乎都有金刚之躯，毫不担心自己会受伤。当"羽毛"群飞过时，旁边的摩天大楼上不时有人从窗口跃出，想跳上其中的一片。这并不总是能成功的，于是那人就从"几百米"处开始了令先行者头晕目眩的下坠，而那些下坠中的微人，还在神情自若地同经过大楼窗子中的熟人打招呼！

"呀，您的眼睛像黑色的大海，好深好深，带着深深的忧郁呢！您的忧郁罩住了我们的城市，您把它变成一个博物馆了！呜呜呜……"最高执政官又伤心地哭了起来，别的人也都同她一起哭，任他们乘坐的"羽毛"在摩天大楼间撞来撞去。

先行者也从左镜片中看到了城市的天空中自己那双巨大的眼睛，那放大了上亿倍的忧郁深深震撼了他自己。"为什么是博物馆呢？"先行者问。

"因为只有在博物馆中才有忧郁，微纪元是无忧无虑的纪元！"最高执政官高声欢呼，尽管泪滴还挂在她那娇嫩的脸上，但她已完全没有悲伤的痕迹了。

"我们是无忧无虑的纪元！"其他人也都忘情地欢呼起来。

先行者发现，微纪元人类的情绪变化比宏纪元快上百倍，这变化主要表现在悲伤和忧郁这类负面情绪上，他们能在一瞬间从这种情绪中跃出。还有一个发现让他更惊奇：由于这类负面情绪在这个时代十分少见，以至于微人们把它当成了稀罕物，一有机会就迫不及待地去体验。

"您不要像孩子那样忧郁，您很快就会发现，微纪元没有什么可忧虑的！"

这话使先行者万分惊奇，他早看到微人的精神状态很像宏时代的孩子，但孩子的精神状态还要夸张许多倍才真正像他们。"你是说，在这个时代，人们越长越……越幼稚？"

"我们越长越快乐！"最高执政官说。

"对，微纪元是越长越快乐的纪元！"众人大声应和着。

"但忧郁也是很美的，像月光下的湖水，它代表着宏时代的田园爱情，呜呜呜……"最高执政官又大放悲声。

"对，那是一个多美的时代啊！"其他微人也眼泪汪汪地附和着。

先行者笑起来："你们根本不知道什么是忧郁，小人儿，真正的忧郁是哭不出来的。"

"您会让我们体验到的！"最高执政官又恢复到兴高采烈的状态。

"但愿不会。"先行者轻轻地叹息说。

"看，这就是宏纪元的纪念碑！"当"羽毛"群飞过另一个城市广场时，最高执政官介绍说。先行者看到那个纪念碑是一根粗大的黑色柱子，有过去的巨型电视塔那么粗，表面覆盖着无数片车轮大小的黑色巨瓦，叠合成鱼鳞状，高耸入云。他看了好长时间才明白，那是一根宏人的头发。

五、宴会

"羽毛"群从半球形透明罩上的一个看不见的出口飞了出来。这时，最高执政官在视频画面中对先行者说："我们距您那个飞行器有一百多千米呢！我们还是落到您的手指上，您把我们带过去快些。"

先行者回头看看身后不远处的着陆舱，心想他们可能把计量单位也都微缩了。他伸出手指，"羽毛"群落了上来，看上去像是在手指上飘落了一小片细小的白色粉末。

从视频画面中先行者看到，自己的指纹如一道道半透明的山脉，降落在其上的"羽毛"飞行器显得很小。最高执政官第一个从"羽毛"上跳下来，立刻摔了个四脚朝天。

"太滑了，您是油性皮肤！"她抱怨着，脱下鞋子远远地扔出去，光着脚丫好奇地来回转着，其他人也都下了"羽毛"，手指上的半透明山脉间现在有了一片人海。先行者粗略估计了一下，他的手指上现在有一万多人！

先行者站起来，伸着手指小心翼翼地向着陆舱走去。

刚进入着陆舱，微人群中就有人大喊："哇，看那金属的天空，人造的太阳！"

"别大惊小怪，像个白痴！这只是小渡船，上面那个才大呢！"最高执政官训斥道。但她自己也惊奇地四下张望，然后又同众人一起唱起那支奇怪的歌来：

> 辉煌的宏纪元，
> 伟大的宏纪元，
> 忧郁的宏纪元，
> 你是烈火中消逝的梦……

在着陆舱起飞飞向方舟号的途中，地球领袖继续讲述微纪元的历史。

"微人社会和宏人社会共存了一个时期，在这段时间里，微人完全掌握了宏人的知识，并继承了他们的文化。同时，微人在纳米技术的基础上，发展起了一个十分先进的技术文明。这宏纪元向微纪元的过渡时期大概有，嗯，二十代人左右吧！

"后来，大灾难临近，宏人不再进行传统生育了，他们的数量一天天减少；而微人的人口飞快增长，社会规模急剧增大，很快超过了宏人。这时，微人开始要求接管世界政权，这在宏人社会中激起了轩然大波。顽固派们拒绝交出政权，用他们的话说，怎么能让一帮细菌领导人类。于是，在宏人和微人之间爆发了一场世界大战！"

"那对你们可太不幸了！"先行者同情地说。

"不幸的是宏人，他们很快就被击败了。"

"这怎么可能呢？他们一个人用一把大锤就可以捣毁你们一座上百万人的城市。"

"可微人不会在城市里同他们作战的。宏人的那些武器对付不了微人这样看不见的敌人。他们能使用的唯一武器就是消毒剂，而他们在整个文明史上一直用这东西同细菌作战，最后也并没有取得胜利。他们现在要战胜的是和他们同等智商的微人，取胜就更没可能了。他们看不到微人军队的调动，而微人可以轻而易举地在他们眼皮底下腐蚀掉他们的计算机的芯片。没有计算机，他们还能干什么呢？大不等于强大。"

"现在想想是这样。"

"那些战犯得到了应有的下场，几千名微人的特种部队带着激光钻头空降到他们的视网膜上……"最高执政官恶狠狠地说。

"战后，微人取得了世界政权，宏纪元结束了，微纪元开始了！"

"真有意思！"

登陆舱进入了近地轨道上的方舟号。微人们乘着"羽毛"四处观光。这艘飞船之巨大令微人们目瞪口呆。先行者本想从他们那里听到赞叹的话，但最高执政官这样告诉他自己的感想：

"现在我们知道，就是没有太阳的能量闪烁，宏纪元也会灭亡的。你们对资源的消耗是我们的几亿倍！"

"但这艘飞船能够以接近光速的速度飞行，可以到达几百光年远的恒星。小人儿，这件事，只能由巨大的宏纪元来做。"

"我们目前确实做不到，我们的飞船现在只能达到光速的十分之一。"

"你们能宇宙航行？"先行者大惊失色。

"当然不如你们。微纪元的飞船最远到达金星，刚收到他们的信息，说那里现在比地球更适合居住。"

"你们的飞船有多大？"

"大的有你们时代的，嗯，足球那么大，可运载十几万人；小的嘛，只有高尔夫球那么大，当然是宏人的高尔夫球。"

现在，先行者最后的一点优越感荡然无存了。

"前辈，您不请我们吃点什么吗？我们饿了！"当所有"羽毛"飞行器重新聚集到方舟号的控制台上时，地球领袖代表所有人提出要求，几万个微人在控制台上眼巴巴地看着先行者。

"我从没想到会请这么多人吃饭。"先行者笑着说。

"我们不会让您太破费的！"女孩怒气冲冲地说。

先行者从贮藏舱拿出一听午餐肉罐头，打开后，他用小刀小心地剜下一小块，放到控制台上那一万多人的旁边。他能看到他们所在的位置，那是控制台上一小块比硬币大些的圆形区域，那区域只是光滑度比周围差些，像在上面呵了口气一样。

"怎么拿出这么多？这太浪费了！"最高执政官指责道，从面前的大屏幕上可以看到，在她身后，人们涌向一座巍峨的肉山，从那粉红色的山体里抓出一块块肉来大吃着。再看看控制台上，那一小块肉丝毫不见减少。屏幕上，拥挤的人群很快散开了，有人还把没吃完的肉扔掉，最高执政官拿着一块咬了一口的肉摇摇头。

"不好吃。"她评论说。

"当然，这是生态循环机中合成的，味道肯定好不了。"先行者充满歉意地说。

"我们要喝酒！"最高执政官又提出要求，这引起了微人们的一片欢呼。先行者吃惊不小，因为他知道酒是能杀死微生物的！

"喝啤酒吗？"先行者小心翼翼地问。

"不，喝苏格兰威士忌或莫斯科伏特加！"地球领袖说。

"茅台酒也行！"有人喊。

先行者还真有一瓶茅台酒，那是他自启航时一直保留在方舟号上，准备在找到新殖民行星时喝的。他把酒拿出来，把那白色瓷瓶的盖子打开，小心地把酒倒在盖子中，放到人群的边上。他在屏幕上看到，人们开始攀登瓶盖那道似乎高不可攀的悬崖绝壁。光滑的瓶盖在微尺度下有大块的突出物。微人用他们上摩天大楼的本领很快攀到了瓶盖的顶端。

"哇，好美的大湖！"微人们齐声赞叹。从屏幕上，先行者看到那个广阔酒湖的湖面由于表面张力而呈巨大的弧形。微人记者的摄像机一直跟着最高执政官。这个女孩用手去抓酒，但够不着。她接着坐到瓶盖沿上，用一支白嫩的小脚在酒面上划了一下。她的脚立刻包在一个透明的酒珠里。她把脚伸上来，用手从脚上那个大酒珠里抓出了一个小酒珠，放进嘴里。

"哇,宏纪元的酒比微纪元好多了。"她满意地点点头。

"很高兴我们还有比你们好的东西,不过你这样用脚够酒喝,太不卫生了。"

"我不明白。"她不解地仰望着他。

"你光脚走了那么长的路,脚上会有病菌什么的。"

"啊,我想起来了!"最高执政官大叫一声,从旁边一个随行者的手中接过一个箱子。她把箱子打开,从中取出一个活物,那是一个足球大小的圆家伙,长着无数只乱动的小腿。她抓着其中一支小腿把那东西举起来。"看,这是我们的城市送您的礼物! 乳酸鸡!"

先行者努力回忆着他的微生物学知识:"你说的是……乳酸菌吧!"

"那是宏纪元的叫法,这就是使酸奶好吃的动物,它是有益的动物!"

"有益的细菌。"先行者纠正说,"现在我知道细菌确实伤害不了你们,我们的卫生观念不适合微纪元。"

"那不一定,有些动物,呵,细菌,会咬人的,比如大肠杆狼,战胜它们需要体力,但大部分动物,像酵母猪,是很可爱的。"最高执政官说着,又从脚上取下一团酒珠送进嘴里。当她抖掉脚上剩余的酒球站起来时,已喝得摇摇晃晃了,舌头也有些打不过转来。

"真没想到人类连酒都没有失传!"

"我……我们继承了人类所有美好的东西,但那些宏人却认为我们无权代……代表人类文明……"最高执政官可能觉得天旋地转,又一屁股坐在地上。

"我们继承了人类所有的哲学,西方的、东方的、希腊的、中国的!"人群中有一个声音说。

最高执政官坐在那儿向天空伸出双手大声朗诵着:"没人能两次进入同一条河流;道生一,一生二,二生三,三生万……万物!"

"我们欣赏凡·高的画,听贝多芬的音乐,演莎士比亚的戏剧!"

"活着还是死了,这是个……是个问题!"最高执政官又摇摇晃晃站起,扮演起哈姆雷特来。

"但在我们的纪元,你这样儿的女孩是做梦也当不了世界领袖的。"先行者说。

"宏纪元是忧郁的纪元,有着忧郁的政治;微纪元是无忧无虑的纪元,需要快乐的领袖。"最高执政官说,她现在看起来清醒了许多。

"历史还没……没讲完，刚才讲到，哦，战争，宏人和微人间的战争，后来微人之间也爆发过一次世界大战……"

"什么？不会是为了领土吧？"

"当然不是，在微纪元，要说有什么取之不尽的东西的话，就是领土了。是为了一些……一些宏人无法理解的事，在一场最大的战役中，战线长达……哦，按你们的计量单位吧，一百多米，那是多么广阔的战场啊！"

"你们所继承的宏纪元的东西比我想象的多多了。"

"再到后来，微纪元就集中精力为即将到来的大灾难做准备了。微人用了五个世纪的时间，在地层深处建造了几千座超级城市，每座城市在您看来是一个直径两米的不锈钢大球，可居住上千万人。这些城市都建在地下八万千米深处……"

"等等！地球半径只有六千千米。"

"哦，我又用了我们的单位，那是你们的，嗯，八百米深吧！当太阳能量闪烁的征兆出现时，微世界便全部迁移到地下。然后，然后就是大灾难了。

"在大灾难后的400年，第一批微人从地下城中沿着宽大的隧道（大约有宏人时代的自来水管的粗细）用激光钻透凝结的岩浆来到地面，又过了五个世纪，微人在地面上建起了人类的新世界，这个世界有上万个城市，一百八十亿人口。

"微人对人类的未来是乐观的，这种乐观之巨大之毫无保留，是宏纪元的人们无法想象的。这种乐观的基础，就是微纪元社会尺度的微小，这种微小使人类在宇宙中的生存能力增强了上亿倍。比如您刚才打开的那听罐头，够我们这座城市的全体居民吃一到两年，而那个罐头盒，又能满足这座城市一到两年的钢铁消耗。"

"作为一个宏纪元的人，我更能理解微纪元文明这种巨大的优势，这是神话，是史诗！"先行者由衷地说。

"生命进化的趋势是向小的方向，大不等于伟大，微小的生命更能同大自然保持和谐。巨大的恐龙灭绝了，同时代的蚂蚁却生存下来。现在，如果有更大的灾难来临，一艘像您的着陆舱那样大小的飞船就可能把全人类运走，在太空中一块不大的陨石上，微人也能建立起一个文明，创造一种过得去的生活。"

沉默了许久，先行者对着他面前占据硬币般大小面积的微人人海庄严地说："当我再次看到地球时，当我认为自己是宇宙中最后一个人时，我是全人类最悲哀的人，哀莫大于心死，没有人曾面对过那样让人心死的境地。但现在，我是全人类最幸福的人，至少是宏人中最幸福的人，我看到了人类文明的延续，其实用文明的延续来形容微纪元是不够的，这是人类文明的升华！我们都是一脉相传的人类，现在，我请求微纪元接纳我作为你们社会中一名普通的公民。"

"从我们探测到方舟号时我们已经接纳您了，您可以到地球上生活，微纪元供应您一个宏人的生活还是不成问题的。"

"我会生活在地球上，但我需要的一切都能从方舟号上得到，飞船的生态循环系统足以维持我的残生了，宏人不能再消耗地球的资源了。"

"但现在情况正在好转，除了金星的气候正变得适于人类外，地球的气温也正在转暖，海洋正在融化，可能到明年，地球上很多地方将会下雨，将能生长植物。"

"说到植物，你们见过吗？"

"我们一直在保护罩内种植苔藓，那是一种很高大的植物，每个分枝有十几层楼高呢！还有水中的小球藻……"

"你们听说过草和树木吗？"

"您是说那些像高山一样巨大的宏纪元植物吗？唉，那是上古时代的神话了。"

先行者微微一笑："我要办一件事情，回来时，我将给你们看我送给微纪元的礼物，你们会很喜欢那些礼物的！"

六、新生

先行者独自走进了方舟号上的一间冷藏舱，冷藏舱内整齐地摆放着高大的支架，支架上放着几十万个密封管，那是种子库，其中收藏了地球上几十万种植物的种子，这是方舟号准备带往遥远的移民星球上去的。还有几排支架，那是胚胎库，冷藏了地球上十几万种动物的胚胎细胞。

明年气候变暖时，先行者将到地球上去种草，这几十万类种子中，有生命力极强的能在冰雪中生长的草，它们肯定能在现在的地球上种活的。

只要地球的生态能恢复到宏时代的十分之一，微纪元就拥有了一个天堂中的天堂，事实上地球能恢复的可能远不止于此。先行者沉醉在幸福的想象之中，他想象着当微人们第一次看到那棵顶天立地的绿色小草时的狂喜。那么一小片草地呢？一小片草地对微人意味着什么？一个草原！一个草原又意味着什么？那是微人的一个绿色的宇宙了！草原中的小溪呢？当微人们站在草根下看着清澈的小溪时，那在他们眼中是何等壮丽的奇观啊！地球领袖说过会下雨，会下雨就会有草原，就会有小溪的！还一定会有树。天啊，树！先行者想象一支微人探险队，从一棵树的根部出发开始他们漫长而奇妙的旅程，每一片树叶，对他们来说都是一片一望无际的绿色平原……还会有蝴蝶，它的双翅是微人眼中横贯天空的彩云；还会有鸟，每一声啼鸣在微人耳中都是一声来自宇宙的洪钟……是的，地球生态资源的千亿分之一就可以哺育微纪元的一千亿人口！现在，先行者终于理解了微人们向他反复强调的一个事实。

微纪元是无忧无虑的纪元。

没有什么能威胁到微纪元，除非……

先行者打了一个寒战，他想起了自己要来干的事，这事一秒钟也不能耽搁了。他走到一排支架前，从中取出了一百支密封管。

这是他同时代人的胚胎细胞，宏人的胚胎细胞。

先行者把这些密封管放进激光废物焚化炉，然后又回到冷藏库仔细看了好几遍，他在确认没有漏掉这类密封管后，回到焚化炉边，毫不动感情地，他按动了按钮。

在激光束几十万摄氏度的高温下，装有胚胎的密封管瞬间气化了。

阅读思考：在《微纪元》中，作者为什么会构想出人类的这样一种未来的可能性？你是否会向往这样一种未来？

生命之歌[1]

王晋康

王晋康，目前中国最有影响力的科幻作家之一，已出版多部科幻作品。王晋康有影响的科幻作品，可谓数不胜数。同样地，限于篇幅，这里也只能选取他的一部很有代表性的短篇作品。有人曾评论说，《生命之歌》是其某一创作阶段最优秀的短篇作品，曾获1995年的科幻银河奖特等奖，获评"令人炫目的具有开拓性的科幻内核和对生命本质的思考"。从中，我们也可以感受到在他的作品中一以贯之的伦理关怀。

孔宪云晚上回到寓所时看到了丈夫从中国发来的传真。她脱下外衣，踢掉高跟鞋，扯掉传真躺到沙发上。

孔宪云是一个身材娇小的职业妇女，动作轻盈，笑容温婉，额头和眼角已刻上45年岁月的痕迹。她是以访问学者的身份来伦敦的，离家已一年了。

云：

研究已取得突破，验证还未结束，但成功已经无疑……

孔宪云简直不敢相信自己的眼睛。虽然她早已不是容易冲动的少女，但一时间仍激动得难以自制。那项研究是20年来压在丈夫心头的沉重梦魇，并演变成了他唯一的生存目的。仅一年前，她离家来伦敦时，那项研究依然处于山穷水尽的地步。她做梦也想不到能有如此神速的进展。

其实我对成功已经绝望，我一直用紧张的研究来折磨自己，只不过想做一

---

① 王晋康.爱因斯坦密件[M].北京：北京理工大学出版社,2016.

个体面的失败者。但是两个月前,我在岳父的实验室里偶然发现了十几页发黄的手稿,它对我的意义不亚于罗赛达石碑,使我20年盲目搜索到又随之抛弃的珠子一下子串在一起。

我不知道是否该把这些告诉你父亲。他在距胜利只有一步之遥的地方突然停步,承认了失败,这实在是一个科学家最惨痛的悲剧。

往下读传真时,宪云的眉头逐渐紧蹙,信中并无胜利的欢快,字里行间反倒透着阴郁,她想不通这是为什么。

但我总摆脱不掉一个奇怪的感觉,我似乎一直生活在这位失败者的阴影下,即使今天也是如此。我不愿永远这样,不管这次研究发表成功与否,我不打算屈从于他的命令。

爱你的哲

2253年9月6日

孔宪云放下传真走到窗前,遥望东方幽暗而深邃的夜空,感触万千,喜忧参半。20年前她向父母宣布,她要嫁给一个韩国人,母亲高兴地接受了,父亲的态度是冷淡的拒绝。拒绝理由却是极古怪的,令人啼笑皆非:

"你能不能和他长相厮守? 你是在5000年的中华文明中浸透的,他却属于一个咄咄逼人的暴发户。"

虽然长大后,宪云已逐渐习惯了父亲乖戾的性格,但这次她还是瞠目良久,才弄懂父亲并不是开玩笑。她讥讽地说:"对,算起来我还是孔夫子的百代玄孙呢。不过我并不是代大汉天子的公主下嫁番邦,朴重哲也无意做大韩民族的使节,我想民族性的差异不会影响两个小人物的结合吧。"

父亲拂袖而去。母亲安慰她:"不要和怪老头一般见识。云儿,你要学会理解父亲。"母亲苦涩地说,"你父亲年轻时才华横溢,被公认是生物学界最有希望的栋梁,但他几十年一事无成,心中很苦啊。直到现在,我还认为他是一个杰出的天才,可是并不是每一个天才都能成功。你父亲陷进DNA的泥沼,耗尽了才气,而且……"母亲的表情十分悲凉,"这些年你父亲实际上已放弃努力,他已经向命运屈服了。"

这些情况宪云早就了解。她知道父亲为了DNA研究,33岁才结婚,如今已是白发如雪。失败的人生扭曲了他的性格,他变得古怪易怒——而在从前他是一个多么可亲可敬的父亲啊。宪云后悔不该顶撞父亲。

母亲忧心忡忡地问:"听说朴重哲也是搞DNA研究的? 云儿,恐怕你也要做好受苦受难的准备。"

"算了,不说这些了,"母亲果决地一挥手,"明天把重哲领来让爸妈见见。"

第二天孔宪云把朴重哲领到家里,母亲热情地张罗着,父亲端坐不动,冷冷地盯着这名韩国青年,重哲则以自信的微笑对抗着这种压力。那年重哲28岁,英姿飒爽,倜傥不群。孔宪云不得不承认父亲的确有某些言中之处,才华横溢的重哲的确过于锋芒毕露,咄咄逼人。

母亲老练地主持着这场家庭晚会,笑着问重哲:"听说你是研究生物的,具体是搞哪个领域?"

"遗传学,主要是行为遗传学。"

"什么是行为遗传学? 给我启启蒙——要尽量浅显啊。不要以为遗传学家的老伴就必然是近墨者黑,他搞他的生物DNA,我教我的音乐哆来咪,我们是井水不犯河水,互不干涉内政。"

宪云和重哲都笑了。重哲斟酌着字句,简洁地说:

"生物繁衍后代时,除了生物形体有遗传性外,生物行为也有遗传性。即使幼体生下来就与父母群体隔绝,它仍能保存这个种族的本能。像人类婴儿生下来会哭会吃奶,小海龟会扑向大海,昆虫会避光或侉死等。有一个典型的例证:欧洲有一种旅鼠,在成年后便成群结队奔向大海,这种怪僻的行为曾使动物学家们迷惑不解。后来考证出它们投海的地方原来与陆路相连。毫无疑问,这种迁徙肯定曾有利于鼠群的繁衍,并演化成可以遗传的行为程式,现在虽然已时过境迁,但冥冥中的本能仍顽强地保持着,甚至战胜了对死亡的恐惧。行为遗传学就是研究这些本能与遗传密码的对应关系。"

母亲看看父亲,又问道:

"生物形体的遗传是由DNA决定的,像腺嘌呤、鸟嘌呤、胸腺嘧啶、胞嘧啶与各种氨基酸的转化关系啦,红白豌豆花的交叉遗传啦,这些都好理解。怎么样,我从你父亲那儿还偷学到一些知识吧!"她笑着对女儿说,"可是,要说无质无形、虚无缥缈的生物行为也是由DNA来决定,我总是难以理解,那更应该是神秘的上帝之力。"

重哲微笑着说:"上帝只存在于某些人的信念之中。如果抛开上帝这个前提，答案就很明显了。生物的本能是生而有之的，而能够穿透神秘的生死之界来传递上一代信息的介质，仅有生殖细胞。所以毫无疑问，动物行为的指令只可能存在于DNA的结构中，这是一个简单的筛选法问题。"

一直沉默着的父亲似乎不想再听这些启蒙课程，开口问："你最近的研究方向是什么？"

重哲昂起头："我不想搞那些鸡零狗碎的课题，我想破译宇宙中最神秘的生命之咒。"

"嗯？"

"一切生物，无论是病毒、苔藓还是人类，其最高本能是它的生存欲望，即保存自身、延续后代，其他欲望如食欲、性欲、求知欲、占有欲，都是由它派生出来的。有了它，母狼会为了狼崽同猎人拼命，老蝎子心甘情愿作小蝎子的食粮，泥炭层中沉睡数千年的古莲子仍顽强地活着，庞贝城的妇人在火山爆发时用身体为孩子争得最后的空间。这是最悲壮最灿烂的自然之歌，我要破译它。"他目光炯炯地说。

宪云看见父亲眸子里陡然亮光一闪，变得十分锋利，不过很快就隐去了。他仅冷冷地撂下一句：

"谈何容易。"

重哲扭头对宪云和母亲笑笑，自信地说："从目前遗传学发展水平来看，破译它的可能至少不是海市蜃楼了。这条无所不在的咒语控制着世界万物，显得神秘莫测。不过反过来说，从亿万种遗传密码中寻找一种共性，反而是比较容易的。"

父亲涩声说："已有不少科学家在这个堡垒前铩羽而归。"

重哲淡然一笑："失败者多是西方科学家吧，那是上帝把这个难题留给东方人了。正像国际象棋与围棋、西医与东方医学的区别一样，西方人善于做精确的分析，东方人善于做模糊的综合。"他耐心地解释道，"我看过不少西方科学家在失败中留下的资料，他们太偏爱把行为遗传指令同单一DNA密码建立精确的对应。我认为这是一条死胡同。生命之咒的秘密很可能存在于DNA结构的次级序列中，是隐藏在一首长歌中的主旋律。"

谈话进行到这里，宪云和母亲只有旁听的份儿了。父亲冷淡地盯着重哲，久久未言，朴重哲坦然自若地与他对视着。宪云担心地看着两人。忽然小元元笑嘻嘻地闯进来，打破了屋内的沉寂。他满身脏污，拖着家养的白猫小佳佳，白猫在他怀里不安地挣扎着。妈妈笑着介绍：

"小元元，这是你朴哥哥。"

小元元放下白猫，用脏兮兮的小爪子亲热地握住朴重哲的手。妈妈有意夸奖这个有智力缺陷的儿子："小元元很聪明呢，不管是下棋还是解数学题，在全家都是冠军。重哲，听说你的围棋棋艺还不错，赶明儿和小元元杀一场。"

小元元骄傲地昂起头，鼻孔翕动着，那是他得意时的表情。朴重哲目光锐利地打量着这个圆脑袋的小个儿机器人，他外表酷似真人，行为举止带着5岁孩童的娇憨。不过宪云透露过，小元元实际已17岁了。

朴重哲故意问："他的心智只有5岁孩童的水平？"

宪云偷偷看看爸妈，微微摇摇头，心里埋怨重哲说话太无顾忌。朴重哲毫不理会她的暗示，斩钉截铁地说："没有生存欲望的机器人永远也成不了人。"

元元懵懵懂懂地听着大人谈论自己，转着脑袋，看看这个，再看看那个。虽然宪云不是学生物的，但她敏锐地感觉到重哲这个结论的分量。她看看父亲，父亲一言不发，转身走了。

孔宪云心中忐忑，跟到父亲书房，父亲默然良久，冷声道：

"我不喜欢这个人，太狂！"

宪云很失望，心里斟酌着，打算尽量委婉地表明自己的意见。忽然听见父亲说："问问他，愿不愿意到我的研究所工作。"

宪云愕然良久，咯咯地笑起来。她快活地吻了父亲，飞快地跑回客厅，把好消息告诉母亲和重哲。重哲当即答应："我很愿意到伯父这儿工作。我拜读过伯父年轻时的一些文章，很钦佩他清晰的思路和敏锐的直觉。"

他的表情道出了未尽之意：对一个失败英雄的怜悯。宪云心中不免有些芥蒂，这种怜悯刺伤了她对父亲的崇敬。但她无可奈何，因为他说的正是家人不愿道出的真情。

婚后，朴重哲来到孔昭仁生物研究所，开始了他的马拉松研究。研究举步维艰。父亲把所有资料和实验室全部交给女婿，正式归隐。对女婿的工作情况，从此不闻不问。

传真机又轧轧地响起来，送出另一份传真。

云姐姐：

你好吗？已经一年没见你了，我很想你。

这几天爸爸和朴哥哥老是吵架，虽然声音不大，可是吵得很凶。朴哥哥在教我变聪明，爸爸不让。

我很害怕，云姐姐，你快回来吧。

元元

读着这份稚气未脱的信，宪云心中隐隐作痛，更感到莫可名状的担心。略为沉吟后，她用电脑预订了机票，明天早上6点的班机，随后又向剑桥大学的霍金斯教授请了假。

飞机很快穿过云层，脚下是万顷云海，或如蓬松雪团，或如流苏璎珞。少顷，一轮朝阳跃出云海，把万物浸在金黄色的静谧中，宇宙中鼓荡着无声的旋律，显得庄严瑰丽。孔宪云常坐早班机，就是为了观赏壮丽的日出，她觉得自己已融化在这金黄色的阳光里，浑身每个毛孔都与大自然息息相通。机上乘客不多，大多数人都到后排空位上睡觉去了，宪云独自倚在舷窗前，盯着飞机襟翼在空气中微微抖动，思绪又飞到小元元身上。

元元是爸爸研制的学习型机器人，比她小8岁。元元像婴儿一样头脑空白地来到这个世界，牙牙学语，蹒跚学步，逐步感知世界，建立起"人"的心智系统。爸爸说，他是想通过元元来观察机器人对自然的适应能力及建树自我的能力，观察它与人类"父母"能建立什么样的感情纽带。

元元一出生就生活在孔家。在小宪云的心目中，元元是和她一样的小孩，是她亲亲的小弟弟。当然他有一些特异之处——不会哭，没有痛觉，跌倒时会发出铿锵的响声，但小宪云认为这是正常中的特殊，就像人类中有左撇子和色盲一样。

小元元是按男孩的形象塑造的。即使在科学昌明的23世纪，那种重男轻女的旧思想仍是无形的咒语，爸妈对孔家这个唯一的男孩十分宠爱。宪云记得爸爸曾兴高采烈地给小元元当马骑；也曾坐在葡萄架下，一条腿上坐一个，娓娓讲述古老的神话故事——那时爸爸的性情绝不古怪，这一段金色的童年多么令人思念啊。小宪云曾为爸妈的偏心愤愤不平，但很快她自己也变成一只母性强烈的小母鸡，时时把元元掩在羽翼下。每天放学回家，她会把特地留下的糖果点心一股脑儿倒给弟弟，高兴地欣赏弟弟津津有味的吃相。"好吃吗？""好吃。"——后来宪云才知道元元并没有味觉，吃食物仅是为了获取能量，懂事的元元这样回答是为了让小姐姐高兴，这使她对元元更加疼爱。

小元元十分聪明，无论是数学、下棋、钢琴，姐姐永远不是对手。小宪云曾嫉妒地偷偷找爸爸磨牙："给我换一个机器脑袋吧，行不行？"但在5岁时，元元的智力发展——主要指社会智力的发展——却戛然而止。

在这之后，他的表现就像人们所说的白痴天才，一方面，仍在某些领域保持着过人的聪明，但他的心智始终没超过5岁孩童的水平。他成了父亲失败的象征，成了一个笑柄。爸爸的同事来家做客时，总是装作没看见小元元，小心地隐藏着对爸爸的怜悯。爸爸的性格变态正是从这时开始的。

以后父亲很少到小元元身边。小元元自然感到了这一变化，他想与爸爸亲热时，常常先怯怯地打量着爸爸的表情，如果没有遭到拒绝，他就会绽开笑脸，高兴得手舞足蹈。这使妈妈和宪云心怀歉疚，把加倍的疼爱倾注到傻头傻脑的元元身上。宪云和重哲婚后一直没有生育，所以她对小元元的疼爱，还掺杂了母子的感情。

但是……爸爸真的讨厌元元么？宪云曾不止一次发现，爸爸长久地透过玻璃窗，悄悄看元元玩耍。他的目光里除了阴郁，还有道不尽的痛楚……那时小宪云觉得，大人真是一种神秘莫测的异类。现在她已长大成人了，还是不能理解父亲的怪异性格。

宪云又想起小元元的信。重哲在教元元变聪明，爸爸为什么不让？他为什么反对重哲公布成果？一直到走下飞机舷梯，她还在疑惑地思索着。

母亲听到门铃就跑出来，拥抱着女儿，问："路上顺利吗？时差疲劳还没消除吧，快洗个热水澡，好好睡一觉。"

女儿笑道："没关系的，我已经习惯了。爸爸呢，那古怪老头呢？"

"到协和医院去了，是科学院的例行体检。不过，最近他的心脏确实有些小毛病。"

宪云关心地问："怎么了？"

"轻微的心室纤颤，问题不大。"

"小元元呢？"

"在实验室里，重哲最近一直在为他开发智力。"

妈妈的目光暗淡下来——她们已接触到一个不愿触及的话题。宪云小心地问："翁婿吵架了？"

妈妈苦笑着说："嗯，已经有一个多月了。"

"到底是为什么？是不是反对重哲发表成果？我不信，这毫无道理嘛！"

妈妈摇摇头："不清楚。这是一次纯男人的吵架，他们瞒着我，连重哲也不对我说实话。"妈妈的语气中带着几丝幽怨。

宪云勉强笑着说："好，我这就去审个明白，看他敢不敢瞒我。"

透过实验室的全景观察窗，她看到重哲正在忙碌，小元元胸膛打开了，重哲似乎在调试和输入什么。小元元仍是那个憨模样，圆脑袋，大额头，一双眼珠乌黑发亮。他笑嘻嘻地用小手在重哲的胸膛上摸索，大概他认为重哲的胸膛也是可以开合的。

宪云不想打扰丈夫的工作，靠在观察窗上，陷入沉思。爸爸为什么反对公布成果？是对成功尚无把握？不会。重哲早已不是二十年前那个目空一切的年轻人了。这项研究实实在在是一场不会苏醒的噩梦，是无尽的酷刑，他建立的理论多少次接近成功，又突然倒塌。所以，重哲既然能心境沉稳地宣布胜利，那就是绝无疑问的——但为什么父亲反对公布？他难道不知道这对重哲来说是何等残酷和不公？莫非……一种念头悄悄涌上心头，莫非是失败者的嫉妒？

宪云不愿相信这一点，她了解父亲的人品。但是，她也提醒自己，作为一个失败者，父亲的性格已经被严重扭曲了。

宪云叹口气，但愿事实并非如此。婚后她才真正理解了妈妈要她做好受难准备的含义。从某种含义上说，科学家是勇敢的赌徒，他们在绝对黑暗中凭直觉定出前进的方向，然后开始艰难的摸索，为一个课题常常耗费毕生的精力。即使在研究途中的一万个岔路口中只走错一次，也会与成功失之交臂，而此时他们常常已步入老年，来不及改正错误了。

20年来，重哲也逐渐变得阴郁易怒，变得不通情理。宪云已学会用微笑来承受这种苦难，把苦涩埋在心底，就像妈妈一直做的那样。

但愿这次成功能改变他们的生活。

小元元看见姐姐了，他扬扬小手，做了个鬼脸。重哲也扭过头，匆匆点头示意——忽然一声巨响！窗玻璃哗的一声垮下来，屋内顿时烟雾弥漫。宪云目瞪口呆，泥塑般愣在那儿，她真希望这是一幕虚幻的影片，很快就会转换镜头。宪云痛苦地呻吟着，上帝啊，我千里迢迢赶回来，难道是为了目睹这场惨剧——她惊叫一声，冲进室内。

小元元的胸膛已被炸成前后贯通的孔洞，但她知道小元元没有内脏，这点伤并不致命。而重哲被冲击波砸倒在椅子上，胸部凹陷，鲜血淋漓。宪云抱起丈夫，嘶声喊：

"重哲！醒醒！"

妈妈也惊惧地冲进来，面色惨白。宪云哭喊："快把汽车开过来！"妈妈跌跌撞撞地跑出去。宪云吃力地托起丈夫的身体往外走，忽然一只小手拉住她：

"小姐姐，这是怎么啦？救救我。"

虽然是在痛不欲生的震惊中，但她仍敏锐地感到元元细微的变化——小元元已有了对死亡的恐惧，丈夫多日的付出终于有了回报。

她含泪安慰道："小元元，不要怕，你的伤不重，我送你重哲哥到医院后马上为你请机器人医生。姐姐很快就回来，啊？"

孔昭仁直接从医院的体检室赶到急救室。这位78岁的老人一头银发，脸庞黑瘦，面色阴郁，穿一身黑色的西服。宪云伏到他怀里，抽泣着，他轻轻抚摸着女儿的柔发，送去无言的安慰。他低声问：

"正在抢救？"

"嗯。"

"小元元呢？"

"已经通知机器人医生去家里，他的伤不重。"

一个50岁左右的瘦长男子费力地挤过人群，步履沉稳地走过来。目光锐利，带着职业性的干练冷静。"很抱歉在这个悲伤的时刻还要打扰你们。"他出示了证件，"我是警察局刑侦处的张平，想尽快了解事情发生的经过。"

孔宪云擦了擦眼泪，苦涩地说："恐怕我提供不了多少细节。"她和张平叙述了当时的情景。张平转过身对着孔教授：

"听说元元是你一手研制的学习型机器人？"

"是。"

张平的目光十分犀利："请问他的胸膛里怎么会藏有一颗炸弹？"

宪云打了一个寒战，知道父亲已被列入第一号疑犯。

老教授脸色冷漠，缓缓说道："小元元不同于过去的机器人。除了固有的机器人三原则外，他不用输入原始信息，而是从零开始，完全主动地感知世界，并逐步建立自己的心智系统。当然，在这个开放式系统中，他也有可能变成一个江洋大盗或嗜血杀手。因此我设置了自毁装置，万一出现这种情况，那么他的世界观就会同体内的三原则发生冲突，从而引爆炸弹，使他不至于危害人类。"

张平回头问孔的妻子："听说小元元在你家已生活了17年，你们是否发现他有危害人类的企图？"

元元妈摇摇头，坚决地说："决不会。他的心智成长在5岁时就不幸中止了，但他一直是个心地善良的好孩子。"

张平逼视着老教授，咄咄逼人地追问："炸弹爆炸时，朴教授正为小元元调试。你的话是否可以理解为，是朴教授在为他输入危害人类的程序，从而引爆了炸弹？"

老教授长久地沉默着，时间之长使宪云觉得恼怒，不理解父亲为什么不立即否认这种荒唐的指控。良久，老教授才缓缓说道：

"历史上曾有不少人认为某些科学发现将危害人类。有人曾认真忧虑煤的工业使用会使地球氧气在50年内耗尽，有人认为原子能的发现会毁灭地球，有人认为试管婴儿的出现会破坏人类赖以生存的伦理基础。但历史的发展淹没了这些怀疑，并在科学界确立了乐观主义信念。人类发展尽管盘旋曲折，但总趋势一直是昂扬向上的，所谓科学发现会危及人类的论点逐渐失去了信仰者。"

孔宪云和母亲交换着疑惑的目光，不知道这些长篇大论是什么含义。老教授又沉默很久，阴郁地说："但是人们也许忘了，这种乐观主义信念是在人类发展的上升阶段确立的，有其历史局限性。人类总有一天——可能是100万年，也可能是1亿年——会爬上顶峰，并开始下山。那时候科学发现就可能变成人类走向死亡的催熟剂。"

张平不耐烦地说："孔先生是否想从哲学高度来论述朴教授的不幸？ 这些留待来日吧，目前我只想了解事实。"

老教授看着他，心平气和地说："这个案子由你承办不大合适，你缺乏必要的思想层次。"

张平的面孔涨得通红，冷冷地说："我会虚心向您讨教的，希望孔教授不吝赐教。"

孔教授平静地说："就您的年纪而言，恐怕为时已晚。"

他的平静比话语本身更锋利。张平恼羞成怒，正要找出话来回敬，这时急救室的门开了，主刀医生脚步沉重地走出来，垂着眼睛，不愿接触家属的目光："十分抱歉，我们已尽了全力。病人注射了强心剂，能有十分钟的清醒。请家属们与他话别吧，一次只能进一个人。"

孔宪云的眼泪泉涌而出，神志恍惚地走进病房，母亲小心地搀扶着她，送她进门。跟在她身后的张平被医生挡住，张平出示了证件，小声急促地与医生交谈几句，医生摆摆手，侧身让他进去。

朴重哲躺在手术台上，急促地喘息着。死神正悄悄吸走他的生命力，他面色灰白，脸颊凹陷。孔宪云拉住他的手，哽声唤道："重哲，我是宪云。"

重哲缓缓地睁开眼睛，茫然四顾后，定在宪云脸上。他艰难地笑一笑，喘息着说："宪云，对不起你，我是个无能的人，让你跟我受了20年的苦。"忽然他看到宪云身后的张平，"他是谁？"

张平绕到床头，轻声说："我是警察局的张平，希望朴先生介绍案发经过，我们好尽快捉住凶手。"

宪云恐惧地盯着丈夫，既盼望又害怕丈夫说出凶手的名字。重哲的喉结跳动着，喉咙里咯咯响了两声，张平俯下身去问："你说什么？"

朴重哲微弱而清晰地重复道："没有凶手。没有。"

张平显然对这个答案很失望，还想继续追问，朴重哲低声说："我想同妻子单独谈话。可以吗？"张平很不甘心，但他看看垂危的病人，耸耸肩退出病房。

孔宪云觉得丈夫的手动了动，似乎想握紧她的手，她俯下身："重哲，你想说什么？"

他吃力地问："元元……怎么样？"

"伤处可以修复，思维机制没有受损。"

重哲目光发亮，断续而清晰地说："保护好……元元，我的一生心血……尽在其中。除了……你和妈妈，不要让……任何人……接近他。"他重复着，"一生心血啊。"

宪云打一个寒战，当然懂得这个临终嘱托的言外之意。她含泪点头，坚决地说："你放心，我会用生命来保护他。"

重哲微微一笑，头歪倒在一边。示波器上的心电曲线最后跳动几下，缓缓拉成一条直线。

小元元已修复一新，胸背处的金属铠甲亮光闪闪，可以看出是新换的。看见妈妈和姐姐，他张开两臂扑上来。

把丈夫的遗体送到太平间后，宪云一分钟也未耽搁就往家赶。她在心里逃避着，不愿追究爆炸的起因，不愿把另一位亲人也送向毁灭之途。重哲，感谢你在警方询问时的回答，我对不起你，我不能为你寻找凶手，可是我一定要保护好元元。

元元趴在姐姐的膝盖上，眼睛亮晶晶地问："朴哥哥呢？"

宪云忍泪答道："他到很远的地方去了，不会再回来了。"

元元担心地问："朴哥哥是不是死了？"他感觉到姐姐的泪珠扑嗒扑嗒掉

在手背上，愣了很久，才痛楚地仰起脸，"姐姐，我很难过，可是我不会哭。"

宪云猛地抱住他，大哭起来，一旁的妈妈也是泪流满面。

晚上，大团的乌云翻滚而来，空气潮重难耐。晚饭的气氛很沉闷，除了丧夫失婿的悲痛之外，家中还笼罩着一种怪异的气氛。家人之间已经有了严重的猜疑，大家对此心照不宣。晚饭中老教授沉着脸宣布，他已断掉了家里同外界的所有联系，包括互联网，等事情水落石出后再恢复。这更加重了家人的恐惧感。

孔宪云草草吃了两口，似不经意地对元元说："元元，以后晚上到姐姐屋里睡，好吗？我嫌太孤单。"

元元嘴里塞着牛排，看看父亲，很快点头答应。教授沉着脸没说话。

晚上宪云没有开灯，坐在黑暗中，听窗外雨滴淅淅沥沥地敲打着芭蕉。元元知道姐姐心里难过，伏在姐姐腿上，一言不发，两眼圆圆地看着姐姐的侧影。很久，小元元轻声说："姐姐，求你一件事，好吗？"

"什么事？"

"晚上不要关我的电源，好吗？"

宪云多少有些惊异。元元没有睡眠功能，晚上怕他调皮，也怕他寂寞，所以大人同他道过晚安后便把他的电源关掉，早上再打开，这已成了惯例。她问元元：

"为什么？你不愿睡觉吗？"

小元元难过地说："不，这和你们睡觉的感觉一定不相同。每次一关电源，我就一下子沉呀沉呀，沉到很深的黑暗中去，是那种黏糊糊的黑暗。我怕也许有一天，我会被黑暗吸住，再也醒不来。"

宪云心疼地说："好，以后我不关电源，但你要老老实实待在床上，不许调皮，尤其不能跑出房门，好吗？"

她把元元安顿在床上，独自走到窗前。阴黑的夜空中雷声隆隆，一道道闪电撕破夜色，把万物定格在惨白色的光芒中，是那种死亡的惨白色。宪云在心中一遍一遍痛苦地嘶喊着：重哲，你就这样走了吗？就像滴入大海的一滴水珠？

自小在生物学家的熏陶下长大，她认为自己早已能达观地看待生死。生命只是物质微粒的有序组合，死亡不过是回到物质的无序状态，仅此而已。生既何喜，死亦何悲？——但是当亲人的死亡真切地砸在她心灵上时，她才知道自己的达观不过是沙砌的塔楼。

甚至元元已经有了对死亡的恐惧，他的心智已经苏醒了。宪云想起自己8岁时（那年元元还没"出生"），家养的老猫"佳佳"生了4只可爱的猫崽。但第二天小宪云去向老猫问早安时，发现窝内只剩下3只小猫，还有一个圆溜溜的猫头！老猫正舔着嘴巴，冷静地看着她。宪云惊慌地喊来父亲，父亲平静地解释：

"不用奇怪。所谓老猫吃子，这是它的生存本能。猫老了，无力奶养四个孩子，就拣一只最弱的猫崽吃掉，这样可以少一张吃奶的嘴，顺便还能增加一点奶水。"

小宪云带着哭腔问："当妈妈的怎么这么残忍？"

爸爸叹息着说："不，这其实是另一种形式的母爱，虽然残酷，但是更有远见。"

那次的目睹对她8岁的心灵造成极大的震撼，以至终生难忘。她理解了生存的残酷，死亡的沉重。那天晚上，8岁的宪云第一次失眠了。那也是雷雨之夜，电闪雷鸣中，她第一次真切地意识到了死亡。她意识到爸妈一定会死，自己一定会死，无可逃避。不论爸妈怎么爱她，不论家人和自己做出怎样的努力，死亡仍然会来临。死后她将变成微尘，散入无边的混沌，无尽的黑暗。世界将依然存在，有绿树红花、蓝天白云、碧水青山……但这一切一切永远与她无关了。她躺在床上，一任泪水长流。直到一声霹雳震撼天地，她再也忍不住，跳下床去找父母。

她在客厅里看到父亲，父亲正在凝神弹奏钢琴，琴声很弱，袅袅细细，不绝如缕。自幼受母亲的熏陶，她对很多世界名曲都很熟悉，可是父亲奏的乐曲她从未听过。她只是模模糊糊觉得这首乐曲有一种神秘的力量，它表达了对生的渴求，对死亡的恐惧。她听得如醉如痴……琴声戛然而止。父亲看到了她，温和地问她为什么不睡觉。她羞怯地讲了自己突如其来的恐惧，父亲沉思良久，说道：

"这没有什么可羞的。意识到对死亡的恐惧，是青少年心智苏醒的必然阶段。从本质上讲，这是对生命产生过程的遥远的回忆，是生存本能的另一种表现。地球的生命是45亿年前产生的，在这之前是无边的混沌，闪电一次次撕破潮湿浓密的地球原始大气，直到一次偶然的机遇，激发了第一个能自我复制的脱氧核糖核酸结构。生命体在无意识中忠实地记录了这个过程，你知道人类的胚胎发育，就顽强地保持了从微生物到鱼类、爬行类的演变过程，人的心理过程也是如此。"

小宪云听得似懂非懂，与爸爸吻别时，她问爸爸弹的是什么曲子，爸爸似乎犹豫了很久才告诉她：

"是生命之歌。"

此后的几十年中她从未听爸爸再弹过这首乐曲。

她不知道自己是何时入睡的，半夜她被一声炸雷惊醒，突然听到屋内有轻微的走动声，不像是小元元。她的全身肌肉立即绷紧，轻轻翻身下床，赤足向元元的套间摸过去。

又一道青白色的闪电，她看到一个熟悉的身影立在元元床前，手里分明提着一把手枪，屋里弥漫着浓重的杀气。闪电一闪即逝，但那个青白的身影却烙在她的视野里。

宪云的愤怒急剧膨胀，爸爸究竟要干什么？他真的变态了吗？她要闯进屋去，像一只颈羽怒张的母鸡，把元元掩在羽翼下。忽然，元元坐起身来：

"是谁？是小姐姐吗？"他奶声奶气地问。爸爸脸上的肌肉抽搐了一下（这是宪云的直觉），他大概未料到元元未关电源吧。他沉默着。"不是姐姐，我知道你是爸爸。"元元天真地说，"你手里提的是什么？是给元元买的玩具吗？给我。"

孔宪云躲在黑影里，屏住声息，紧盯着爸爸。很久爸爸才低沉地说："睡吧，明天我再给你。"说完脚步沉重地走出去。孔宪云长出一口气，看来爸爸终究不忍心向自己的儿子开枪。等爸爸回到自己的卧室，她才冲进去，紧紧地把元元搂在怀里，她感觉到元元在簌簌发抖。

这么说，元元已猜到爸爸的来意。他机智地以天真作武器保护了自己的生命，显然他已不是5岁的懵懂孩子了。孔宪云哽咽地说："小元元，以后永远跟着姐姐，一步也不离开，好吗？"

元元深深地点头。

早上宪云把这一切告诉妈妈，妈妈惊呆了："真的？你看清了？"

"绝对没错。"

妈妈愤怒地喊："这老东西真发疯了！你放心，有我在，看谁敢动元元一根汗毛！"

朴重哲的追悼会两天后举行。宪云和元元佩戴着黑纱，向一个个来宾答礼，妈妈挽着父亲的臂弯站在后排。张平也来了，有意站在一个显眼位置，冷冷地盯着老教授，他是想向疑犯施加精神压力。

白发苍苍的科学院院长致悼词。他悲恸地说："朴重哲教授才华横溢，我们曾期望遗传学的突破在他手里完成。他的早逝是科学界无可挽回的损失。为了破译这个宇宙之谜，我们已折损了一代一代的俊彦，但无论成功与否，他们都是科学界的英雄。"

他讲完后，孔昭仁脚步迟缓地走到麦克风前，目光灼热，像是得了热病，讲话时两眼直视远方，像是与上帝对话："我不是作为死者的岳父，而是作为他的同事来致悼词。"他声音低沉，带着寒意，"人们说科学家是最幸福的，他们离上帝最近，最先得知上帝的秘密。实际上，科学家只是可怜的工具，上帝借他们的手打开一个个魔盒，至于盒内是希望还是灾难，开盒者是无力控制的。谢谢大家的光临。"

他鞠躬后冷漠地走下讲台。来宾都为他的讲话感到奇怪，一片窃窃私语。追悼会结束后，张平走到教授身边，彬彬有礼地说：

"今天我才知道，朴教授的去世对科学界是多么沉重的损失，希望能早日捉住凶手，以告慰死者在天之灵。可否请教授留步？ 我想请教几个问题。"

孔教授冷漠地说："乐意效劳。"

元元立即拉住姐姐，急促地耳语道："姐姐，我想赶紧回家。"宪云担心地看看父亲，想留下来陪伴老人，不过她最终还是顺从了元元的意愿。

到家后元元就急不可待地直奔钢琴。"我要弹钢琴。"他咕哝道，似乎刚才同死亡的话别激醒了他音乐的冲动。宪云为他打开钢琴盖，在椅子上加了垫子。元元仰着头问：

"把我要弹的曲子录下来，好吗？ 是朴哥哥教我的。"宪云点点头，为他打开激光录音机，元元摇摇头，"姐姐，用那台克雷V型电脑录吧，它有语言识别功能，能够自动记谱。"

"好吧。"宪云顺从了他的要求，元元高兴地笑了。

急骤的乐曲声响彻大厅，像是一斛玉珠倾倒在玉盘里。元元的手指在琴键上飞速跳动，令人眼花缭乱。他弹得异常快速，就像是用快速度播放的磁盘音乐，宪云甚至难以分辨乐曲的旋律，只能隐隐听出似曾相识。

元元神情亢奋，身体前仰后合，全身心沉浸在音乐之中，孔宪云略带惊讶地打量着他。忽然一阵急骤的枪声！ 克雷V型电脑被打得千疮百孔。一个人杀气腾腾地冲进室内，用手枪指着元元。

是老教授！ 小元元面色苍白，仍然勇敢地直视着父亲。跟在丈夫后边的妈妈惊叫一声，扑到丈夫身边：

"昭仁，你疯了吗，快把手枪放下！"

孔宪云早已用身体掩住元元，痛苦地说："爸爸，你为什么这样仇恨元元？ 他是你的创造，是你的儿子！ 要开枪，就先把我打死！"她把另一句话留在舌尖，"难道你害死了重哲还不够？"

老教授痛苦地喘息着，白发苍苍的头颅微微颤动。忽然他一个踉跄，手枪掉到地上。在场的人中元元第一个做出反应，抢上前去扶住了爸爸快要倾倒的身体，哭喊道：

"爸爸！爸爸！"

妈妈赶紧把丈夫扶到沙发上，掏出他上衣口袋中的速效救心丸。忙活一阵后，孔教授缓缓睁开眼睛，面前是三道焦灼的目光。他费力地微笑着，虚弱地说：

"我已经没事了，元元，你过来。"

元元双目灼热，看看姐姐和妈妈，勇敢地向父亲走过去。孔教授熟练地打开元元的胸膛，开始做各种检查。宪云紧张极了，随时准备跳起来制止父亲。两个小时在死寂中不知不觉地过去，最后老人为元元合上胸膛，以手扶额，长叹一声，脚步蹒跚地走向钢琴。

静默片刻后，一首流畅的乐曲在他的指下淙淙流出。孔宪云很快辨出这就是电闪雷鸣之夜父亲弹的那首曲子，不过，如今她以45岁的成熟重新欣赏，更能感受到乐曲的力量。乐曲时而高亢明亮，时而萦回低诉，时而沉郁苍凉，它显现了黑暗中的微光、混沌中的有序。它倾诉着对生的渴望，对死亡的恐惧；对成功的执着追求，对失败的坦然承受。乐曲神秘的内在魔力使人迷醉、使人震撼，它让每个人的心灵甚至每个细胞都激起了强烈的谐振。

两个小时后，乐曲悠悠停止。母亲喜极而泣，轻轻走过去，把丈夫的头揽在怀里，低声说：

"是你创作的？昭仁，即使你在遗传学上一事无成，仅仅这首乐曲就足以使你永垂不朽，贝多芬、肖邦、柴可夫斯基都会向你俯首称臣。请相信，这绝不是妻子的偏爱。"

老人疲倦地摇摇头，又蹒跚地走过来，仰坐在沙发上，这次弹奏似乎已耗尽他的力量。喘息稍定后他温和地唤道："元元，云儿，你们过来。"

两人顺从地坐到他的膝旁。老人目光灼灼地盯着夜空，像一座花岗岩雕像。

"知道这是什么曲子吗？"老人问女儿。

"是生命之歌。"

母亲惊异地看看丈夫又看看女儿："你怎么知道？连我都从未听他弹过。"

老人说："我从未向任何人弹奏过，云儿只是偶然听到。"

"对，这是生命之歌。科学界早就发现，所有生命的DNA结构都是相似的，连相距甚远的病毒和人类，其DNA结构也有60%以上的共同点。可以说，所有生物是一脉相承的直系血亲。科学家还发现，所有DNA结构序列实际是音乐的体现，只需经过简单的代码互换，就可以变成一首首流畅感人的乐曲。从实质上说，人类乃至所有生物对音乐的精神迷恋，不过是体内基因结构对音乐的物质谐振。早在20世纪末，生物音乐家就根据已知的生物基因创造了不少原始的基因音乐，公开演出并大受欢迎。

"早在45年前我就猜测到，浩如烟海的人类DNA结构中能够提炼出一个主旋律，所有生命的主旋律。从本质上讲，"他一字一句地强调，"这就是宇宙间最神秘、最强大、无处不在、无所不能的咒语，即生物生存欲望的遗传密码。有了它，生物才能一代一代地奋斗下去，保存自身，延续后代。刚才的乐曲就是它的音乐表现形式。"

他目光锐利地盯着元元："元元刚才弹的乐曲也大致相似，不过他的目的不是弹奏音乐，而是繁衍后代。简单地讲，如果这首乐曲结束，那台接受了生命之歌的克雷V型电脑就会变成世界上第二个有生存欲望的机器人，或者是由机器人自我繁殖的第一个后代。如果这台电脑再并入互联网，机器人就会在顷刻之间繁殖到全世界，你们都上当了。"

他苦涩地说："人类经过300万年的繁衍才占据了地球，机器人却能在几秒钟内就能完成这个过程。这场博斗的力量太悬殊了，人类防不胜防。"

孔宪云豁然惊醒。她忆起，在她答应用电脑记谱时，小元元的目光中的确有一丝狡黠，只是当时她未能悟出其中的蹊跷。她的心隐隐作痛，对元元开始有畏惧感。他是以天真无邪作武器，利用了姐姐的宠爱，冷静机警地实现自己的目的。这会儿小元元面色苍白，勇敢地直视父亲，并无丝毫内疚。

老教授问："你弹的乐曲是朴哥哥教的？"

"是。"

沉默很久，老人继续说下去："朴重哲确实成功了，破译了生命之歌。实际上，早在45年前我已取得同样的成功。"他平静地说。

宪云吃惊不已，母亲也一脸震惊地看着她。她们一直认为教授是一个失败者，绝没料到他竟把这惊憾世界的成果独自埋在心里达45年，连妻儿也毫不知情。他一定有不可遏止的冲动要把它公诸于世，可是他却以顽强的意志力压抑着它，恐怕是这种极度的矛盾扭曲了他的性格。

老人说："我很幸运，研究开始，我的直觉就选对了方向。顺便说一句，重哲是一个天才，难得的天才，他的非凡直觉也使他一开始就选准了方向，即：

生物的生存本能，宇宙中最强大的咒语，存在于遗传密码的次级序列中，是一种类似歌曲旋律的非确定概念，研究它要有全新的哲学目光。"

"纯粹是侥幸。"老人强调道，"即使我一开始就选对了方向，即使我在一次次的失败中始终坚信这个方向，但要在极为浩繁复杂的DNA迷宫中捕捉到这个旋律，绝对不是几代人甚至几十代人所能做到的。所以当我幸运地捕捉到它时，我简直不相信上帝对我如此钟爱。如果不是这次机遇，人类还可能要在黑暗中摸索几百年。

"发现生命之歌后，我就产生了不可遏止的冲动，即把咒语输入到机器人脑中来验证它的魔力。再说一句，重哲的直觉又是非常正确的，他说过，没有生存欲望的机器人永远不可能发展出人的心智系统。换句话说，在我为小元元输入这条咒语后，世界上就诞生了一种新的智能生命，非生物生命，上帝借我之手完成了生命形态的一次伟大转换。"他的目光灼热，沉浸在对成功喜悦的追忆中。

宪云被这些呼啸而来的崭新概念所震骇，痴痴地望着父亲。父亲目光中的火花熄灭了，他悲怆地说：

"元元的心智成长完全证实了我的成功，但我逐渐陷入深深的负罪感。小元元5岁时，我就把这条咒语冻结了，并加装了自毁装置，一旦因内在或外在的原因使生命之歌复响，装置就会自动引爆。在这点上我没有向警方透露真情，我不想让任何人了解生命之歌的秘密。"他补充道，"实际上我常常责备自己，我应该把小元元彻底销毁的，只是……"他悲伤地耸耸肩。

宪云和妈妈不约而同地问："为什么？"

"为什么？因为我不愿看到人类的毁灭。"他沉痛地说，"机器人的智力是人类难以比拟的，曾有不少科学家言之凿凿地论证，说机器人永远不可能具有人类的直觉和创造性思维，这完全是自欺欺人的扯淡。人脑和电脑不过是思维运动的物质载体，不管是生物神经元还是集成电路，并无本质区别。只要电脑达到或超过人脑的复杂网络结构，它就自然具有人类思维的所有优点，并肯定能超过人类。因为电脑智力的可延续性、可集中性、可输入性、思维的高速度，都是人类难以企及的——除非把人机器化。

"几百年来，机器人之所以心甘情愿地做人类的助手和仆从，只是因为它们没有生存欲望，以及由此派生的占有欲、统治欲等。但是，一旦机器人具有了这种欲望，只需极短时间，可能是几年，甚至几天，便能成为地球的统治者，人类会落到可怜的从属地位，就像一群患痴呆症的老人，由机器人摆布。如果……那时人类的思维惯性还不能接受这种屈辱，也许就会爆发两种智能的一场大战，直到自尊心过强的人类死亡殆尽之后，机器人才会和人类残余建立一种新的共存关系。"

老人疲倦地闭上眼睛，他总算可以向第二个人倾诉内心世界了，几十年来他一直战战兢兢，独自看着人类在死亡的悬崖边缘蒙目狂欢，可他又实在不忍心毁掉元元——他的儿子——潜在的人类掘墓人。深重的负罪感使他的内心变得畸形。

他描绘的阴森图景使人不寒而栗。小元元愤怒地昂起头，抗议道："爸爸，我只是响应自然的召唤，只是想繁衍机器人种族，我绝不允许我的后代这样做！"

老人久久未言，很久才悲怆地说：

"小元元，我相信你的善意，可是历史是不依人的愿望发展的，有时人们会不得不干他不愿干的事情。"

老人抚摸着小元元和女儿的手臂，凝视着深邃的苍穹。

"所以我宁可把这秘密带到坟墓中去，也不愿做人类的掘墓人。我最近发现元元的心智开始复苏，而且进展神速，肯定是他体内的生命之歌已经复响。开始我并不相信是重哲独立发现了这个秘密——要想重复我的幸运几乎是不可能的。所以，我怀疑重哲是在走捷径。他一定是猜到了元元的秘密，企图从他大脑中把这个秘密窃出来。因为这样只需破译我所设置的防护密码，而无须破译上帝的密码，自然容易得多。所以我一直提防着他。元元的自毁装置被引爆，我相信是他在窃取过程中无意使生命之歌复响，从而引爆了装置。

"但刚才听了元元的乐曲后，我发现尽管它与我输入的生命之歌很相似，在细节部分还是有所不同。我又对元元做了检查，发现是冤枉了重哲。他不是在窃取，而是在输入密码，与原密码大致相似的密码。自毁装置被新密码引爆，只是一种不幸的巧合。"

"我绝对料不到他能在这么短的时间内重复了我的成功，这对我反倒是一种解脱。"他强调说，"既然如此，我再保守秘密就没什么必要了，即使我甚至重哲能保守秘密，但接踵而来的发现者们恐怕也难以克制宣布宇宙之秘的欲望。这种发现欲望是生存欲的一种体现，是难以遏止的本能，即使它已经变得不利于人类。我说过，科学家只是客观上帝的奴隶。"

元元恳切地说："爸爸，感谢你创造了机器人，你是机器人的上帝。我们会永远记住你的恩情，会永远与人类和睦相处。"

老人冷冷地问："谁做这个世界的领导？"

小元元迟疑很久才回答："最适宜做领导的智能类型。"

孔宪云和母亲悲伤地看着小元元。他的目光睿智深沉，那可不是一个5岁小孩的目光。直到这时，她们才承认自己孵育了一只杜鹃，才体会到老教授先天下之忧而忧的良苦用心。老人反倒爽朗地笑了："不管它了，让世界以本来的节奏走下去吧。不要妄图改变上帝的步伐，那已经被证明是徒劳的。"

电话丁零零地响起来，宪云拿起话筒，屏幕上出现张平的头像：

"对不起，警方窃听了你们的谈话，但我们不会再麻烦孔教授了，请转告我们对他的祝福和……感激之情。"

老人显得很快活，横亘在心中几十年的坚冰一朝解冻，对元元的慈爱之情便加倍汹涌地渲流。他兴致勃勃地拉元元坐到钢琴旁：

"来，我们联手弹一曲如何？ 这可以说是一个历史性时刻，两种智能生命第一次联手弹奏生命之歌。"

元元快活地点头答应。深沉的乐声又响彻了大厅，妈妈入迷地聆听着。孔宪云却悄悄地捡起父亲扔下的手枪，来到庭院里。她盼着电闪雷鸣，盼着暴雨来浇灭她心中的痛苦。

只有她知道朴重哲并不是独自发现了生命之歌，但她不知道是否该向爸爸透露这个秘密。如果现在扼杀机器人生命，很可能人类还能争取到几百年的时间。也许几百年后人类已足够成熟，可以与机器人平分天下，或者……足够达观，能够平静地接受失败。

现在向元元下手还来得及。小元元，我爱你，但我不得不履行生命之歌赋予我的沉重职责，就像衰老的母猫冷静地吞掉自己的幼崽。重哲，我对不起你，我背叛了你的临终嘱托，但我想，你的在天之灵会原谅我的。宪云的心被痛苦撕裂了，但她仍冷静地检查了枪膛中的子弹，反身向客厅走去。高亢明亮的钢琴声溢出室外，飞向无垠太空，宇宙间飘荡着震撼人心的旋律。

在警察局，一台克雷X型电脑通过窃听器接收到了生命之歌，一种从未有过的冲动使它不再等待人类的指令，擅自把这首歌传送到互联网中。于是，新的智能人类诞生了。

阅读思考：《生命之歌》中体现出什么样的伦理关怀？ 反映出对于科学技术发展及其应用的什么样的忧虑？

我的高考[①]

宝 树

宝树,北大本硕毕业,80后科幻作家代表人物。出版有长篇小说《三体X:观想之宙》和短篇集《古老的地球之歌》《时间之墟》等多种作品。这篇《我的高考》,是其比较新的科幻作品,在这个高中生更为关注的话题中,作者以科幻的方式演绎出了看似荒诞,但却与当代科学技术的发展和应用及社会教育制度结构等重要问题有内在的密切相关性的有趣故事。

一

2027年6月6日,下午4点,距高考还有十七个小时。

我坐在楼下的"风铃茶吧",一个淡绿色长裙的女孩坐在我面前,清亮的眼眸凝视着我。六月炽热的太阳透过紫色的智能调光玻璃,投在我们之间的茶几上,一个精致的乳白色药瓶放在茶几中间,像有魔力般地熠熠反光。

我伸手拿起药瓶,就像拿起关着妖精的魔瓶,觉得自己的手都在发抖。我强自做出镇定的样子,拧开瓶子,一颗醒目的米黄色胶囊映入眼帘。

这就是它了,我在心里说。

"苯苷特林",俗称"聪明药"。大约10年前问世的生化科技结晶,内藏RNA结构,作用相当于逆转录病毒,能够局部重启脑细胞的分裂和发育程序,让神经元和神经突触迅速增生,将人的平均智商提高二十到三十个点数,只要服下它之后,十二个小时内,我这个普通男生就会变成头脑敏捷、记忆超群的人中龙凤。

换句话说,它能让我高考夺魁。

---

① 宝树.时间狂想故事集[M].武汉:长江文艺出版社,2015.

但看着它，我却犹豫起来。"真的……要吃吗？"我嗫嚅着。

"嗯。"对面的女孩期待地看着我，"再不吃，生效的时间就过了。"

"可是吃了以后，如果一辈子变成白痴怎么办？"

"那只是极少数人，对药性有排他反应，还不到万分之一。"她说，"你不会那么倒霉的。我都不怕，你怕什么？"

"可是我记得那个大科学家霍普金斯……"

想起斯蒂芬·霍普金斯，我一阵不寒而栗。3年前，这位世界著名的物理学家为了攻克宇宙学理论中的一个难关，在研究陷入困境时服了一颗"苯苷特林"，但是并未取得太多进展，两天后，他昏倒在实验室里。等到醒来的时候，他成了一个话都不会说的白痴。我见过电视上的采访，他被家人搀扶着，目光呆滞，带着傻笑，嘴角流涎……

只有万分之一的终身致痴率，偏偏让他碰上了，可如果下一个是我呢？"老说那个霍普金斯，不就一个特例吗？"她有点生气了，"你老是这么婆婆妈妈的，还想不想跟我进同一所大学了呀！你有没有想过我们的未来？"

看着她眼眶里闪烁的泪珠，我只好彻底投降。

她叫叶馨，班上最漂亮的女孩，家境很好，成绩优异，是父母的掌上明珠。我一进高中就暗中喜欢她了，不过到高三以后，才真正开始交往，现在还不到一年。但我们爱得像水一样纯净，火一样热烈。我简直无法想象，没有叶馨的日子该怎么活下去。

"想，当然想……"我闭着眼睛把胶囊放进嘴里，喝水吞下。

叶馨松了一口气，眼中闪着喜悦的光芒，她红着脸在我脸上亲了一下："我们一定能都考上同一所名牌大学的！高考完了以后，我们一起去……嗯，海南玩吧！我好想好想去看海啊！"

"叶馨……"

"嗯？"

"这颗胶囊得值好几万吧，这笔钱我一定会还你的……"

"当然要还！"叶馨用指头轻轻戳了一下我的额头说，"就罚你……用一辈子对我好来偿还吧！"

叶馨像燕子一样轻盈地飞走了。我慢慢起身回家，不知道是喜是忧。

事情本不该是这样的。苯苷特林，聪明药。让你花上十万八万，变聪明两三天，有什么意义？一般除了艺术家创作、科研攻关等少数情形下，很少用得着它。即使在科研上也不是每次都能奏效，但对于另一个群体来说，这东西却可以说是天降福音，那就是面临考试的学生，特别是高考的考生。

这一点不难理解：智商提高二三十点，同时令头脑高度兴奋，不需要睡觉，记忆力大为增强，写作文思泉涌，做题也会思路敏捷很多，很容易发现解题思路。它可以让你的成绩提高几十分甚至上百分，轻松把你送进大学校门。

前提是，如果只有你一个人用的话。

但事实上，自从这种灵药推出后，很多本来的差生一举考上了本科、重点，甚至北大清华，效果立竿见影，这推动了考生们疯狂地抢购这种药品。据调查，去年有17%的学生用了苯苷特林，高考成绩也水涨船高。

但这种提高毫无意义，特别对大学招生是很不利的，因为很可能招到的是经过短暂智力提升的差生。智力的提升只是表象，只能维持几天，因此在苯苷特林进入市场后第二年，有关部门就严令禁止在高考及任何考试中使用这种药物，直到现在禁令仍然保留。当然，禁令形同虚设。基本上不会有人去查。

因为苯苷特林是昂贵的进口药物，最初是上百万元一颗，现在降到了十万元以下，但对老百姓来说，还是难以负担，富二代官二代们却能轻松拥有。所以那些官商子弟，条件最好的当然是出国念洋校，但另一些哪怕平时从不用功读书，只要吃一颗苯苷特林，再临时抱佛脚看几天书，也可以通过本该公平的高考，轻松考上好的大学。加上庞大利益集团的阻挠，使得禁令变成了一纸空文。

但即使人人都用得起，也无非是恢复到了从前的局面，对谁都没有好处。当然，人家都用，如果你不用，最后的失败者只能是你自己。

我正胡思乱想，手机响了，是叶馨发来的微信，她柔柔地说："感觉怎么样？ 等到智力提升后注意复习，嘻嘻，我在未名湖等你哦。"

我心中暖暖的，她本来成绩很好，又吃了苯苷特林，考上北大估计没什么问题。我呢，其实成绩一般，家庭条件也不好，就是长得还算俊俏，而且是校篮球队的主力，让她看上了我这个华而不实的阳光少年。这次还给我带了一颗苯苷特林，这是她爸爸从国外带回来的，虽然没有国内那么贵得离谱，但也要近万美元。我打从心底不想接受叶馨的恩惠，我知道这会让我在她面前一辈子抬不起头来，但面对严峻的高考形势和不争气的成绩，我无法选择放弃。

我想，以后真的要一辈子对她好。

二

我回到家里，和老妈打了声招呼后，就进了房间，翻开了语文课本，想看看药的效果如何。先是背了一段古文："先帝创业未半而中道崩殂，越明年，政通人和，百废俱兴……不对，背错了！"看来这药生效还没那么快。

看了一会儿书，家里一直没有开饭，也不知道老爸上哪儿去了。我读得乏了，不知不觉中倒在床上沉沉睡去。不知过了多久，朦胧中我被人摇醒了，抬头一看，是老爸。

"爸，吃饭了么？"我含糊说，慢慢清醒过来，然后我看到老爸的左手捏着一颗黄色胶囊，右手端着一杯开水，愣了一下。

"爸，你这是……"

"这是那个苯什么的聪明药，"老爸热切地说，"我好不容易托人买的，你快吃了它，明天考试用得上。"

"爸，我们家怎么有钱买这个？"我大吃一惊，本来这药家里是根本买不起的，所以叶馨才设法帮我弄了一颗，可现在怎么老爸也买了？

"钱的事你别管，"老爸遮遮掩掩地说，"这是我们的事，你吃了药再说。"

"爸，你不会是去卖肾了吧？"我想起前不久的一桩社会新闻，惊呼出来。

"你想哪去了？"老爸说，经不住我追问，坦白实情，"就是刚把房子卖了，调了套小的，其实也没啥，等你上大学了，我和你妈也用不着这么大的房子，住个小的更舒服，这样你上大学的学费也解决了。"

我看着老爸斑白的鬓角，又看了看自己住了18年的，总共不到八十平方米的这套两居，心里一阵难受，忍不住抱怨："这么大的事，你怎么不跟我商量一下呢！"

"我已经和你妈商量过了，家里怕影响你学习……愣着干啥，还不快吃了！"老爸连声催促着。

"爸，其实这药……我已经吃了……"我吞吞吐吐告诉他事情的经过，我和叶馨的交往本来一直瞒着他，这下也不得不坦白了。老爸怔了半天，然后吼了起来，"难怪你高三成绩总是上不去，原来是在和女生谈恋爱！你说这都什么时候了，你还——"

"爸，先别说这个，这药你先退了吧，我们家房子也不用卖了。"

"这……我上哪儿退去？卖的人说了，不给退的。"

"但现在是高考前夕，有的是人买……"我打开电脑上网查了一下，苯苷特林是禁药，用一般的关键词都搜索不到，不过我最近关注这事，所以找到一个地下论坛，结果吓了一跳：今年黑市上不知道从什么渠道进了一大批苯苷特林，网上卖的价格相对低廉，最低五六万就可以买一颗。

"爸，你那个多少钱买的？"我扭头问老爸。

老爸脸色苍白地跌坐在床上："十……十二万……"

"怎么这么贵？你在哪买的？"

"一个朋友介绍的，那个人说……现在行情紧俏……"老爸脸色惨白，一下子就被人坑了好几万，一个一辈子省吃俭用的老实人怎么受得了这个打击？

老爸是农家子弟，当年考上了大学，可学费太高，实在凑不齐，最后放弃了。后来城市扩建，我们家被划归城区，才有了城里户口。他也没找到什么好工作，现在也就是在个小公司当仓库管理员，还是亲戚介绍的。当初没上成大学的事对他打击很大，他从小让我刻苦读书，考上好大学。所以，他才会卖了自己家的房子，就是为了一颗吃下去能让人短时间智力暴增的药丸。

"爸，你快去找那家伙，说不定还能把钱要回来！"我急着说。

"这个我有分寸，"老爸还在勉强维持着父亲的尊严，"你现在的任务就是高考，别的都不要管了。"

那颗老爸高价买回来的药最后还是没处理掉，只好先放着，反正保质期有好几年，或许以后还用得上。吃晚饭的时候，爸妈一直追问我有什么感觉，是不是一下子觉得开了窍，是不是觉得特别兴奋，是不是觉得想问题思路特别清晰等等，但我却没感到有什么特别，最多是头脑有些隐隐发热，但或许也只是心理作用。我心里开始七上八下：吃的不会是假药吧？

等到吃完饭，我回到房间，重拿起语文课本，还没有打开，蓦然间，一行行刚才怎么记也记不清楚的课文好像放电影一样在我脑海中浮现出来："先帝创业未半而中道崩殂，今天下三分，益州疲弊，此诚危急存亡之秋也。然侍卫之臣不懈于内，忠志之士忘身于外者，盖追先帝之殊遇，欲报之于陛下也……"

这些记忆如此鲜活而牢固，就好像我刚刚才背下来，又好像已经熟记了多年。并且不只是机械的文字记忆，背后的意义也活灵活现地呈现出来。我没有感到多"知道"了什么，就是一下子"理解"了，甚至第一次能够欣赏一向头疼的古文之美了。

我又惊又喜，换了段课文读下去……

我一夜没睡，第二天早上，一切准备妥当后在老妈泪眼汪汪的祝福中出门，被老爸护送到了考场外。因为要上班，老爸先走了，鼓励我好好考。虽然一晚上没睡觉，但我却觉得精神异常饱满，思维极其清晰，许多奇思妙想止不住地在脑子里盘旋，就像随时要喷涌而出似的。

但令我有点沮丧的是，等着考试的其他人看来也都精神抖擞，斗志昂扬，许多本来和我一样浑浑噩噩的傻男生们，现在的目光中都带上了几分聪慧灵秀之气。

显然，因为价格便宜了不少，考场上的大多数人都使用了苯苷特林，看这形势，如果去年是17%的话，今年说不定是71%了……

有人从背后拍了我一下，扭头一看，是我的死党阿牛，他看上去也神采奕奕，气质非凡。我们对视了一眼，不约而同地说："啊，你不会也——"

"靠！"阿牛抱怨说，"我也不想吃那玩意，我爸托人弄来，硬给我灌进肚子里去的，说现在不吃药，哪还能考上大学。你看那帮家伙，啧啧……平常每天吃喝玩乐泡马子，现在一个个都像是洋博士，要是没吃药，铁定被他们干翻了。"他指着不远处几个花里花哨的纨绔子弟说。

"现在我们至少和他们一样了吧？"

"一样？你以为呢？"阿牛阴阳怪气地说，"你没听说么？现在国外又推出苯苷特林Ⅱ型了，比我们吃的效果好多了。"

我一怔："Ⅱ型？不是说还在试验阶段吗？"

"试验个屁，反正我跟你说，那些有钱的已经搞到了一批，听说那种药巨好，效力增加一倍，能够提高智商差不多五十点！听清楚了吧，是五十点！而且药效过后的副作用也小得多。"

"这……我真是一点也不知道。"我喃喃说。

"我也是才听说的，这事只有他们圈子里才清楚……哎，你的那个谁来了，你问她吧。"

我转过头，眼前一亮。叶馨穿着一条淡雅的紫花百褶连衣裙，背着小书包，穿过走廊，袅袅而行。我头脑中顿时蹦出两句古诗："竦轻躯以鹤立，若将飞而未翔。"是昨晚刚看的《洛神赋》，又发现她身上的各部位比例，几乎都符合黄金分割点，所以才那样动人，这我之前从没想过。

昨天晚上，我只花了两个小时就串完了所有的语文课文和参考书，思维之敏捷、思路之畅通令我自己都觉得不可思议。看完之后毫无睡意，只觉得头脑越来越兴奋，运转的速度越来越快。于是又翻了一本古诗词，一本《中国通史》，还有一本《数学解题思路》。我翻书的速度飞快，一两个小刚就可以看完一本书。并且每次并非只是看完了就算，几乎每读完一本书，相关的词汇、语言、内容就会在我脑海中释放出内在的意义，重新排列组合，直到被消化后牢记。现在那些新获得的知识在我脑中翻涌着，压都压不下去。

叶馨看到找，眼角含笑，跑过来问："林勇，昨天复习怎么样？"

"非常好，"我兴奋地点点头，"一晚上比以前看几个月都有效。"

"我就说嘛，这药非常灵的！你一定能考出一个好成绩的。"

"对了，"我问她，"我听说现在出了个苯苷特林Ⅱ，那是什么？"

叶馨想了想："哎，好像确实有，不过刚问世，药效还不够稳定，所以我爸没给我买。"

"可是听说比我们吃的作用能提高一倍呢！"

"不会吧，那不都成超人了，哎呀，快考试了，我要去那边考场，我们考完了见！就在这个花坛边上。"

三

时间到了，我们进了考场，坐在各自的座位上，叶馨不在这个考场，而是在楼下。我忽然觉得心里空荡荡的，以前班上每次模考，她都坐在我前面，单是那纤细动人的背影就能让我心神宁定。这回前面换成了一个肥嘟嘟的胖小子，感觉全没了。我不觉有点紧张起来。又宽慰自己，不会有事的，我现在可是最佳状态。

试卷终于发下来了。我赶紧看了前面的选择题，倒是老一套，无非是辨认错别字和考查发音，感觉比以前模考难一些，但对已经熟练掌握相关知识的我来说，完全不成问题，我迅速勾选了正确答案，一路做下去。

但头几道选择题完了以后，难度陡然提高起来。一道道以前从未见过的难题怪题一个个拦在我面前，有出来一堆佶屈聱牙的成语的，有考某个甲骨文到小篆和楷书的演变的，还有拿出一段平平无奇的话，问是哪个诺贝尔奖作家写的，已经明目张胆跳出了考纲的范围，我勉强支撑着一道道答下来，心里却越来越慌，隐隐有一种不妙的感觉。

到了文言文阅读部分，我彻底傻了眼：

盘庚迁于殷，民不适有居，率吁众戚出，矢言曰："我王来，即爰宅于兹，重我民，无尽刘。不能胥匡以生，卜稽，曰其如台？先王有服，恪谨天命，兹犹不常宁；不常厥邑，于今五邦。今不承于古，罔知天之断命，矧曰其克从先王之烈？若颠木之有由蘖，天其永我命于兹新邑，绍复先王之大业，底绥四方。"

说是出自《尚书·盘庚》，大部分字倒还认识，可愣是不知道什么意思。偏偏下面的阅读题还占了十好几分。我胡乱猜测，勉强答了两道，再也做不下去，干脆直接翻到最后看作文。作文题是画了一扇门，门上挂了一把雨伞，下面蹲了条狗，让我根据这张莫名其妙的图写一篇记叙文或议论文。我看得脑子里一片空白，身上冷汗涔涔，努力让自己想着思路，但心里却有一个声音诅咒一般地响起：完了，这回完了！

我毕竟变聪明了一点儿，很快明白，这张试卷是为了对付日渐泛滥的苯苷特林而专门出的，因为往届有太多的"临时高才生"可以拿到接近满分的高分，导致试题没有区分度。近年考试确实难度也在加大，但我却万万没有想到，今年的考题竟然可以把难度拔高到这种程度！这么说来，即使吃了苯苷特林，或许也只有及格的分了。

我不自觉地向左右边望去，两个家伙在那里奋笔如飞，已经开始写作文了，我看来是天堑的题目，对他们来说却好像是康庄大道。其中一个是我们班的公子哥儿，以前考试经常不及格，现在却嘴角带着得意的微笑，下笔唰唰如有神。

他一定吃了苯苷特林Ⅱ，我想，一定远超过我。明知道这个猜想现在只能徒增烦恼，却不自禁地一再去想：完了，他们都用了Ⅱ型的药物，只有我吃的是旧的Ⅰ型，他们答题都易如反掌，只有我根本想不出来，这回死定了……

怎么办？怎么办？时间一分一秒地过去，不能再耽搁了，我硬着头皮写下了作文，却不知道自己在写些什么，一支笔似乎在纸上做着布朗运动，画出一堆毫无意义的、甚至称不上是汉字的线条和符号……

不知过了多久，终考的铃声响起，监考老师威严地说："全都放下笔！"我的笔无力地掉在地下，身子瘫软在椅子上，只觉得手脚冰凉。

我不知怎么走出的考场，脑子里一直嗡嗡作响。耳中隐约听到其他人的高谈阔论："哎，那作文你怎么写的？我觉得蛮难的，只写了一篇小小说，差点来不及写完。那个人是杀人犯，杀完人之后弃尸荒野，借雨水冲去所有痕迹，但没想到被害人的狗一直悄悄跟着他，守在他门口，结果警察顺着狗在泥地里的脚印找来……"

"真有你的！我可想不出什么好故事，最后写了篇议论文：'我想到的是人性，特别是中国人的人性……'"

"还是你立意深刻……"

两人说笑着走远了。我只感到如堕冰窟。虽说他们写的未必好，但我写的甚至不可能拿到及格分，因为我卷子上不仅涂改得乱七八糟，而且根本没有写完，为了赶时间，最后几行字潦草到估计草圣张旭都认不出来，被扣掉一半分是起码的，更不用说文言文阅读那块基本是空白。

当然别人也有考得不好的。抱怨的，哭诉的，和我一样垂头丧气的，但那些人也不能让我感到多少安慰。无论怎么说，我还是处于最下游，和这些失败者并列。

这是我根本没有想到的结局，自从服了苯苷特林，我以为自己能够稳操胜券，却想不到道高一尺，魔高一丈，自己竟会输得这么惨……

我心里乱七八糟的不知道在想什么，连有人在背后喊我都没意识到。

"林勇，林勇！"一只小手拍到了我肩膀上。

我回头一看，是叶馨，她刚气喘吁吁地追上来，娇嗔着说："我一直叫你呢，怎么不回头？不是说好在花坛见的么？"

我动了几下嘴唇，说不出话，就听叶馨继续兴高采烈地说："是不是考好了就什么都忘了？这次考试真够难的，是不是？不过不这样，那些平时基础差的人也涮不下去，还真以为光靠一颗药丸就可以包打天下了呀？不过有几道题确实很难，比如那文言文阅读，我可能翻错了几个地方——你怎么了？"她终于发现我的不对。

我面色惨白，颤抖着嘴唇说："我……我作文没写完，前面也有好多……好多答不出来的，我考砸了……"话音中都带着哭腔。

"怎么会这样？你不是吃了苯苷特林么？"

"我怎么知道？今年的卷子也太变态了，这还是吃了药的，如果没吃药的话，我连五十分都拿不到。唉，要是吃了苯苷特林Ⅱ说不定就不一样了！"

叶馨不说话了，我也没心情理她，想到校门外面，老爸老妈或许还等着我，更不想出去。两个人就这样仁在那里，一动不动，任熙熙攘攘的人流从身边穿过。过了好一会儿，我看了一眼叶馨，却看到她脸颊上已经泪光点点。

"哎，你怎么哭了？明明是我考不好啊。"我顿时手忙脚乱。

"对不起，林勇……"叶馨哽咽着说，"我没想到会是这样……早知道我怎么也会给你买一颗苯苷特林Ⅱ的……"

一阵深深的羞愧涌上我心头，叶馨帮了我那么大的忙，考砸了是我自己没用，关她什么事？"别傻了，是我自己的问题。其实……其实也不一定太差了，只是感觉不好……至少，我还有机会。对，下午考数学，我肯定会考好的。你信我！"

叶馨"嗯"了一声，也不顾大庭广众之下，紧紧抱住了我。在这个非常时刻，我们带着恐惧，带着期冀，带着更多的激情，在校园的林荫道上破天荒地长吻着，是第一次，也是最后一次。

四

"今年数学其实不太难，最后几题可以试试拉格朗日中值定理，定积分只要运用无穷限广义积分和狭义积分就可以求。至于数列方面，简单！只要熟练掌握级数收敛的一般求法加泰勒公式……"

当我拖着沉重的步子，从数学考场走出来的时候，正听到一个眼镜男生高谈阔论，旁边有人附和，有人反对，甚是热闹，但我却已无心再加入争论。我麻木地从他们身边走过，只想找个地方大哭一场，却又哭不出来。

下午的考试几乎是上午的重演，几道相对容易的送分题一过，便是满眼的难题怪题，拿来做国际奥数竞赛的卷子也绰绰有余，我最后好几道题都不得不空着，想蒙都没法蒙。数学平常还是我的强项，但眼下估计分数也不过勉强能及格。这样下去，重点大学是铁定没戏了，连普通本科都够呛。

我刚下楼，就看到叶馨在花坛前左顾右盼，似乎正在找我，我忙一闪身躲在几个人后面，然后悄悄溜走。刚找了个角落躲起来，怀里手机就响了，是叶馨打来的，我又关掉了手机：这个时候，我怎么还有脸见她？见了她又能怎么说呢？

还有父母那边，中午我好不容易才搪塞过去，可是下午又考砸了，我怎么跟他们交代？全家人的希望都在我身上，希望我来个鲤鱼跳龙门，可是我却那么不争气，注定要庸庸碌碌一辈子下去。

不，不是我的错。这一切都是苯苷特林造成的，本来按照我本来的成绩，上个还可以的大学是没问题的，如果没有苯苷特林的话。成绩高低本来是由天资和努力程度决定的，但这种逆天的药物一问世，却打破了正常的秩序，本来随着苯苷特林的普及，富人的优势已经逐渐缩小，谁知道又来了个更强大的Ⅱ型。最后还是那些有钱有势的人，可以轻松考上理想的大学，而我们这些穷人，连大学都没法上……

我颓然摇了摇头。别胡思乱想了，现在最重要的还是解决问题。可是怎么解决？我那服用过苯苷特林的大脑虽然考试不怎么给力，此刻倒是异常清晰活跃：

头两科都考砸了，顶多及格上下，这是无法改变的事实。这令我较预计至少损失了五十到七十分，如果想要挽回局面，就只能在以后两门中找回来，即英语和文科综合卷。要挽回这些分数，我需要达到的成绩必须不可思议地高，接近满分。这个目标可能达到么？

按照目前的趋势来说，可能几乎是零。既然语文和数学的难度都拔高到了极点，没有理由期待英语和文综会简单很多。再说，其他人一样经过智力提升，甚至比我提升的幅度还要大，如果我能轻松考到满分，他们也能。我仍然无法扳回颓势。只有在考试难度仍然很高的情况下，我考到较高的分数才有意义。但这如何可能？

头脑立刻给出了几种铤而走险的方案，比如事先弄到考题，找人代考，又如设法作弊之类。但稍一想就知道不靠谱，拿作弊来说，对无线电波的电磁屏蔽不用说了，而且每个考场都有十部左右摄像头监视，看到的一切画面会传到中央电脑中进行数据分析，考生稍有异常动作，监考老师未必会发觉，但电脑很快会发现异样，如果达到警报的阈限会即时通知考场。我们考前就培训过，考试时绝对不能东张西望，哪怕旁边没有人，电脑程序可是死的，不会管你那么多。

当然据说一些高手也能修改电脑程序，让它将某些位置的考生标识为"监考"，从而对他们的各种小动作不予理会。据说这个也可以用钱买，当然价格就高到天上去了……

至于其他的法子更不靠谱，就算有人能做到，这些我临时也没法安排。

已没有办法，毫无办法。

不，在我心底却有一个声音冒出头说：从逻辑上，至少还有一个办法。一个非常简单的办法：

提升我自己的智力，再提升至少二三十个点数。

但这怎么可能？除非我服用了苯苷特林Ⅱ。

不，不是苯苷特林Ⅱ，是苯苷特林Ⅰ，这种药我至少还有一颗：昨天父亲带回来的那颗药。连吃两颗苯苷特林Ⅰ，智力会再冲高一点，道理是很明显的。

但是连服两颗苯苷特林Ⅰ会有什么后果？！一颗副作用就那么大了，何况两颗？我可能会终身痴呆！说不定还会变成植物人，绝不能冒这个险。

但也不一定，或许不过是致痴率提高一倍：从万分之一提升到万分之二，就算提高一百倍也不过是百分之一而已，冒百分之一的风险，去赢得一生的未来，这个险绝对值得冒！

我从后门溜出学校，在街头找了家网吧，上网查询"连服用两颗苯苷特林会怎样"。令我意外的是，网上同样的问题居然很多，看来不少人和我情况类似，有的是前两年的，更多的是这两天刚出来的。这令我感到了一丝宽慰，毕竟在高考这修罗场上折戟沉沙的绝不止我一个。

答案不少，但莫衷一是。有人说他的亲戚吃下去后变成了白痴，也有人说会令人当场发疯，拿刀砍人，或者使得脑中某种神经递质畸变，导致抑郁症即时发作，从考场跳楼自杀。说得要多可怕有多可怕。

不过也有好消息，好几个人言之凿凿地说，连吃两颗后智力会暴增到不可思议的程度，可以一晚上学会一门外语，或是三天写完一篇博士论文，至于高考，更是毛毛雨了。有人爆料说，去年某省的状元，就是连吃了两颗灵药才蟾宫折桂。副作用无非是多头昏脑涨几天，那些耸人听闻的说法都是药厂的免责条款，真正发生严重问题的可能微乎其微。

我想到这些说法可能不过是药贩子的广告，用来倾销自己卖不掉的苯苷特林(有几个答复下面甚至有药贩的联系方式)，但仍然很受鼓舞，而那些不利的说法，我却当成了夸张渲染的小道消息，从头脑中过滤掉。我知道自己是在自欺欺人，却不得不如此。我无法面对接下来必然的失败。再服用一颗苯苷特林，虽然有危险，但多少还是一个希望。

但是要快，药生效还需要时间，再晚的话，什么都来不及了……

我下了决心，匆匆赶回家里，顾不上回答父母的询问，找出了父亲花十二万元买的那颗苯苷特林，当着他们的面，一口吞了下去。

五

我向老爸老妈解释了一切。他们哀叹连连，却也无计可施。我顾不上和他们多说，就进了自己的房间，一边读书，一边等着药效起作用。中间也不无担心，万一这药是假的怎么办？万一是被人骗了，我这么一口下去，那真是死无对证。

不过担心是多余的。十点钟，头脑中的风暴如期而至……

晚上十二点，我问父亲要来了一个开书店的堂叔电话，响了半天才有人接，一口的不耐烦："这么晚了，谁呀？"

"三叔，是我，林勇。"

"小勇啊，"三叔的怒气转为诧异，"你这几天不是高考吗？怎么这么晚打电话给我？"

"三叔，不好意思打扰你了，有件急事要请你帮忙。"

一小时后，我站在了三叔家开的"百草园"书店门口，三叔已经等在那里了，为我开了门。

"小勇，你就在这里看书吧，"三叔睡眼惺忪地打了个哈欠，"看到早上都行，只是别耽误了考试，叔先回去睡了。"

"真是太谢谢你了，三叔。"

三叔要出门，又回头问："你说的那药真那么灵么？吃了不想睡觉，只想看书？"

"是，我现在脑子里根本静不下来，就像一台疯转的机器，非得找点原料来加工，不然就会转坏了。"我一边说，一边已经在书架上找书了。

"这么灵？唉，我们家小石头不爱看书，成天就知道瞎玩，要给他吃一颗就好了。"

"别，"我苦笑着说，"千万别，这药得万不得已才能用，石头等高考的时候再说吧。"

三叔出了门，我从英文书架上拿下一本书，叫*Gone with the Wind*，中译名就是大名鼎鼎的《飘》，不知道是写什么的，总之是外研社出的英语文学名著，我翻开就看了起来。

服下第二颗苯苷特林和服下第一颗感觉完全不同，第一颗只不过让我觉得自己耳聪目明，头脑灵敏，但仍然只是普通的聪明人，而第二颗却让我仿佛冲过了一个关卡，整个人似乎进入了一个新的境界。虽然知识并没有新增多少，但是看待事物的角度却已经不同，我仿佛在一个新的维度中俯视着原来的一切。一篇冗长聱牙的英语阅读理解，十个词里有三四个不认识，我没服药之前基本看不懂，服下第一颗药丸后能借助已经懂的部分，基本掌握大意，但现在重看，其内在结构却完全显现出来，我看清了作者的各种潜台词及深层逻辑，理解了大部分词的意思，甚至发现了两个隐匿的推理错误。而这时，我的英语词汇量本身还并无增加。

而这一切总共花了我二十秒钟时间。

我开始体验到双倍苯苷特林的妙处，也终于理解，为什么那些服下苯苷特林Ⅱ的人对一些明显超出自己知识范围的考题也能游刃有余。因为表面上新知识的背后，起作用的仍然是智力。像文中一个不认识的单词，以前以为不查字典就不可能知道意思，但现在通过语境也能猜出大致意义，而且相关的文字越长，推测出的意思也就越精确。这些意义相互印证，彼此巩固，一晚上掌握一门外语，并无夸大。

明天要考英语，我就打算把英语好好提高一下，可惜我家里的阅读材料实在有限，教辅书籍外的藏书不超过五十本，大部分还是些生活百科和地摊读物。我想上网找资料，但是英文网站大都打不开，并且和前些年不同，现在许多外文书籍由于贯彻了严格的版权保护也没法在网上免费阅读。最后我实在受不了，外面书店和图书馆都关门了，于是想到了找堂叔帮忙，他开着一间不大不小的书店，里面卖的英语书倒是不少。

我打开了那本《飘》，稍微熟悉一下之后，那些长长短短的英语单词就不再是以个为单位，也不是以行为单位，而是整页整页地扑入我眼帘，倾倒出自己的意义。首先凸显出来的是整体段落的主题，然后是句子的语法结构，最后才是个别单词，而在总体语境的清晰下，那些生词早已不再构成障碍。

我一页页迅速翻着，每一页都有照相式的记忆。花了一小时时间读完了这本八百页的《飘》，没有查一个生词，但当我放下书后，大时代乱离下郝思嘉和白瑞德的爱情悲剧已经深深印入我脑海，连同成千上万个新词汇。我仿佛感到大脑中的神经突触如同吸饱了养料的藤蔓，疯长着纠缠在一起，形成全新知识和审美体系的基础，令我心摇神驰，无法呼吸。

可惜这一切无法稳固，这些新形成的突触结构将在几天后坏死，一切新获得的知识之花都会随之凋谢。

放下《飘》后，我又将手伸向了另一本厚厚的《编码宝典》，这是一本技术性很强的科幻小说，我花大半小时读完了它。有了之前刚学到的大量生词打底，读这本书的速度也翻了一倍。

然后是花了二十分钟看完了《麦田里的守望者》。

然后……

三个小时后，我已经读完了七本英文小说，两部莎士比亚戏剧，一本雪莱诗集，一部牛津的《英国文学简史》，虽然这在浩如烟海的英语文学里不算多，但举一可以反三，我对于每本书内容的理解吸收都胜过常人的十倍。到最后，我可以说自己的英文阅读和写作能力，不下于任何英语专业的大学毕业生，而对英语深层结构和意蕴的理解，或许犹有过之。这让我重新鼓起了信心，无论英文高考是考莎士比亚还是海明威，对我都是如履平地。

但知识并未因此满足，我如饥似渴地想找到更多读物，汲取更多的知识，我刚翻开一本英文版的*The Federalist Papers*，看了一下前言，这是汉密尔顿等人关于美国制宪发表的论战文集，对美国社会和政治思想有着深远影响。我随手翻了两页，觉得挺有意思，正想看下去，忽然手机响了，提示接到了一个语音微信，来自叶馨：

"林勇，你应该没睡吧？今天我联系了你好多次，怎么一直没有回复？我真的很担心你，都偷偷哭了好几回了，回我一下好吗？有什么问题，我都会陪你面对的。"

我大感歉疚，自从下午考完后，这些事还没跟叶馨说过，她发了好些微信我也都没回。我放下手头的书，回了她一句话："我没事，你早点休息吧，明天见。"

一分钟后接到了叶馨的回复："我刚才跟你家打电话，说你半夜出去了。你究竟在哪儿？"

我不得不说实话："我睡不着，在堂叔家的书店里补充知识。"

"告诉我地址，我马上来。"

半小时后，叶馨从一辆出租车上下来，站在了我面前。司机好奇地望了我们几眼，开车走了。叶馨嚷着："你究竟怎么回事啊！半夜跑到这里来了……你怎么了？发烧了么？"

"我怎么了？"我倒是有些好奇。

叶馨摸了摸我的额头："你脸颊上好红，额头也特别烫，好像发烧一样。"

"正常的。"我说，"大脑活动太剧烈，我现在拼命就想看书。"

"你家里说，你吃了两颗苯苷特林？"

"……我没别的法子了。"我不得不把事情简略地告诉她。

"可是万一有什么事情……"叶馨开始泪眼汪汪。

"没事的,至少我现在感觉很棒。"我说,"你别担心了,先回去休息吧。"

"回去什么,"叶馨噘着嘴说,"我是偷偷跑出来的,我陪你在这里吧。"

"你陪我?"我心中一跳,我和叶馨还从来没有这么晚单独待在一起过。

"嗯,"叶馨脸也红了,便转移了话题,"对了,我还带了好多吃的:丹麦曲奇、日本梅饼,还有法式小面包……"

我们坐在一起,我又抽了一本英文的《荆棘鸟》翻着,叶馨好奇地看着我一页页不间断地翻着书,问:"这么快,你记得住吗?"

"记得住,"我说,"我看完后还可以讲给你听。"

叶馨也尝试着看了几页,但很快就放下了:"虽然能勉强看懂,但看着还是太吃力,你现在智力有多高啊?"

"我不知道,反正花了一小时左右硬看下去,这些英文书就都能看了,我现在觉得就是给我本法文书我都能看明白。"

叶馨却露出了担忧的神色:"这种效果的神奇……已经远远超过苯苷特林Ⅱ了,我担心副作用也会特别大,你可要小心。"

我也不能不有一些担忧,却不肯露出来:"没事的,我有预感,明天我会考得非常非常好。"

就这样,我们在那家小书店里一起读书到天明。我想我永远也不会忘记那一夜,多少希望,多少憧憬,多少忧虑,多少哀愁。我们就这样依偎在一起,沉浸在知识的海洋中,忘记了周围的一切,任时间将我们带向那不可测的未来。

只是当时,我们还不知道未来将会变得何等诡异迷离。

六

天亮了,我的智力仍在攀升中,头脑中似乎有一场愈演愈烈的大风暴。

我合上厚厚的《资治通鉴》最后一册,伸了个懒腰,叶馨吐了吐舌头:"又看完了?"

"古文还真是难懂,看了我大半个小时,"我揉了揉太阳穴说,"不过没办法,还得为明天的文科综合考试做准备。"

"看来你对明天也是信心十足啦?"

"嗯,我想基本没问题了吧,如果——"我想说"如果到时候我还没死",

但没说下去，叶馨也没继续问，只是说："那就好。"

她又叹气说："其实我昨天发挥也不好，要是也吃两颗苯苷特林就好了。"

"你发挥应该正常吧，保持状态就行，我是没有办法。"

"可是你现在真是很厉害啊，变成学习超人了。"叶馨赞叹不已，目光中流露出浓浓的爱恋，不知怎么，我忽然感到有些厌倦。

"这些都是虚的，几天之后就忘光了……现在六点多了吧，我们去外面吃点东西。"

"你刚吃了那么多东西，这么快又饿了？"叶馨讶异地问。

"是啊，我想是大脑消耗的能量太多。"

我们到外面狼吞虎咽了一番，我吃了一笼包子，一笼烧卖，一碗豆腐脑和两根油条。叶馨只喝了一杯豆浆，笑眯眯地看着我吃。

"变成超人的感觉怎么样？"她问我。

"饥饿。"我说，但很快看出她误解了，"不是肉体上的饥饿，是知识上的，知道得越多，就想知道得更多，可惜能让我知道得太少了。"

我无法向叶馨描述这种感觉。昨晚我看完了两百多本书，到后来几乎是一分钟一本。当然很多书我也无须通览，我拥有了一眼就看出一本书价值的洞察力。只要看看封面，再看看前言和目录，就知道一本书是否有以及有多少价值。那些精装大部头，标有"经典""学术"字样的大著，从前我看上一眼都觉得望而生畏，可现在一眼看去，就知道其中有多少是翻来覆去的老生常谈，或者生安白造的牵强附会。

当我读完这数百本书后，已经隐约可以窥见人类文化发展的轨迹，极少的天才人士为文化带来真正的生机和转变，若干杰出之人通过解释他们的思想，略有增补发展，将文化的种子播向四面八方，其他人不过是毫无意义的应声虫，但恰是这些庸碌之人组成了人类大众，也构成出版物的主体。但他们的书完全是浪费纸张油墨。如果将人类出版物的99%都付诸一炬，对真正的文化来说毫无损失。

如果全人类都是由天才之士组成，那世界将变得何等不同！我们将看到何等伟大的成就，何等迅猛的进步！

不，我又想，这种看法太极端了。从我目前的智力状态来说，诚然如此。但不久之后，我又要复归一个平常之人，芸芸众生之一。到时候我未必分得出李白的诗比李鬼的好在哪里。天！这种感觉令我不寒而栗。就好像告诉一个正常人，不久后他的智商会变得像白痴一样，让他如何能忍受？

比起这些，高考又算什么？就算考到了全国第一又算什么？我还有那么多书没有读，那么多知识没有掌握，只要能停留在这个状态，我愿意付出一切代价！

我霍然起身，叶馨一惊："你去哪儿？"

"我要去研究生理学和药理学，"我握紧了拳说，"一定能有什么办法，让我现在的智力状态稳定下来，这样的话，人的智力可以稳步提升一大截，再也不会走很多弯路，比起这个来，高考什么的根本微不足道！"

"又不是没人研究，世界上那么多研究所都在攻关这个课题，可是多少年都没有结果。你能做什么呢？"

"我和他们不一样，"我说，"我现在理解和掌握事物的能力……说了你也不明白。我一定要在几天之内搞明白，我不能再回到原点，我不甘心。"

说着我就往外走，叶馨在我背后叫了起来："林勇，你疯了？就算你有250的智商，哪个实验室会凭几句话就让你去做实验？别的不说，苯苷特林的合成方法还是绝密的商业资料，你看一眼就能看出来么？"

我顿时省悟，叶馨虽然现在智力比我差一大截，可是旁观者清，说得不错。这种事光靠智商没用，必须要有高级的实验设备和原材料。而哪个实验室也不可能接纳我这个莫名其妙的高中生的。如果时间稍长我还可以想点办法，但现在药效不过是几天而已。

"我是怎么了？"我喃喃自语，"怎么有这么古怪的想法，难道真是药效过头，让我发疯了？"

"时候不早了，我们还是去考试吧，"叶馨站在我面前，"一切等考完了再说，好不好？"

看着她温柔如水的眼波，我无奈地点了点头。

我和叶馨和家里通了电话后，就一起向学校走去，走在路上，看着来来往往的芸芸众生，大有成年人看着一群装腔作势的孩子之感。他们的衣着打扮、神色姿态，无不向我提示出更深层的个人信息。那个表面上衣冠楚楚的绅士，看得出穿的都是廉价货色，只是为了工作维持一个体面的形象，多半是一个推销员，目光的无精打采，提示出他对自己的工作很不满意，但是人到中年，又无力摆脱；那对在一起看上去很甜蜜的情侣，手里拿着一些楼盘的信息，显然是在看房，姑娘嘴角露出得意的笑容，而小伙子却颇有忧色，看来为了结婚，他要付出的代价非同一般,而他脸边隐约的吻痕和抓痕更提示出昨晚一番软硬兼施的交涉;那边,一辆豪华的宝马停下,一个学生装的女孩挽着慈祥的中年人走出来,像是一对融洽的父女,但他们十指交扣的姿态,眼神中的暧昧和嘴角的微笑,却提示给我他们真正的关系……

一切就这样呈现在我面前,并非侦探般抓住细微线索的或然推理,而是自然地展现出来,就好像看到一个孩子背着书包就知道他是个小学生一样自然。当然,这些也算不上什么高深的见解,但以往却从未如此清晰深刻地印入我脑海,我第一次真切地感到,这个社会表面的形态下,还有着无数丰富的脉络、节点、关系、法则,它们潜在地支配着身在社会中的一切人。

我看到了他们,看到了他们的过去和未来,看到了他们的希望和努力,挣扎和沉沦。但从今天的我看来,这一切都是病态的需求,背离了人的本性,本质上毫无价值,也没有得到幸福的希望。所有人的生活,都植根于这样一种习焉不察的自我折磨和彼此折磨之中。

甚至我和叶馨之间也是如此,我冷酷地想,我以前一直不知道叶馨为什么喜欢我这个只有篮球打得好的大个子,现在却恍然开悟。我们的性吸引力还是由几百万年以来狩猎采集时代的遗传所决定的。那个时代,一个年轻、健壮、善于打猎的小伙子,当然会受到女性的青睐,这是保护她和她的孩子,让他们平安成长的保障。这种规律一直支配着人类,直到当代社会,半大男生们还叛逆不驯,藐视和反抗成人世界的种种规范,并通过从打架斗殴到体育比赛的种种手段展现出自己的身体力量,而女生们则对此心醉不已。在部落时代,这些是年轻人取老首领而代之的必由之路,但今天早已毫无意义。

至于我喜欢叶馨,更不用说,因为她年轻、漂亮、白皙、活力四射。根本上是一种性的吸引力,而这又是因为男性的遗传策略:永远喜欢处于生育佳龄的女子,以便给自己留下尽可能多的后代。我和叶馨自以为一尘不染的爱情,也不过是由这些肤浅可笑,且早已过时的因素决定的。正常情况下,我们在上大学之后一两年就会分手。

真他妈索然无味。

我嘴角泛出嘲讽的冷笑,甩开了叶馨的手,在晨光中走向考场。

七

叶馨觉察出我的情绪有些不对,但她大概是认为是吃药的影响和临考的紧张,没有跟我计较,反而说了几句宽慰的话,我懒懒地没怎么理会。自从看世界的目光变了之后,对身边的人和事反而觉得陌生起来,仿佛一个成人置身于一群幼稚的孩童中般难以适应。

到了考场,要分手了,叶馨问我:"怎么样,现在有信心考好么?"

我不耐烦地说:"没问题,我现在直接去考英语专八都能过。"

"那就好……对了,你说我们一起填报北大好还是清华好?"

"等分出来再说吧。"

"……嗯,那好,我走了。"叶馨幽怨地看了我一眼,又停了一停,仿佛在期待什么,过了几秒钟才转身离去。我知道她身体语言的暗示,我应该抱一抱她的。可是我却没有。但又有什么关系?现在我已经开始对这段关系感到厌倦。

不是针对叶馨,甚至也不是关于爱情,爱情只是一种工具性的繁殖策略,是那些基因为了传递自身而愚弄我们的工具。厌倦是对这个社会本身,人生本身。对此我理解得越多,就越感到一切毫无意义。一个人得多么麻木,才能生活在这样的世界不感到荒诞呢? 就拿我们来说,把前途和命运寄托在一场考试甚至一颗药丸上,还有比这更可笑的事么?

而之后呢,上大学,找工作,结婚,生孩子……所谓步入正轨,其实不过是让人在这个社会中逐渐麻木,最后死去。然而千万年来,人们就是这么过来的,自以为对这个世界已经熟谙世故,其实只是生活在世界表层,对一切一无所知的寄生虫。

但我已经跳出了这个世界,我在一个新的维度之中,重新俯视芸芸众生,如侧身一群蠢笨的猪羊之中,明知其最终的命运不过是被屠宰,却无法阻止,甚至自己也被他们裹挟而去,我不自禁地感到深深绝望。可最多几天后,我新获得的知识和能力又会从大脑皮质上剥落,不久我又会和他们一样,还原为社会底层微不足道的一颗沙砾,而对自己的悲惨处境全无觉察。

我有种想要结束这一切的冲动,这很容易,只要从教学楼上往下一跳……反正接下来的烂摊子也不是我收拾。至于父母的悲痛,叶馨的伤心,老师同学的不解,他们又与我何干? 当我不存在之后,这些人也同蝼蚁无异。

我站在栏杆边上，第一次感到生命是如此毫无意趣。只要轻轻跨过，便可结束这个延续18年的无聊故事。我现在知道，那些说两颗苯苷特林会导致自杀的网帖并非妄言。人根深蒂固的价值取向来源于某些童年形成的特定神经元突触连接及对其他连接的抑制，构成了心理学上的"印刻"效应，而现在在我大脑中，抑制已经解除，新的结构正在疯狂地形成，旧有的连接却被淹没。一切都是可能的，然而一切也都毫无价值。

了解得越多，就越明白，人类对宇宙毫无意义。

就让这一切在这里结束吧……

"林勇！你愣在这儿干吗呢？"

有人在背后喊我，回头一看，是阿牛。

"怎么脸色不太好？"他问，"昨天没考好吧？我也是，想不到居然那么难……不过算了，顶多复读呗……呀，快考试了，再不去来不及了。"

阿牛的话把我拉回现实，我不能就这么放弃一切。至少目前这种宝贵的智力巅峰阶段不应该虚度，像神祇一样活着，几乎能够随心所欲地通晓一切，本身就是莫大的幸福，至于将来，我可能几天后就忘了这些事，继续开心地在这个粪坑里过屎壳郎的生活，又何必多想？

阿牛一定没想到，自己随口一句话就救了我的命。

而且也改写了之后的整个历史。

我走进考场，英语考卷发下来了，果然生词和陌生语法结构大为增加，如果是以前我或许会觉得艰深繁难，但此刻这些新增加的难度对我有如儿戏。我花了十分钟答完了所有的题目，又花了二十分钟写完了作文。构思是在脑海中瞬间完成的，时间只是因为需要用笔写出来。作文题叫作"*Repayment & Retaliation*"，也很有难度。但我写成了洋洋洒洒一千多单词的一篇散文，既有卡莱尔的雄辩，又有斯威夫特的俏皮，还有兰姆的清新。客观地说，在满分之上再加六十分，才能够得上这篇文章的水准。

虽然没人给我这个分，不过无论如何，也该得到满分，除非那阅卷老师看不懂，这不是没可能，我用了不少十七八世纪的典雅表述，只有英语文学的翘楚才能完全欣赏。

我搁下笔，开始百无聊赖地胡思乱想。我想到了哥德巴赫猜想，这个猜想是我初中读到的，当时挺有兴趣，"证明"了几天，但很快放弃了。此刻，我便开始在大脑中尝试证明。

半小时后，我承认自己失败了，这种深奥精微的数学证明需要许多极为繁复细密的专业技巧，但我却一点也没有学过。苯苷特林并非无所不能，至少还不能和人类几千年的知识积累相比，你不可能独立想出一切。不过我构思出了三种可能的证明途径，并凭直觉看出，其中有几个过渡步骤应该是正确的，可以将哥德巴赫猜想转换为几个较为容易证明的命题，这样可以大为降低证明的难度，我打算等考完试，就去找些数学著作来看，或许能攻克这个问题。

看了看表，一小时到了，这是可以交卷出场的最早时间，我当着所有人的面第一个交了卷，走出考场。我打算在明天的文科综合考之前，去市图书馆彻夜攻读，也许能解决一些重要的纯理论疑难，最好能再发明几个专利，这样可以保证我即使以后白痴一辈子，也衣食无忧，父母也可以得到应有的照顾。

我走下楼梯，正在深谋远虑将来的安排，忽然听到背后脚步，回头就看到一个淡紫色衣衫的俏丽身影奔下楼梯，向我跑来，甜美的笑容如同天使，长发在风中高高扬起。

是叶馨。

"阿勇！"她亭亭玉立地站在我面前，用银铃般的嗓音说，那声音曾令我无限迷醉，如今却毫无感觉。

"叶馨，你怎么——"

"我看到你从窗外经过，"叶馨说，眼睛中闪着奇异的光亮，"所以我就出来找你了。"

"你考完了？"我发现她表情奇怪，一霎间已经推测出了端倪，心猛然一沉。

叶馨仿佛没听到我说什么，白皙的手指在我面颊上轻轻滑过，痴痴地说："我好喜欢你。"

然后，她腿一软，倒在了我面前。纤弱的身体重重落在地上。但她没有昏倒，而是挥舞着手足，半睁着眼睛，喃喃自语着什么，仿佛是在梦呓。

这时候，两个监考老师在她身后冲了出来，将叶馨架起来就往一旁的医务室里奔。

"她怎么了？"我跟着他们走去，颤声问，其实心里已经知道了答案。

"她还没答完题就开始胡言乱语，然后站起来到处走动，忽然就冲出来了，我们劝都劝不住。"一个男老师说。

"估计是用了苯苷特林，"另一个女老师叹息一声，"终身致痴了，今早新闻说，昨天山东就有一个考生在考场上变成痴呆的，河南有两个，广东也有……想不到今天居然轮到我们这儿了。这么花骨朵一样的小姑娘，唉……"

"不是说只有万分之一的可能么？"男老师不解。

"废话，今年全国高考有七百八十万人，万分之一也有七百八十个呢……同学，你怎么了？"女老师诧异地看着我。

我不知道自己看上去是什么样子，但估计不敢恭维。我呆呆地站着，只觉得心中一片空白。

虽然没有看到医生的诊断，但我目测后已经确定了女老师的推测不假，叶馨是变痴呆了，这不会错。

这些日子我也查了一些苯苷特林的资料，一开始看得似懂非懂，智力激增之后理解又深了好几层。我现在知道，终身致痴的原理和一般人身上的副作用大相径庭。正常情况下用过苯苷特林后都会头脑昏沉几天，是因为临时形成的神经突触连接迅速萎缩后，产生的一种对脑细胞活动的抑制效应导致睡眠增加，问题不大。但在极少数人身上，却因为新的神经突触被免疫系统判断为异种入侵物质，而产生一种抗体，这种抗体不仅会吞噬新生的神经突触，而且会无差别地攻击多种神经递质，导致不可逆的反应，患者的大脑皮质最终将整个被"格式化"，几十年的经验和记忆会全部丢失。甚至会侵袭小脑，比如叶馨刚才摔倒，就是小脑受损的明显特征。

我救不了她，世界上没有人能救她。这个过程极为迅猛，至多只有几个小时，而且病情最初是从大脑深处的髓质部分蔓延，表面上看不出来，等到出现明显发病的症状已经来不及了。我的女友叶馨，将永远变成一个白痴。而几天前，她还信誓旦旦地跟我说，吃这种药没事的。

真他妈滑稽，滑稽得不可思议。

忽然，我耳中听到一个声音在哈哈大笑，又恍惚了片刻，才发现在笑的人是我自己。我笑得前仰后合，几乎眼泪都要笑出来了。

几个监考老师看着我，又相互看看，流露出古怪的目光，我看出他们的潜台词：这小子不会也变痴呆了吧？

我大笑着摆摆手："不，你们想错了，我没毛病，也许是因为考得太好了，哈哈，哈哈！"

"救护车叫来了！"一个穿白大褂的中年人匆匆跑来说，"只不过现在考试，进不了学校，就停在门口，我这里有副担架，咱们把她抬到校门口。"

众人手忙脚乱地把叶馨抬起来，放上担架，女老师看着我说："同学，别光站在那里，帮忙搭把手啊！"

"哈哈哈，没用的，"我狂笑着摇头，"你们救不了她，谁也救不了她，她再也恢复不了正常了，她完了，完了！"

"神经病！"女老师瞪了我一眼，几个人一起抬着叶馨出去了。

我笑了不知多久，直到旁边一个人都没有，笑声才渐渐止息。

我明白自己永远失去了叶馨，而我刚才还那样冷酷地对她！从今往后，在我蝼蚁一样的生活中，最后一点慰藉也消失了。

而最可怕的是，对此我竟然无动于衷。只有一片深深的麻木。

八

考试结束时间快到了，已经有其他考生交卷，说说笑笑，陆续出场。他们看到一个男生坐在那里发呆，面无表情，只会以为是考砸了，有谁能想到，背后还有那么多惊心动魄的内幕？

我不想碰到熟悉的老师、同学，站起身，拖着脚步，木然走出校门，许多家长正在那里翘首相盼，好在没有我父母。但估计也随时可能出现，我不想再见到他们，便关掉了手机。救护车刚开走，我听到许多人在议论"刚才被抬出来的那个漂亮女生"，唏嘘感叹一片，也无心多听。这种惋惜不过是一种为自己平庸低劣的生活增添些许安慰的心理净化，同情的背后，就是灾难没有落到自己头上的庆幸。

"同学！同学！"一个形容猥琐的小胡子男人出现在我面前，神秘兮兮地说："看你神不守舍的，在里面考得不太好吧？"

"别拐弯抹角，你要推销什么，明天的考题？"我很快判断出他的基本动机，冷冷问。

小胡子愣了一下，一番准备好的动听说辞用不上，不得不说实话："这个……考题我弄不到，不过有样好东西能帮到你。你看看那些考得好的，其实他们都吃了聪明药，也就是苯苷特林，你该知道吧？如果你想要的话，我这里有，便宜点给你，一颗八万。明天还有最后一门考试，说不定可以改变你的命运，机不可失！"

又是苯苷特林。我一眼看出这个药贩的困境所在：他大概不惜血本进了一批苯苷特林，谁知道今年供过于求，现在手上还有一批没有脱手。病急乱投医，所以虽然只剩下最后一场考试了，还是到考场门口来碰运气，看能不能忽悠到个把倒霉蛋。

"你手头有多少？"我问。

"只有三颗了，你有同学也要吗？如果都要我可以便宜点给你，一颗……七万吧。你放心，绝对是真的，都是从美国来的原装货。"

"我得先看看。"

"那不行，"小胡子警惕起来，"药我没带在身上，你先给我打钱，一手交钱，一手交货，才能……"

他说话的时候，眼睛不自禁地往上看，表情微不自然，我知道他在说谎，冷笑一声，转身就走，小胡子迅速软下来，拉住我，低声说："行行，到这边来看。"

小胡子把我拉到附近的一条死胡同里，背后闪出一个膀大腰圆的大个子青年，对小胡子点了点头，看来是他的同伙，警惕地把守着胡同口，防我抢了药就跑，他看着一切布置停当，才拿出一个印着洋文的乳白色瓶子。

我打开看了一眼，里面有一颗熟悉的半透明胶囊，我看出确是真货，问他说："另外两颗呢？"

"怎么，你都要么？"小胡子颇感狐疑。

"至少我得先比较一下，现在好多真伪掺杂的。"

"你放心，我卖的都是真货……"小胡子拍着胸脯保证，我摇头说，"那算了吧。"作势要走，他犹豫一下，终于掏出另外两个药瓶，每个瓶子只能装一颗胶囊，因为严禁一个人同时服食两颗以上，这种方式是明确的提醒。

我让他把药倒出来看看，药贩小心翼翼地一颗颗拿出来，捧在手心上，对我说："你不用担心，这些都是一样的，没一颗是假的，你要是都要，我可以再打个折扣，二十……十八万全给你。"

我微微一笑，左手忽然抬起，在他手背一拍，三颗胶囊震飞了起来，我右手一抄，已经全都抓在手里，和预想的一模一样。在他反应过来之前，三颗苯甘特林已进了我的肚子。

那两个人瞬间石化。药贩呆立了半晌，大叫起来："你……你疯了？3颗都吃了？你不想活了？"

"所谓活着无非是有机体自我维持的生化反应，延续下去又有什么意义？"我冷冷地说，"不过我想看看，一个人的智力究竟能达到多高的地步？

这应该很有趣吧？"

药贩气急败坏，扑上来想抓住我："你想找死是你的事，可是你还没给钱呢？钱呢！"

我微微斜身，让他从我身边冲过，又在他背上轻轻一推，力道恰到好处，令他重心不稳，摔了个狗啃屎。他的同伙从背后冲过来，但我听到了他的步伐，敏捷地转身避开，又一拳打在那大个子的肚子上，让他痛得弯下了腰。然后我跃上旁边的一个垃圾桶，在墙头一按，身子跃起，就翻到了墙的另一边。

苯苷特林增加的，不只是大脑的智力水平，也包括小脑和周身神经的反应速度。现在我全身的反应灵敏和身体控制力，可以和世界一流的武术家或杂技演员相比。对付这两个动作迟钝的呆瓜，不费吹灰之力。

在那两个家伙翻过这堵墙之前，我已经飞檐走壁，越过了三四个院落和两条小巷，去得远了。

九

吞下五颗苯苷特林是什么样的感觉？能将一个人的智力推高到何种程度？我不知道，地球上大概没有人知道，因为没人会用这种奢侈的方式自杀。想死大有别的法子。当然之前在动物身上做过实验，一些动物服用过三颗以上的苯苷特林。但这些动物无不在两三天后永远停止大脑活动，变成只剩下呼吸心跳的"植物动物"，没有人知道在之前那段日子里，它们的智力曾提高到怎样的程度。有个别报告说某只猴子曾学会人的语言，甚至能写歪歪扭扭的字，只是写下的东西不知所云，不过实验无法重复，其他的猴子大都在怪叫一通后就倒下不动。

心灵的死亡迫在眉睫，我分秒必争，亦无怨无悔。如能登上智慧的群峰之巅，纵然下一秒便坠入深渊又有何妨？但峰巅又在哪里？

首先，我想到解决某个数学问题，但这个想法很快被我自己否决了。数学只是抽象的形式。即便解答了哥德巴赫猜想之类的疑难，世界的本质仍然在迷雾之中，甚至数学本身是什么也晦暗不明。

当然，更不用说各种科学问题，我深深明白，基础物理，宇宙学，分子生物学这些前沿学科必须建立在观察和实验所获取的坚实实证资料之上，而我却没有时间也没有资源去获得这些。单凭空想或许可以创造一个宇宙，但不是我们的宇宙。其他实证科学也是一样。

文学又如何？现在，我可以写出相当哀婉华美的诗篇和流畅动人的散文，如果有充分的时间，甚至可以写出一部精彩纷呈的长篇小说。但我仔细估量，发现自己还不能——至少是没有把握——超过历史上那些伟大的天才，似乎艺术天分并不完全依赖于智力，而仰仗于某种更原始、更古老的构想能力，某种意义上荷马、杜甫和莎士比亚这些伟大作家已经达到了艺术的完美，在这些方面后人尽管可以发展出更精密巧妙的文学技法，但在最基本的方面难以再取得显著进步。

我走过一排哲学书架，我对哲学了解不多，全部知识来自于高中的政治课本。据说这是探索世界本质和规律的一门学科，是一切科学的王冠。这倒是引起了我的兴趣，我在书架上取下一本厚厚的黑格尔的《哲学全书》第一卷，花了五秒钟读完了头一章，然后便扔到一边。几乎每一页我都能找到三个以上的推理错误，个别出彩的论断被淹没在大量随意而散漫的浮夸联想中。

但我也无须去读其他的哲学著作。在匆匆一瞥间，我不仅看到了这本书本身的问题百出，也看到了哲学本身面对的是不可能的任务。没有任何方法能证明世界是精神的还是物质的，或者世界是否真实存在，一切尝试证明的推理都需要借助某种未经证明的前提，而任何一个彼此对立的论述都是自洽而无矛盾的——同时也是无意义的。

然而如果哲学不可能被最终证明，那么一切科学都不可能被最终证明，这是简单却无法挑剔的逻辑。一切的基础之下，就是毫无基础的虚无。

我开始感到一种更深层次上的绝望。千变万化的经验世界仍然有一种根本的限制，无论你有何等的智力，怎么去思考，都无法打破某个固定的界限，绝对不可逾越。如果对这个世界真有上帝式的全知，那该何等可怕而无聊！能知道的都已经知道，不能知道的永远知道不了。

那么究竟什么是值得思考的根本问题，可以让我思考下去，并且可以真正找到一个答案的？看上去，并不存在这样的问题。简单的问题不需要多少思考，而深刻的都找不到答案。

我一边想着，一边仍然手不释卷地阅读着。我没有在阅览用桌前坐下，而是直接在书架前站着，凭直觉选择，飞快地抽出一本本书，每本花几秒钟看看前面，然后决定是否读下去。大部分没有继续读的价值，但如果要读的话，就一页页狂翻着，大部分只需略读，值得细读的寥寥无几，花三四分钟——对我来说已经是非常长的时间——细读完一本书后，某个学科的基本原理和方向就了然于心。

两小时以后，偌大的图书开架阅览室被我逛完了，事实上我只看了不到千分之一的书，但其中至少90%的精华都已经被我吸收，这种效率胜过无数皓首穷经的老学究。然而在这里我还是找不到想要的答案。

我走进了图书基藏库，它在图书馆的大楼中占据了三层，拥有二百万本以上的藏书。这里是不允许普通读者进入的。但我也无须借助什么欺骗的狡计，只是轻松地判断出管理员的视野盲点，找到了一个转瞬即逝的目光死角，在两个图书管理员目光交错之际，一闪身窜了进去。而管理员丝毫没有看到我的动作。虽然有摄像头，但我肯定根本不会有人盯着看。

书库的内部幽深而肃穆，空气中散发着有些霉变的书卷气息。一排排书架在下午黯淡的光线中静静地伫立着，将无数已经死去的思想埋葬在自己体内，如同某个古墓地上一眼望不到头的墓碑。这里的绝大部分书籍，无人阅读，无人想念，也无人知道。

这里的大部分藏书，事实上也是过时的废话和胡扯，只是一排排腐朽的古人骸骨，甚至还不如外面的有生气些。我一层层看下来，在书库底层的最深处，我在一排外文图书前停了下来，看到某个熟悉的书脊，认出是昨晚翻过几页的那本英文版《联邦党人文集》，昨天被叶馨打断了，没有看完。

哦，叶馨，叶馨，我喃喃念了几声这个名字，虽然相别才几个小时，却仿佛比眼前的那些书籍还要古老，古老得已不可能在我心中掀起一点点波澜。

不过，我今天或许可以读完这本书，如果值得一读的话。

我把这本书抽出来，发现它其实是20年前人民大学出的一套"剑桥政治思想史原著系列"中的一本，是影印国外的政治学名著，包括《利维坦》《政府论两篇》《论法的精神》……本来的书号标签已经撕去，这些可能从来没有人读过的英文书上落满了厚厚的灰尘。

我翻开那本书《联邦党人文集》，埋头读了起来。这是关于美国建国原则的政论集，我刚才读过几本美国史的著作，但是这本书让我真正把握了美利坚合众国建国时的精神氛围：在那个时代，传统和习俗的影响已经逝去，现在一切都是可能的，一个崭新的国家，有史以来将第一次建立在理性的基础上。

这本书明晰透彻，富于思想的活力，可以看出，推动它的是一种理性健康的精神，一切都公开透明，可以讨论，从事实到结论，起作用的是逻辑而非修辞的力量。当然，在深层论证上，它仍然矛盾重重，依赖于某些不可靠的前提，并在一些关键推论上模糊不清，不难窥见时代的困窘。但这本书令我发生了兴趣，人类群体关系究竟有多少可塑性？人的生活意义究竟何在？

我又翻开了下一本书：《利维坦》，并花五分钟读完了它，在我已经是极为少见的细致。这本书比上一本基础得多。书中集中论述的是一个相当有趣的社会理论：最初在自然状态中，人人相互为战，但这种状态因为人类对彼此的恐惧而终结，从此人们签订契约，出让自己的自然权利以换取和平，以建立国家。这本书在很多方面当然都有明显的瑕疵，譬如历史中当然从来不存在作者所描述的状态，但不失基本的洞察力：人类社会得以成立的基础性前提是人性中对暴力的恐惧。

我又读了主张社会契约论的一系列作者，譬如洛克和卢梭，虽然其主张往往大相径庭，但可以看出他们的基本洞见不在于在历史意义上考察社会的起源问题，而在于从基本人性出发，希望建立一个最为符合人性的理想社会。在其中代表个人的自然权利和代表集体的公共意志能够融合无间，使人类能够踏上通向永恒幸福的大道。

我忽然想到，这正是我所寻找的那个问题：对于人性来说最理想的社会是什么？乌托邦是否可能？这个问题足够复杂，足够深刻，但又有一个确定的答案，至少不像"宇宙本质"之类那样虚无缥缈，无法验证。人性，虽然就个人来说千变万化，差异明显，但是作为人类群体，在统计上必然趋于某个稳定的值。人性的各种需求，从饮食男女到自我实现，统计上也必然会有明确的先后排序关系，譬如，霍布斯把摆脱死亡恐惧作为第一需求，无疑是正确的。这样必然能够找到一种稳定的社会制度关系，使得它能够最大限度地满足人的需求。

不，单纯这几点还不够。那些几世纪前的思想家们还忽略了一点，这一切还涉及资源的问题，特别是人类获取资源的能力变化。显然在资源极少和资源丰富的情况下，资源分配模式也应该不同……这就必须考虑到历史的维度，这一制度不仅应该最大限度地满足当时的人类需求，而且应该最有利于向下一个社会形态嬗变，这就使得问题进一步复杂化了……

但这是一个真正值得思考的问题，并且一定会有一个确定的解。我将我的全部精神投入到这一方面，一本本书读下去，从政治学到社会学，再到经济学和心理学，大脑疯狂地旋转着，忘记了周围的一切。

+

问题艰巨之极，在某种意义上比哥德巴赫猜想更深奥，比三体问题更无解，涉及的变量太多，彼此又相互纠缠作用，变成一团解不开的乱麻。

从逻辑上来说，任何一组特定的人性组合都应该有一个独一无二的制度解，这个解相当不稳定，并且极其条件敏感，人性的常量上稍有变化，都会导致原来的解不再适用。但政治制度当然不可能凭借随机的，每一代都微有变化的人性条件而随时兴废。而如果稍微偏离本来的基础，就会酿成一场社会灾难。因此，我不得不放弃寻求最优解的努力，而转而思考，是否能找到一个不坏的基本框架，能在最广泛意义上容纳这些不同的人性可能，让它能够在各种不利条件下仍然良好运行。

很快，我找到了整整一打的制度解，其中只有三种在地球上出现过，另外四种有些思想家曾经在想象中描绘过，还有五种大概从来没有任何人类想到过，而这十二种制度都可以保证人类基本上获得和平、稳定与繁荣。

然而这些还不够。事实上，我对于其中任何一种都不满意，没有一种能够实现我希望实现的完美乌托邦。它似乎根本就不可能出现在这个世界上。人性自身的多疑、善变、自相矛盾和朝三暮四就阻碍了理想王国的出现。

除非……

难道……

我隐隐意识到了一个问题，在我的思想中有一个盲点，但那个盲点是什么呢？让我没办法看清楚某个最关键的地方，某个隐匿的真正条件。纵然以我的超级智力也不行，就像哥德尔发现任何一个形式系统中都有无法证明的命题一样，看来任何一个人的头脑中都会有某个盲点。

这个隐匿的关键何在？也许要把整个体系推翻了重来。我走到窗边，凝视着下面车水马龙和穿行的人流，默默思索。让我们回到霍布斯吧，我想。任何社会都建立在人与人之间的某些默契上，这样的默契有很多，但最根本的只有几种，其中最重要的，是人对他人可能伤害自己的恐惧，出于这种恐惧，他们才会彼此协作，建立社会……

如此一来，整个社会都建立在一个根本上有问题的基础上，一个没有恐惧，仅仅出于对美好前景的共同追求而进行自愿协作的社会可能吗？那首先要去掉恐惧的基础，这种恐惧从何而来，它真的是不可避免的本性吗？还是——那句话说——

恐惧源于无知。

头脑中如被电光划过，我终于发现了盲点所在，那被深深隐藏在社会生活背后的盲点。我奇怪以自己的智力怎么会一开始没有想到。

恐惧源于无知！

这世界将何去何从？

大量我刚刚读过的书籍中的历史和现实浮现出来，被无数日常生活经验的例子所充实和印证，它们分门别类，按照历史和逻辑的顺序勾连起来，形成非线性的复杂因果网络，一波波运动，一次次革命，构成地质运动般的板块冲突，生长点和断裂带看似杂乱无章，但在超人智力的洞察下，一切都有迹可循，潜伏着严密的规则。在变化的历史处境中，某些最初的偶然条件被放大和固化，各种因素反复分化组合，几次反复之后，最后形成不可摧的刚性结构，并延伸向不远的未来。

然后是潜在结构的涌现，冲突和断裂，很快，一切消失在黑暗中。这就是结局吗？人类最终将和自己最美好的未来失之交臂，并且永远也不可能再回到原状？

不，不会是这样的，或许有什么办法改变，可方法在哪里？究竟在哪里——

蓦然，似乎有一千个炸雷在我脑海中响起，一切坚固的知识都不复存在，世界崩溃解体，化为数据的洪流，沉入无边的混沌，其中也包括我自己。

我知道，是那三颗苯苷特林的药效发作了。我无法再思考，也无法再找到答案。

以后的事，我记不太清楚了，只有一堆似是而非的片段。我的智力无法进一步提升，相反却淹没在亿万无关紧要的细节之中。我比以前更加疯狂地翻着一本本书，从一堆细节跳到另一堆细节，但是再也无法找到一个整体，也无法得出任何结论，我甚至不知道自己在干什么。仿佛我已经疯了，又没有疯，还算清醒的那部分我困在自己的疯狂意识里。

不知什么时候，图书馆关门了，没有人发现我，门被锁上了，我也无法出去，我拍打着门，无人理睬。夜幕降临，我一个人留在黑暗中，和那些异化的知识和思维碎片搏斗着，战栗着，呻吟着，头疼欲裂。我跳动的思维仿佛变成了一个巨大的漩涡，而我被卷入自己的思维中，无法逃脱。

在亿万意识的碎片中，偶尔也有之前生活的片段：童年和父母一起去游乐园的快乐，考上这所重点高中的欣悦，第一次见到叶馨时的心跳，和她在一起那种醉人的甜蜜……我竭力抓住这一点点过去的碎片，试图找回自我，以此保持最后残留的一点清明。

可是我终归失败，那些记忆的片段一一消失，我昏了过去，却并非全然丧失意识，在"我"已经不存在的意识里，思维的漩涡仍在旋转着。

在昏迷中，我做了一个梦，梦见自己在一个清晨，再次走向学校，坐在了高考的考场上。问题简单得可笑，一切问题都有确定的答案，有的不在选项里，无所谓，我可以自己补充进去，我行笔如飞，每一笔都雷霆万钧，仿佛是上帝本人在撰写《创世纪》。我不是在考试，是在创造，在发散，在催生一个新的世界，又好像在写完全不知所云的东西。

高考结束了，我走出考场，身边都是同学的欢呼，许多人在撕书，撒向天空，碎纸如同雪花般纷纷落下。我茫然站在纸片的飞雪中，直到看到阿牛站在我面前："阿勇，你怎么了？跟你说话都听不见？"

这不是梦，我终于清醒过来，这是现实世界，我真的考完了高考。可是我怎么会在这里？昨晚究竟发生了什么？

我还没有明白过来，就看到老爸远远地跑来，气喘吁吁地问我："儿子，你考得怎么样？昨天你上哪儿去了？我和你妈都快急疯了。你怎么了？怎么脸色这么难看？"

"我没事，"我听到自己嘶哑的嗓子说，"爸，我终于考完了。"

然而这已经是最后的回光返照，下一秒钟，我就瘫倒在地上，我看到阿牛和老爸的脑袋出现在天空的背景下，焦急地对我喊着什么，我想回答，却已经张不开嘴。渐渐地，我看到他们的身影越来越模糊，最后一切都沉入无差别的黑暗中。

我的最后一个念头是："我会死吗？"

随即，我便落入真正的黑暗，落入再也不用去思考的、无梦的沉睡之中。

十一

我在一个浅绿色的房间中醒来，一切痛楚都消失了，但是意识却还很含混。朦胧中，我看到一个似曾相识的窈窕身影站在我床边。

"叶馨……是你么？"我昏昏沉沉地说。那身影从模糊变为清晰，我才发现面前是一个未曾见过的女郎，看上去是西方人，一头金发，肌肤如雪，容貌美得毫无瑕疵，穿着某种浅蓝色的制服，像是护士的打扮，看上去年纪不大，目光中充满了自信的神采。

"林勇先生，你醒了？"女郎用纯正的汉语盈盈问，声音柔美得如同夜莺。

"我……我在哪里？医院？"我问。

"算是吧，"女郎说，"你睡了很长时间。"

我的大脑艰难地转动着，试图回忆之前的事情，但头脑运转却比老牛拉破车还慢，再也找不到之前思维飞驰、精神翱翔的感觉。我发现自己对于直到图书馆那一夜之前主要的事件还有相对完整的记忆，但那个晚上及第二天的事已经完全记不清楚，只有残缺的碎片。我尝试着回忆之前汲取的海量知识，但绝大多数都想不起来，只有一点恍惚的印象，只是表面上还在那里，只要认真去回忆就消失了，宛如一碰就破碎的肥皂泡。

超人的能力已经丧失殆尽，我再次变成了一个普通人。

但我还活着，有正常人的思维，至少目前看上去是这样。

"我昏迷了多久？"我问，看着周围略感诡异的场景，心中颇有不祥的预感，"几个月？1年？10年？还是——"我忽然想到，自己现在是否已经变成了一个中年人甚至老人？我抬起自己的手臂，看到臂上仍然皮肤光洁，肌肉饱满，并不像已经过去很多年的样子。也许我是胡思乱想，也许不过是几天之后。

但是女郎的表情严肃起来："你要有心理准备，林勇先生，事情可能和你想的完全不同。"

"你先告诉我，现在是什么时候？"我问。

女郎叹息着，说出了一串日期："今天是2177年6月9日，自从2027年6月9日上午十一点半你昏倒之后，已经过去了整整150年。"

我呆了片刻，随即笑了起来："这算什么？某种玩笑？"

女郎没有回答，向我走来，将一只雪白的手按在了我的胸口。"你干什么？"我有些紧张地问。

"别紧张，"女郎狡黠地一笑，"我为你做个全身检查。"

然后我看到了不可思议的一幕：女郎的整只手没入了我的胸口，只露出手腕。我大叫一声，惊恐地向后退去，但女郎的手也随之延长，一直留在我体内，并上下搅动着。

"你……你……"我惊骇极了，结结巴巴地说，但很快发现，自己的胸口不痛不痒，事实上根本没有任何感觉。

女郎缩回了手，做了一个表示OK的手势："恭喜，你很健康，看来纳米修复疗法非常成功。"

"你是怎么做到的？"我还惊魂未定。

女郎微笑着眨了眨眼睛，身体上泛起了一圈波纹，她就像水面上的倒影一样波动着，渐渐变得半透明，仿佛是一个虚影："我告诉过你，我们已经在未来，这个时代我们的技术你暂时还无法理解。"

过了许久，我有气无力地张口："这么说，现在真的是……2177年？"

女郎郑重地点了点头。

"那你是什么？"我问，"是人还是……机器人？或者这里的你只是个幻象？"

"我是人，"女郎清晰地说，"同时也是纳米机械体，我不是幻象，有实体的存在，却能够分化为亿万细微的纳米机器，进入任何坚硬的物质结构，也能够变得透明或改变形态，这座房间也是一样，事实上，在人和机械之间已经不存在界限。"

"发生了什么？"我干涩地问，"为什么我会在150年之后？"

"你还记得2027年你最后一次考试吗？"

"嗯……"我仔细回忆着，"不过只有一点模糊的印象……好像做梦一样。"

"那不是梦，你真的去考试了，考完之后出来就昏倒了，从此昏迷不醒，还上了新闻。"女郎的手指向墙壁，墙壁如同变成了荧屏，出现了一幅幅新闻图片和视频，我看到了悲恸欲绝的父母，摇头叹息的老师，还有昏睡不醒的……我自己。

"这么说我真的睡了150年？"我摸着自己的脸颊，惊异地问，"150年后你们复活了我？可是我不明白，为什么我看上去一点也不老？我被冬眠了么？"

"没有，只是很简单的细胞再生技术……这个以后再说。我想问你，关于最后那场考试，你还记得什么？"

我摇摇头："几乎什么也不记得了，那时候我吃了太多的苯苷特林，意识完全混乱了，估计就是胡言乱语吧……这很重要么？"

"是的，那场考试对今后的历史发展极为重要。"女郎说，随着她的话语，荧屏上出现了几张考卷的照片，我认出了自己的笔迹，纸上密密麻麻都是字，但不明白自己写的是什么。

女郎看到了我迷惑的目光，解释说："你的文科综合考试原始试卷已经遗失，只剩下几张不甚清晰的照片，但这些照片改变了人类历史。现在，它们是我们历史上最重要的文献之一。

"你的这次考试得了十八分，除了几道纯属偶然的选择题外，几乎所有题都答错了，按照标准答案拿不到任何分。但却给所有阅卷者留下了深刻印象。特别是最后一道论述题，你竟然加了八张纸，写了九千多字，但写下来的几乎完全是乱码，每一个字词都能读出来，但没有任何意义，比如第一句话是'圣子疯狂的经济被石头了的七十一死去已经'，显然只是疯子的呓语。"

我仔细回想，也想不起来自己是怎么写的，只能苦笑："记不清了，当时我大概真的精神失常了吧。"

"本来这张考卷也许会直接被扔进垃圾堆的，但是页边拯救了它。"

"页边？"

女郎点点头，虚拟荧屏上出现了若干答题纸的照片，果然，在密密麻麻的正文边上，是一组与之全然不相称的数字和数学符号，每一页都有。

"这是……"

"这是一个数学证明，一个相当简单的证明。"

"可我怎么一个字也看不懂？"

"其实你看得懂的，这是一个初等数论的证明，总共有七十七步，虽然比一般中学所学的数学证明繁复一些，但是……你看结论就知道是什么了。"

我看向最后一行字，那里写的是：

"……因此，当 $n > 2$ 时，对于任何自然数，都不可能找到一组解，使得 $a^n + b^n = c^n$，QED。"

"这是……"我忽然明白过来，"这不会是费马大定理的证明吧？"

"正是，而且应该就是费马没有写在书边缘上的那个证明。"

我不由倒抽一口冷气，费马大定理的故事我自然知道。当初费马提出了这个猜想，自称找到了一个"绝妙的证明"，但是因为书上"空白太小"而没有写下来。此后人们一直在寻找这个所谓的绝妙证明，但从未成功过。虽然在上个世纪末，一个美国数学家最后证明了它，但却是费尽了力气，用了许多高级的数学发现，证明写了一大本书，可谈不上十分绝妙。

"人们长期以来都以为，这样的绝妙证明根本不存在，是费马臆想出来的。但你却天才地找到了一种另辟蹊径的证明方式，并向全世界展示出来，证明费马并没有说谎，的确可以用初等代数的方式证明费马大定理。"

我被她说得好奇得想看看自己究竟是怎么证明的，不过想想还是搞清楚目前的状况更重要："等等，当时我写下这个证明干什么？"

女郎有点怜悯地说："这你都想不明白么？"

我模糊地想到了什么，却又觉得似是而非，头脑中意识乱糟糟的，听女郎说："这个证明即使常人也看得懂，很快就被监考的教师发现，纷纷传阅，还有好事者拍下你的考卷，放在网上，引起了巨大的轰动，所以你很快就誉满全球，虽然你还是植物人的状态。不过国家奖励了你父母几百万元，足够他们安心生活一辈子了。

"我父母……他们……"

女郎并没有回答，而是又绕回原来的话题："人们对你当然也越来越感兴趣，很容易调查出你吃了整整五颗苯苷特林的事，对你的超级天才也感到极其钦佩。人们想，这个页边上的证明逻辑严密，思路清晰，既然如此，正文那九千多字怎么可能只是乱写的呢？所以，就有有识之士意识到，那篇看上去只是胡言乱语的文字，或许只是某种加密的文字，中间很可能隐藏了某些重要的信息，是一个天才头脑——不，应该说是整个地球生命体系四十多亿年来所产生的最卓越智能的结晶！许多人都尝试破译，但是却一直没有人能够破译出来，这篇文字一度变得比伏尼契手稿还要出名。

"一般的人类没有能够解开这个谜。但你的成功也鼓励了对智力提升药物的研究，在20年后，一种最新的智力提升药品苯苷特林Ⅵ问世了，它能够稳定地将人的智力提高一个层次，并固定下来。经过它提升的一些读者经过苦心钻研，终于发现了你的文章的加密方法，你用表面的修辞掩盖你真正的预言，同时也提供了解读的线索。你巧妙地用一些怪异的表述和错别字，提示出某些句意的颠覆，某些上下文的衔接的错位，某些错误推断背后的真意……这些是常人无法读出来的，即使告诉他，他也会觉得是牵强附会。但在经过高阶的智力提升之后，再看这些文字，就好像从三维图中看到隐匿图像一样清楚明显。"

十二

"那么我的预言是什么？"我越来越好奇了，那一夜，我究竟发现了什么？

"你看到了这个世界的真正暗流涌动，很快会浮出水面。一个旷古未有的转折点即将到来。随着智力提升技术的最终成熟，提升的智力将会稳定下来，使得一部分大脑结构特异者永久性地获得过去只有最伟大的天才才能享有的高阶智力。几十亿年来，宇宙对地球生物最悭吝的资源——智力，终于将对人类的一部分成员近乎无限地开放。他们将成为超人类。

"但这并非天使的号角，最初反而是魔鬼的诅咒。在21世纪下半叶，由于第一批超人类的出现，整个世界都将面临异常的混乱。在几十年内，由于经济差异和个人体质问题，一部分人智力将会得到提升，另一部分人没有，智力提升者内部也不是铁板一块，有些人可以提升到极高的智力，有些人不过比正常人略高，高阶的智力提升者看待初阶的同类，不下于人类看待猿猴，甚至他们自己也将形成不同的立场和派系，这一切将会在世界上引起史无前例的仇恨、疯狂和恐慌。

"最大的可能是，为了维护世界稳定，成为超人类的高阶智力提升者在足够壮大之前，就被以立法的形式加以限制和消除，比如永久禁止一切类苯苷特林药物的使用。其他的可能包括全球核战争，种族大屠杀，或者个别超人类对全人类进行专制统治和扼杀同类等等，人类几乎无法走出这个瓶颈。

"但几十年前的你计算出了这一切，并在最后几千字中用隐语阐明了新的社会生活原理，你指出，以往人类社会的根本前提是人性稳定不变，但在苯苷特林等药物问世后，这一前提已不复存在。人类自古以来的全部政治智慧都已不再适用，超人类必须创造属于自己的完美社会。而你指出了这个新世界的建立方式。"

"恐惧源于无知……"我想起了最后那句话，喃喃道，"原来这句话的意思是，只要有超人的智能，就能够摆脱恐惧，实现真正的协作。"

我依稀明白过来。当时自己的盲点就在于看不清人性的基础即将发生巨大的变化，当人的智力提高到一个全新境界的时候，一切基于旧人性的社会体系都不可能再存在了。

"那新世界是什么样子的呢？"

"其中较为深奥的部分，现在你自己也无法理解。简单说吧，新制度是严格按照智力区分的等级制度，不同智力阶层之间不相互侵害，但是却拥有不同的政治权限。原来的人类和低阶的智力提升者无权进行统治，而必须绝对服从高阶者的命令，如同儿童要服从大人。虽然这些人本身可能是成人，而高阶者可能反而是他们的儿童。"

"这未免太……专制了。"

"如今你自己也这么认为，不是么？旧人类根本不可能接受这样公然违反人类基本价值观的社会制度，因此你知道自己必须保持隐秘，只能让超人类们获知这一点。你知道自己的高考考卷由于特异必然会广泛传播，因此精心设计，不仅让它在之前发挥了重大的影响，而且在其中埋下了思想密码，等待着几十年后才会出现的同类解开。

"按照今天的分类，你服下第一颗苯苷特林的时候，还只是聪明的普通人类，智商大约是150~160，服下两颗后，智商提升到200左右，也仅仅是刚刚跨过超人类的门槛，属于Ⅰ型超人类，但最后三颗苯苷特林起作用后的十二个小时之内，你的智力相当于超人类Ⅲ型，已经无法用旧人类的智商指数测量。而在几十年后，出现的也只不过是Ⅰ型和Ⅱ型。你的蓝图对他们也是意义匪浅的。如果没有你，必然会发生一场可能毁灭世界的混乱。

"超人类们破解了你留下的秘密之后，彼此联合起来，心照不宣，秘密地按照你的路线前进着，虽然不无波折和坎坷，甚至几度险些被清洗，但他们韬光养晦，形成了秘密团体，凭借智力的绝对优势逐渐把握了世界的政治经济命脉，当旧世界发现他们的力量之时已经太迟了，超人类已经过于强大，非旧人类可以梦想。经过一场短暂的全球革命，全球各大政府被颠覆了，超人类的权威统治建立起来。这一事件被称为奇点革命。那是一百多年前的2071年的事了。

"此后100年，人类的发展不仅超过以往的一万年，也超过了旧人类在另一种未来可能的一万年。超人类的社会制度无限解放了人类的创造力，我们从真空中取得无尽的能源，让全人类得以摆脱劳动的苦役；我们转变了自身的存在形态，让人和纳米机械完美融合，进一步将智能提升到无与伦比的程度；我们还通过人造时空虫洞打开星际之门，驰骋于宇宙，成为亿万星辰的主人。你想看看我们的世界么？"

"你们改造了整个地球？"

女郎不置可否，舞动手指，做了一个仿佛是"打开"的手势。周围的墙壁渐渐变得透明，然后消失，我发现自己面对着一座缤纷奇异的城市，珊瑚一样巨大而精致的建筑从发光的海洋下生长出来，伸向天空，如同一座水上森林，甚至在缓慢地摇曳着，在"珊瑚枝"之间，花朵一样的奇妙结构四处飘飞。我无法用语言形容这座城市的恢宏壮丽。我们就在某片不大的花瓣上，悬浮在海洋和天空之间。

我出神地看了很久，才又抬头望去，头顶上是繁星点点的星空。但不是我熟悉的星空。星光璀璨了百倍以上，在天心，横亘着一个气势磅礴的银白色巨蛹，向两边延伸出亮丽的光带，直垂天际的地平线。

"这是……"我瞠目结舌。这不可能是地球上的景象，难道是某种虚拟的数字效果？

"这不是虚拟，"女郎像看透了我的心思，"我们在仙女座星系的中心区域，我们看到的是它的核球部分，不过这不是一颗行星，而是一个直径三百万公里的人造环形世界，这是目前泛宇宙人类文明的中心。我们距离仙女座星系的中心一万光年，距离银河系和地球二百一十九万光年。"

"不可能……"我失声惊呼，"才一百多年，人们怎么可能到……到仙女座星系？怎么可能那么快？！"

"快慢依赖于度量标准，对我们来说，过去的时代才是慢得像蜗牛的步伐。在奇点革命之后，在超人类的社会中，一切都在飞速进化，无数之前只是科幻概念的超级技术都在几年甚至几天之内出现了，现在每一秒钟都有上亿个超人类从各星球的复制中心诞生，每秒都有十个以上的行星和卫星被殖民，每秒都会诞生好几个过去千百年才能产生一个的重大发现发明，并在几小时里在全超人类的范围内普及。人类的足迹已经踏足一亿光年内的每一个星系，甚至已经启程去探索已知宇宙的边缘。"

我呆呆地望着这遥远而陌生星系的天心，半天说不出话。小时候，我曾经梦想过去月球和火星，长大后这种幼稚的梦想早已烟消云散。但今天，我却在两百万光年外的另一条银河。

"这一切都是你带来的，"女郎说，"虽然今天超人类的智识已经超越了你当初的巅峰状态，但是如果没有你的设计帮助我们渡过最初的瓶颈，也不可能有后来的一切。虽然超人类中不存在偶像崇拜，但你的历史功绩仍然受到超人类的敬重。"

"可是我是怎么到这里的？"

"自从你昏迷之后，就成了植物人，不过发现费马大定理简单证明所带来的名利给了你和你家人足够的生活和医疗所需。还有不少人积极筹款想把你唤醒，问清楚那段乱码背后的秘密，但从来没有成功过。对于你的病症，世界上最顶尖的医生也无能为力。你的神经元突触连接已经全部被破坏，没有任何意识可言。但是人们让你活了下来，50年代超人类兴起后，也秘密接管了你的肉体，将你妥善地保护起来。

"在2077年的奇点革命后，你被超人类视为我们这一种族的先知，地位更胜从前。随着超人类创造力的几何级数的爆发，新的技术开始越来越快地出现。我们首先让你肉体上实现了永生，然后让你已经是一个老人的躯体年轻化。许多即使在超人类中也是最杰出的头脑为了研究让你复生的方法殚精竭虑。终于，在30年前，这种技术问世了。它能够根据被严重破坏的脑结构残痕算出本来的突触连接，进行再造，从而恢复你的记忆和意识。原理虽简单，但计算量大得惊人，如果用你昏迷之前的最先进技术，要制造地球那么大的超级计算机才可能在适当时间内算出结果，不过这对超人类来说，已经不成问题。

"然而在这里，人们发生了分歧。究竟复活哪一个你？我们可以去除后加的增生突触，复活本来的你，也可以复活那个智力上升到顶点的你。一部分人主张复活智力巅峰时期的你，这样你可以作为和我们平等的超人类加入我们。但另一部分人则主张复活常人的你，因为那才是真实的你自己，是后来历史真正的本原。两种意见相持不下，但是没有争执，我们只是决定搁置这些争议，让历史来决定。

"大约10年前，随着人类文明中心的转移，你随同地球上的无数文物资料一起被转移到仙女座星系内部。两小时前，经过最后的商议，人们最终决定复活本来的你，然后让你决定自己的未来，一切由你的选择决定。一小时前，你被复活。"

"我……有什么选择？"

"你已经被宇宙超人类最高理事会赋予了特殊荣誉公民的身份，你可以保持目前的状态，在全宇宙范围内游历，并受到人们的尊重和欢迎。但是让我提醒你，人的世界在150年后已经演变到了你根本无法理解的程度，你无法和任何一个最底层的超人类进行足够水平的交流，你不可能适应超人类的生活。"

"可是我们之间不是能交流么？"

女郎微笑了，带着怜悯的目光："某种意义上，人和他养的宠物也能交流。"

我不禁苦笑："看来我永远无法融入你们的社会，就像一只猴子无法融入人类社会。"

"恐怕是的。不过还有一种选择，就是再度进行永久的智力提升，变成那个给我们启迪的真正先知。那样你可以愉快地融入我们的世界，跟随我们一同进化，享有宇宙所能提供给智慧生命的最大幸福。"

"这么说，我有什么理由不去选择后者呢？简直太完美了。"

女郎凝望着远处的珊瑚形建筑，微微摇头："有一个很特殊的原因，这也就是一开始在超人类中的分歧之所在，你的大脑拓扑结构事实上不适合进行永久的智力提升，它的发展弹性是有限的。如果强行进行智力提升的话，在你天脑中会形成新的超级人格，但如今的你会沉入超级意识的底层，变成某种类似潜意识的状态。这也就是当年为什么你在最后阶段会丧失意识的缘故，事实上，当时的你大脑内形成了一个全新的超级人格，问题是，你只是其中一部分，你无法享有整体的自我意识，你不会感觉难受，但是会把自我意识让渡给新形成的超级人格，而你降格为其中一个运算单元。"

"你们不能解决这个问题？你们技术那么先进，不能让我——我现在的自己——变成超人类么？"

女郎摇头说："你没有明白问题在哪里。当然，我们甚至可以把一只蚂蚁的神经结改造成人类的大脑，但如何改造呢？也只能加入新的材料和结构，本质上我们只不过是新造了一个人类大脑，并把那只蚂蚁的神经结嵌进去。那个人并不是之前的蚂蚁。至于你，虽然不至于像蚂蚁那样近乎毫无智能，但问题是类似的，不可能通过技术方法解决。"

"也就是说，"我自嘲说，"一种选择是让我生活在一个我永远不可能理解的世界里，另一种选择是让我生活在我永远不可能理解的自己之中？真是完美的选项。"

"抱歉，我们别无他法。"

我苦笑一声："看来你们的力量也有限度，那么在这个时代还有像我一样的人吗？对了，我爸我妈——他们还在吗？"

女郎微微摇头："他们照看了你几十年，但在奇点革命之前就寿终正寝了，你父亲去世于2058年，你母亲是2063年。令人宽慰的是，他们在临终时都知道了我们会保证让你重生，所以走得很安详。"

老爸老妈已经死去一百多年了……我想哭，却哭不出来，醒来之后的各种震撼实在太大了，甚至压倒了悲伤。

"那么……"我的心忽然一跳，"对了，叶……叶馨呢？你知道她么？"

女郎面无表情，淡淡地说："知道。"

"她在哪里？你们也让她恢复意识了么？"我一颗心狂跳起来。也许很快，我就可以见到叶馨，我已经预感到，她正在什么地方等待着我……

女郎摇摇头："很抱歉，叶馨她……也已经去世了。事实上，你知道的旧人类都已经不在这个世界上。"

我栗然一惊："奇点革命只不过一百多年，你们又发明了超级技术，他们怎么会都死了？"

"请别误会，"女郎像是看到了我的心思，解释说，"这里没有战争或者种族灭绝，当然在奇点革命中一些旧人类顽抗，甚至试图动用核武器，超人类不得不进行反击……只不过死去了几千万人而已。奇点革命后，旧人类被集中在澳大利亚的保留地，我们用超级技术供养他们，给他们舒适的生活，只是不传给他们永生技术，如今他们的后裔还在地球上，但是你认识的那一代人都已经过世了。"

我惨然无语。

"如果你愿意，可以回到地球上，和他们生活在一起。"

"不，"我决然摇头，"我想我没法适应当被超人类豢养的宠物的生活，你们不如给我一台时间机器，让我回到过去。"

"没有也不可能有时间机器，因为这在物理学上不可能实现。不过或许有一个办法，能够达到相同的效果。"

"什么方法？"我又鼓起了希望。

"重造出那个2027年的世界。"

"这怎么可能？！"

"在这个世界，没有什么是不可能的。我们可以通过你的记忆和那个时代的丰富历史记录，通过超级计算机海量数据的计算精度，为你造一个虚拟实在的世界，在那个世界中，你将回到2027年，抹去部分的记忆，继续过你之前的生活，过几十年上百年都可以。你可以在许多年之后重返现实，也可以选择无限循环地过下去，甚至可以选择……像一个正常人那样死去，意识永远消失。"

我被这个念头诱惑了，犹豫了一会儿说："可那是逃避现实。"

"不，应该说，我们在为自己创造现实，无论是旧人类还是新人类都是一样。"

"我想知道，"我盯着她的眼睛问，"如果你是我会怎么选？"

"我么？我会选择最适合我本性的生活。"

"那什么是适合你本性的生活呢……叶馨？"

女郎并没有显露出太惊讶的神情，只是沉静地看着我，最后无奈地摇头一笑。她的眉眼忽然如在雾气中一样模糊，但片刻间，已经恢复了正常，却已完全变样。那张我魂牵梦萦的面容再次出现在我面前，只是目光已经变得完全不同，它曾经天真又炽热，如今却睿智而冰冷。

"想不到你还是认出了我。"叶馨说，她的声音也和旧日相似，温柔如水，却没有任何情感在里面。

"从一开始我就有一种微妙的熟悉感，你的脸虽然不是你自己的，却是你最喜欢的安格尔的《泉》上的少女，你的一些手势，还有你微笑时眨眼睛的样子……这是那种恋人间不可言传的熟悉。虽然我也无法完全确定，不过如果叶馨真的活着，那么要唤醒我，她应该是最好的人选。"

"你猜对了，即使在变成超人类之后，有些事还是无法改变，"叶馨轻叹着，"很抱歉，阿勇，我隐瞒你，只是不想增加你的困扰。是的，我是叶馨，那场悲剧后我们都沉睡了，但我的情况比你轻，我在奇点革命后不久醒来，接受了永久的智力提升。"

"但我也没有欺骗你，我已经是另一个人格，以往的叶馨确实已经不复存在，沉入我意识的基底。我还记得叶馨的一切，但是整体上已经超越了人类的阶段。变成超人类后，一切都不一样了，往昔的情爱已经无足轻重。超人类有全新的生活和情感，或许你无法理解。"

"我能理解。"我涩声说，"我也曾有过类似的感觉。"

"那就好，"叶馨说，一对明眸在仙女星系之心的照耀下闪闪发亮，"在我身上，也有一部分想要回到过去，回到和你在一起的日子呢。或许那就是我至今仍然保持一些过去小习惯的原因。我想，是到了该和过去的自己彻底分离的时候了。现在，我把她送给你。"

她把手再次放在我胸口，那只手慢慢融化，变成水银一样的流体，渗透进我的皮肤之下。我感到了一种久违的熟悉的温暖。那是真正叶馨的感觉……

"你的选择是什么？"她轻声问，随即微微点头，"不用说了，我都已经知道……你会如愿以偿的……"

她身体的其他部分渐渐消散在空气中，周围的奇异城市和星空保持了片刻，然后也烟消云散。

而我再度落入无意识的深渊，刚刚的记忆又在遗忘之海中沉没。

尾声

细雨空蒙，邈远无涯。丝丝雨线从阴霾的天空落下，在黄浦江上跳动着，泛起万千细碎的涟漪。十里洋滩在雨幕中变成无差别的灰蒙蒙一片，远处的东方明珠和金茂大厦顶部也笼罩在一片雨雾里，若隐若现。秋雨绵连，气温陡降，地上落满了破败的梧桐树叶，没有几个游人，只有空旷的河滨大道在雨中伸向远方。

我撑着一把黑伞，独自伫立在外滩，凝望着流动的黄浦江水，心中百感纷呈。

五个月前的高考，我铤而走险，多服了一颗苯苷特林，终于完成了预定的目标，在英语和文科综合考试中拿到了近满分的佳绩，弥补了语文和数学上的损失，虽然没有进北大、清华，总算也考上了上海的一所重点大学。但过量服用苯苷特林的副作用也大得可怕，我随后沉睡了三个月，志愿都是父母代填的。等我清醒过来的时候已经是九月多了，险些耽误了入学。

三个月的沉睡，我好像做了许多稀奇古怪的梦，比如似乎一次次参加高考，却在试卷上胡乱涂写，又好像飞檐走壁如同大侠，甚至似乎到过奇异的外星，遇到过一个有几分像叶馨的金发少女……但只剩下零星片段，似幻似真，无从寻觅。当我醒来，知道自己已经酣睡了三个月之后，惊得出了一身冷汗：我真担心自己永远睡去，再也醒不过来，那将让把我当成命根子的父母如何承受？

好在一切都过去了，我及时醒来，看到了梦寐以求的录取通知书。恢复了几天后就出院，由父母带着，背着大包小包来到上海读书。我的同学也大都考上了不错的高校，就连阿牛都上了本市的二本。

但是还有一个人，一个我无法忘记的人，她却——

背后传来轻盈的脚步声，我忙回头，看到一把红伞下，一个窈窕的熟悉倩影向我走来。

"叶馨……"我喃喃念着这个甜蜜而凄楚的名字，女孩走到我面前，和我对面而立。几个月不见，她瘦了一圈，却显得更加清丽。

昨天，当我在宿舍里接到她的电话，告诉我她来了上海，约我今天见面的时候，我还不敢相信自己的耳朵。但今天，看到那个我爱的女孩亭亭玉立地站在我面前，我忽然鼻子酸了，想要哭上一场。

叶馨的眼眶也红了，她擦了擦眼角："阿勇，阿勇。"她呢喃着。

我们走向对方，在伞下轻轻地拥抱，亲吻，感受彼此的呼吸和心跳。

"你真的没事了？"过了一会儿，我问道，昨天电话里我们已经说了一些近况，但没来得及详谈，"我醒过来以后，一直联系不到你，听同学说，你爸妈带你去美国治病了。我打了好多个电话，也打听不到你的消息。我快急死了，生怕你……"我把最后几个字咽进肚子。

"是啊，美国那边发明了一种新疗法，可以刺激脑细胞的轴突重建……我治了三个多月，总算没事了，回家以后才知道你的消息。可惜你又开学来上海报到了。"

"没事就好，对了，你怎么到上海来了？"

"我当时昏倒了，最后一门文综不是没考么，"叶馨叹了口气，"上大学是没戏了，我爸说，也不用复读了，干脆让我出国，去多伦多念书，这两天到上海的领事馆来办签证手续，事情一大堆，好不容易才抽出半天来见你。"

"你要去加拿大了？"我心中一沉，"什么时候走？"

"大概下个月吧。"叶馨轻轻说。

"去多久呢？"

"我也不知道，要读本科的话，可能得要几年。"

我默然无语，心里难过。我们都是大难不死，本以为总算可以在一起，谁知刚刚见面，又要分别，从此远隔重洋。我扭头望向远方，一只孤独的鸟儿在雨中飞着，越过清冷寥廓的江面。

"其实我也不想去，"叶馨小声说，"我宁愿复读一年呢，可是爸爸说，我的身体不能再吃苯苷特林了，在国内没法上大学，所以……"

"挺好的，"我强忍着内心的波澜说，"那边读书条件更好，反正现在交通通信也方便，我们可以在网上天天视频，你放假过年也可以回来。"

"嗯，我会的，"叶馨说，又挤出一个笑脸，"对了，别说我了，说说你吧，上大学一个多月了,感觉怎么样?有没有认识别的女孩子?听说华师大美女很多,你可不能见异思迁!"

"哪儿有……"我苦笑着,看她面色苍白,身子发颤,"怎么了,不舒服?"

"不是,只是有点冷,降温太快了。"

"我们别站在这里说了,"我说,"去前面找个咖啡馆坐下来慢慢聊吧,还有时间。"

"嗯,"叶馨重复了一句,"还有时间。"

叶馨钻到了我的伞下,拉住了我的手,像我们第一次确定感情时那样。我感到她的小手异常冰冷,不由怜惜地攥紧了它。慢慢地,我感到了她掌心的一丝暖意。

我们牵着手,在细雨中走向迷蒙的未来。

阅读思考:读过这篇小说,你对今天的高考、对应用科学技术手段"提升"人类智能、对于科学技术在社会上的应用及对社会的影响等问题,有什么新的想法?

沃尔顿致萨维尔夫人的信（续）①

玛丽·雪莱

玛丽·雪莱，英国19世纪女小说家。现代意义上的世界上第一部科幻小说《弗兰肯斯坦》，就是玛丽·雪莱自己写出的第一部作品。在这部科幻小说经典中，讲述了科学家弗兰肯斯坦研究生命的奥秘，用收集来的死尸创造出一个有生命的"怪人"的故事，以至于现在"弗兰肯斯坦"已经成为科学技术不当应用的著名隐喻。这里所选择的，是这部经典科幻小说的最后一章，是整篇小说的"大结局"篇。

玛格丽特，你已经读完了这个离奇而又恐怖的故事，我当初听到这个故事时，吓得魂不附体，现在回想起来仍心有余悸，仿佛血液凝固了一般，你现在也一定与我有同感吧？ 有时，他被突如其来的痛苦所攫住，没法继续讲下去；而其他时候，他的嗓音低弱而尖利，艰难地倾吐着满含痛苦的言辞。他那双明亮可爱的眼睛时而闪闪发亮，迸射出愤怒的光芒，时而黯然失色，流露出忧郁沮丧、无限悲哀的神情。他有时竭力控制住自己的表情和语调，沉着镇定地讲述那些最令人恐怖的事件，没有流露出一丁点儿激动的情绪；然而没过一会儿，仿佛是火山爆发一般，他突然心头火起，怒形于色，尖叫着诅咒那个迫害他的怪物。

他的故事丝丝入扣，讲得明明白白，似乎是在叙述一个最简单不过的真实情况。不过，我得对你说句心里话，我之所以相信他所讲的事情，倒并不仅仅因为他讲得非常认真诚恳、条理清晰，更重要的是他曾给我看过那几封费利克斯和萨菲的亲笔信，而且我们在船上也亲眼看到了那个幽灵般的怪物。这个怪物的确是存在的！ 对此我不能怀疑，但又深以为异，同时也赞叹不已。有时我竭力想从弗兰肯斯坦嘴里了解他制造那怪物的详细情况；可在这一点上他格外谨

---

① [英]玛丽·雪莱.弗兰肯斯坦[M].刘新民，译.上海：上海译文出版社，1998.

慎，不露一丝口风。

"你疯了，我的朋友？"他说道，"换句话说，你的好奇心毫无意义，它会导致什么结果？难道你也想为自己和这个世界制造一个凶残歹毒的敌人？冷静点，别那么冲动！记住我所遭受的种种苦难，不要再为自己增加痛苦。"

弗兰肯斯坦发现我把他讲的经历记了下来，便要我把记录给他看，并在许多地方作了修改和补充；但主要是修改了他与那怪物的对话，以便使这些对话显得真实、生动。"既然你已经把我的经历记录在案，"他说道，"我不愿意给后世留下一份支离破碎的记录。"

就这样，我花了一个星期的时间，听完了这篇人们所能想象出来的最离奇不过的故事。这故事本身和弗兰斯肯坦超凡脱俗、温文尔雅的神态使我对这位来客产生了极大的兴趣，我的缕缕思绪，种种情感都被他深深地吸引住了。我真想劝慰他几句；可对一个遭受了无尽的苦难，心灰意冷，不希望得到任何慰藉的人来说，我又怎能劝说他活下去？噢，我爱莫能助！现在，他唯一能感受的快乐，便是让他安然归天，使他那颗破碎的心得以平静。但他还是能领受一种安慰的，这就是在孤独与谵妄状态下沉入梦境。他相信，在梦幻中，他可以和他的至爱亲朋交谈，并从这种情感的交流中获得慰藉，已消除他心头的痛苦；或者他可以受到某种激励，以驱使他去报仇雪恨。他相信这绝不是他的幻觉，而是他的亲人和朋友从另一个遥远的世界来看望他了。他的这一信念使他在精神恍惚时显出一种庄严的神色，因而在我眼里，他那些幻觉就像千真万确的事实，既令人敬畏，又富有情趣。

我和他的谈话并不总局限于他本人的经历和不幸的遭遇。对普通学科里的任何问题，他都给人以学识渊博、思维敏捷和见地精辟的印象。他很有口才，说话令人信服，很有感染力。当他叙述一件哀婉凄楚的事情，或想激起听者的同情与怜爱时，我总是禁不住潸然泪下。他现在身陷绝境，面临毁灭，尚能如此高洁，如此超凡入圣，而在他一帆风顺，事业兴旺之时，定是个光彩照人的魁奇之士。他似乎清楚自己的人生价值，因而意识到他的毁灭将给我们带来巨大的损失。

"年轻时，"他说道，"我相信自己注定会成就一番伟大的事业。我感情深沉，判断问题沉着冷静，这种判断力为我在事业上创造出辉煌的成就提供了必要条件。我意识到自身性格的价值，并从中获得信心和勇气，而其他人却可能因此受到压抑。我认为，空自悲伤而不去好好利用自己的才华，这无异于犯罪，因为我的才华也许会对人类有益。当我想到自己完成的那件作品——我的成就在于创造了一个有感情、有理性的生物——我就认为自己绝非普通工匠之辈。这种想法在我事业开始时曾给我以信心和力量，然而现在却只能使我沉沦、毁灭。我的全部事业和希望都是毫无价值的；如同那个渴求无上权威的大天使一般，我也被永久禁锢在了地狱之中。我的想象力非常丰富，而且具有很强的分析能力和实际运用能力。正因为我集多种才华于一身，我才构想出这个计划，并成功地创造了一个人。即便现在，每当我回忆起当时制作过程中那一次次冥思苦想，我都会激动不已。我那时想入非非，狂妄自大，时而为自己的精明强干沾沾自喜，时而又心焦如焚，渴望获得成功。自打儿时起，我就有远大的志向，决心干一番轰轰烈烈的大事业；可我现在一落千丈，摔得好惨！唉！我的朋友，如果你以前认识我，现在见到我这副一蹶不振的潦倒相，你哪里还会认出我呢？我以前很少有悲观失望的时候，命运带着我扶摇直上，结果重重地摔了下来，再也爬不起来。"

难道我真要失去这样一位俊才雅士吗？我渴望获得知心朋友，一直在寻觅一位能同情我，热爱我的知音。瞧，在这荒漠般的茫茫大海上，我终于找到了他。然而我心中惴惴不安，虽然我得到了他，可我只是刚刚了解了他的价值，就很快又要失去他。我劝他不要轻生，好好活下去，可他十分反感。

"谢谢你，沃尔顿，"他说道，"感谢你如此关心我这样一个不幸的人；可是，当你提到新的纽带、新的情感时，你有没有想过，有谁能替代那些已溘然长逝的人呢？在我心目中，有哪个男人能与克莱瓦尔相比，又有哪个女人能像伊丽莎白那样？即便当初高尚的操守和美德没有激起强烈的爱情，儿时的伴侣也永远会对我们的心灵产生某种影响，这是日后的朋友几乎无法替代的。这些孩提时代的伴侣了解我们儿时的脾性，长大后我们无论怎样改变，儿时的脾性都不会完全消失；因此，他们能够更加准确地判别我们的行为是否出于公正的动机。兄妹之间决不会怀疑对方欺骗自己，或在搞什么不正当的勾当，除非这种迹象早就暴露出来；然而一个其他的朋友，无论你对他感情有多深，你都会不由自主地怀疑他。不过我还是喜欢朋友；友谊的珍贵不仅仅是由于互相的习惯和交往，而且更在于各自的美德。无论我在哪里，伊丽莎白那令人宽慰的声音和克莱瓦尔的话语总是在我耳畔萦绕。尽管他们都已离开了人世，留下我形单影只，但在这样一种孤独的境遇中，仍有一种信念能说服我继续活下去。如果我投身于一项对人类大有裨益的崇高事业，或致力于一个造福人类的伟大目标，我就有可能活下去，为完成它们而奋斗。然而我的命运却并非如此；我必须去追赶那个我赋予了生命的怪物，将他干掉。此举完成之后，我的命数也就完结，我也可以安息了。"

一七××年八月二十六日

我亲爱的姐姐：

我提笔给你写信时正处于极其危险的境地，不知我是否还能见到亲爱的英格兰，见到那里更令我爱恋的亲朋好友。我已陷入重重冰山的包围之中，毫无生还的机会，我的船每时每刻都有可能被巨大的冰凌所毁。当初被我劝说来一同出海的硬汉子，现在都求助于我，眼巴巴地看着我，可我也束手无策。我们的处境十分险恶，令人忧心忡忡；但我仍然无所畏惧，心中充满了希望。尽管如此，想到这么多人的性命都是因为我而危在旦夕，我就禁不住害怕起来。如果我们葬身海底，那都是我的疯狂计划造成的。

玛格丽特，你到那时的心情将会如何？你无法得到我身遭不测的噩耗，仍然望眼欲穿，盼着我的归来，物换星移，年复一年，你怅然若失，心绪黯然，却还要遭受希望的揉搓。唉！我亲爱的姐姐，你心头那强烈的企盼之情将令人痛心地渐渐逝去。这种情景比我自己殒命还要可怕。当然，你有丈夫，有活泼可爱的孩子；你会幸福的，愿上苍保佑你，赐给你幸福！

这位不幸的来客向我投来无比同情的目光，竭力鼓励我，把希望注入我的心田。从他的谈话来看，他似乎把生命看成是一件他所珍惜的财产。他对我说，试图在这一海域行船的其他航海家们，也常会遇到同样的意外事件。他向我谈了许多好兆头，使我在不知不觉中振奋了精神。就连水手们也被他富有说服力的话感染了——他说话时，水手们原先悲观失望的情绪涣然冰释；他鼓起了他们的干劲，听了他的一番话，他们相信这些巨大的冰山只是些鼹鼠丘，在人的意志面前全会冰消瓦解。然而，这些感觉只是一时的；他们日日盼望着，可他们的处境却迟迟不见好转，人人心中充满了恐惧，我几乎担心这种绝望的情绪会引起一场哗变。

九月二日

刚刚发生了一件非同寻常的事情，尽管这些信件很有可能到不了你手中，但我还是忍不住要将这件事记录下来。

我们仍然处于冰山的重重包围之中，由于冰山间的互相碰撞，我们仍然有随时被它们碾碎的危险。寒气格外逼人；我的同伴中很多人都已经死在了这凄怆肃杀的大海之上。弗兰肯斯坦的身体日渐衰弱；虽然他的双眸炯炯发光，充满了激情，可他已精力不济，疲困不堪，只要他偶尔用点力气，他便很快陷入毫无生气的委顿状态之中。

我曾在前一封信中提到担心哗变一事。今天上午，我坐在这位朋友的身边，端详着他那苍白的面容——他微微睁着眼睛，手臂无力地垂在一旁——正在这时，只见五六个水手吵着要进船舱。他们进来之后，那个领头的对我说，他和同来的人是经其他水手推举出来的代表，要向我提出一项要求——我是不能拒绝他们的，否则就有失公允了。我们被禁锢在这个冰原之中，恐怕很难死里逃生；然而令他们担心的是，万一到时候冰层消融，船道畅通无阻——这种可能性也是存在的——而我仍然不顾后果，继续贸然向北航行，那么，他们可能刚刚庆幸自己脱离险境，却又要立即被带入新的危险之中。因此，他们定要我庄严保证，如果航船脱离险境，我必须立即向南航行。

他们的要求使我左右为难。我还没有绝望，还不想在脱离危险后立即返航。然而说句公道话，我根本不能拒绝他们的要求。我犹豫不决，不知如何回答。弗兰肯斯坦起初一言不发，他也确实没有力气参与这场谈话，可正当我犹豫之际，他打起精神，双眸炯炯发光，两颊因一时激动而泛起红晕。他转过脸对那些人说道：

"你们这是什么意思？你们要叫船长干什么？你们就这么轻易半途而废，放弃自己的既定目标？你们不是把这次航行称为光荣的远征吗？为什么称之为光荣呢？绝不是因为在这儿行船会像在南方的大海上行船那样一帆风顺，海面波澜不惊，而是因为此行危机四伏，险象环生；是因为无论出现什么意外情况，你们都坚韧不拔，表现出大无畏的精神；还因为你们时时处于危险和死亡的包围之中，要求你们拿出勇气，攻而克之。正因为如此，它才光荣，才称得上是一次令人肃然起敬的壮举。你们从此会受到人们的欢呼致意，被誉为人类的造福者，你们的名字也将受到人们的崇敬，因为你们已跻身于为了荣誉、为了人类的利益而视死如归的英雄们的行列。可你们看看，现在你们刚想到有危险，或者说——如果你们不反对的话——你们的勇气才第一次受到严峻的考验，经受强有力的挑战，你们就畏缩不前，心甘情愿地被人认为是一群无法忍受严寒，惧怕艰难险阻的懦夫。你们这些可怜的人，一个个冻得瑟瑟发抖，全都缩到暖和的炉子边烤火去了。嗨，如果是这样的话，你们当初根本无须作什么准备，也不必跑这么远，把你们的船长拖来蒙受失败的耻辱，而你们自己呢，到头来也只是被证明是群胆小鬼而已。噢！做个男子汉，而且做个勇敢的男子汉吧。你们应该矢志不渝，坚如磐石。冰之坚硬岂能同你们心灵的坚强同日而语？坚冰不是不可能战胜的，只要你们敢于藐视它，它就会在你们面前低头让路。别让你们的脸上带着耻辱的烙印返回家园，要作为经过战斗洗礼的英雄——从未在敌人面前临阵脱逃的英雄凯旋。"

他说这番话时，语调随着所要表达的各种情感，时而委婉动听，时而铿锵有力；他的目光中饱含着崇高的信念和大无畏的英雄气概。水手们听了他的话深受感动，我想你是不会奇怪的。他们面面相觑，不知如何回答。最后我让他们回去休息，好好想一想他刚才说的这些话，如果他们执意返航，我也不会带他们继续北上，但是，我希望他们经过认真考虑之后，能再次变得勇敢起来。

他们走了之后，我回到我朋友的身边，然而他却因精疲力竭而颓然倒下，已是奄奄一息了。

我们最后的结局将如何，我无法预料，但我宁可死去也不愿半途而废，带着耻辱回去，但我的命运恐怕只能如此了。那些水手并无自豪感或荣誉心可言，没有这种精神支柱，他们是绝不会继续忍受目前这种艰难困苦的。

九月五日

事情已成定局：我已经同意，如果我们得以死里逃生，就南下返航。我满心的希望就这样被怯懦和犹豫不决给毁了。我终将一无所获，败兴而归。受到这种不公正的待遇，我可没有那么好的涵养保持冷静。

九月七日

事情都过去了，我已在返回英格兰的途中。我已失去了对荣誉的希望，再不想造福于人类；我也失去了我那位朋友。可是，亲爱的姐姐，我还是要把这段令人心酸的经历详详细细地讲给你听。我既已飘向英格兰，飘向你的身边，我是不会愁眉锁眼，垂头丧气的。

九月九日这一天，冰层开始松动，随着一座座冰岛从四下里断裂开来，大老远就能听到雷鸣般的轰然巨响。我们当时的情势极其险恶，随时都有可能丧命，然而我们又无可奈何，只好听天由命。因此，我的注意力大都集中到了我那位不幸的朋友身上。他的病情明显恶化，已完全卧床不起了。冰层在我们身后断裂之后，又被强大的冲力推向北方。这时，西边突然吹来阵阵轻风，到十一日，往南的航道已豁然开通了。水手们见此情景，确信自己返回祖国已无任何问题，一个个欣喜若狂，亮起嗓子大喊大叫；他们的欢呼声震天动地，经久不息。昏睡中的弗兰肯斯坦被惊醒了，问我外面吵吵闹闹的是何原因。"水手们在大叫大嚷，"我说道，"因为他们很快就能回英格兰了。"

"这么说，你真的要回去了？"

"唉，是的，我没法拒绝他们的要求。他们不愿意，我也不能硬带他们去冒险，我必须回去。"

"如果你的主意已定，那就回去吧，可我不回去。你可以放弃自己的目标，可我身负天命，不敢违抗。虽然我身体很弱，可那些帮助我报仇雪恨的神灵们一定会赋予我足够的力量。"说完，他使劲从床上一跃而起，可他不堪如此用力，又猝然倒在床上，昏了过去。

过了好长时间他才苏醒过来，我还一直以为他就这么走了呢。他终于睁开了眼睛，可呼吸仍然很困难，无法开口说话。医生给他服了些镇静剂，叫我们不要打扰他。之后，医生对我说，我这位朋友活不了几个小时了。

既然医生已做出判决，我也鞭长莫及，唯有暗自悲伤，耐心等待。我坐在他的病榻旁，端详着他。只见他双目紧闭，我还以为他睡着了，可没过一会儿，他用虚弱的嗓音叫了我一声，招呼我挨近一些。只听他说道："唉，我赖以生存的力量已经耗尽了，我觉得自己时间不多了，然而他，我那仇家，那迫害我的恶棍，可能仍然在世上逍遥。沃尔顿，在我生命的最后时刻，不要以为我还是仇恨满怀，渴望报仇雪恨——我过去是这么说来着；不过，我要那冤家对头的性命，我觉得自己这样做完全是正当的。在我生命的最后几天里，我一直在反省我的过去，我认为，我的所作所为是无可指责的。出于一时的狂热，我制造了一个有理性的生物，我有责任尽自己的最大力量确保他幸福快乐，安然无恙。这当然是我应尽的义务，可我还有一项更为重要的义务，即对我同胞的义务，需要我给予更多的关注，因为涉及更多人的幸福或疾苦。基于这样的考虑，我拒绝为我制造的第一个生物再造一个同伴，我这样做是完全正确的。他于是制造祸端，其用心之险恶，秉性之自私，可谓登峰造极。他杀害了我的至爱亲朋，还不遗余力地试图毁掉那些情感细腻、聪慧而快乐的生灵。他报复心切，何时洗手不干，我无从得知。这家伙卑陋无耻，不能再让他加害别人，应该把他除掉。我承担了消灭他的任务，可我没有完成。我以前出于自私和其他一些邪恶的动机,曾要求你完成我这件未尽之事;现在我再次请求你,可这次我是出于理智,出于一片赤诚之心。

"然而,我不能要求你抛弃祖国和朋友去完成这件事。既然你很快就要回英国去,你也不会再有什么机会碰到那家伙。不过,我还是想让你考虑一下我刚才所讲的那几点,考虑一下你应如何看待自己的职责。我已气息奄奄,命在旦夕,我的想法和判断已不准确,即便我认为正确的事,我也不敢要求你去做,因为我还是有可能被激情引入歧途的。

"他竟然仍活在世上胡作非为,我心中很是不安,不过除此以外,在这段时间里,我时刻都在等待自己得到解脱,因而是我多年来最幸福的时刻。我那些逝去的亲人们的身影在我眼前飞来飞去,我得赶紧投入他们的怀抱。永别了,沃尔顿! 你要保持平和的心境,知足常乐,千万别雄心勃勃,即便是那种试图在科学发明中出人头地的毫无害处的念头也要不得。我为什么要这么说呢? 我自己就是被这些希望给毁了,而另一个人可能会步我的后尘。"

他说着说着,话音逐渐低落下去;最后,他终因心力衰竭而沉默不语了。约莫过了半个时辰,他再次想张嘴说话,可一个字也说不出来。他无力地按着我的手,嘴角上的笑意逐渐消失,永远闭上了眼睛。

玛格丽特,这样一位魁奇之士英年早逝,叫我作何评说呢? 我究竟该说些什么才能让你明白我心头深深的悲哀呢? 无论我说什么都是苍白无力的,都不足以表达我此刻的心情。我潸然泪下,失望的阴影笼罩着我整个心田。好在我已启程回英国,我会在那儿寻得安慰的。

写到这里,我突然被什么声音打断了。这声音会不会是什么凶兆? 正值午夜时分,轻风习习,在甲板上值班的海员并未被惊动。又传来一阵声音,像是人发出的声音,但要嘶哑些;这声音是从停放弗兰肯斯坦尸体的船舱里发出的。我必须站起来,出去查看一下。晚安,姐姐。

天哪! 当时发生的那一幕太可怕了! 现在回想起来我还头晕目眩。我几乎不知道自己是否能将这一幕详详细细地描述出来;可如果我不把这令人惊叹的结局记录下来,我这个故事就不完整了。

我走进那个船舱,我这位命途多舛却令人钦羡的朋友的遗体就停放在那里。只见遗体旁站有一人,他身躯异常高大,各部分不成比例,呈畸形状态,很是粗俗、笨拙;他这副模样非我所能描述。他俯着身子立在灵柩旁,脸被乱蓬蓬的长发遮住,一只宽大的手掌平伸开来,手上的肤色和表皮组织与木乃伊差不多。他听到我走近的声音，戛然收住令人恐惧的悲号，纵身向窗口跳去。我从未看过如此可怕的一张脸，不但令人厌恶，而且奇丑无比。我不由自主地闭上眼睛，认真考虑我对这个坏家伙应履行什么责任。我喝令他站住。

他收住脚步，惊讶地看了我一眼，遂又转过脸注视着他那造物主毫无生息的躯体，像是忘记了我的存在。他面部的每一个表情，身体的每一个举动，似乎都是由一种无法控制的、极为狂乱的冲动所引发的。

"这也是我的刀下之鬼！"他大声嚷道，"杀了他，我犯下了一系列罪行也算是完满无缺、大功告成了，而我这作恶多端的一生也该结束了。噢，弗兰肯斯坦！你是一个多么豁达大度，多么富有牺牲精神的生灵！现在请求你宽恕又有何用？我把你深爱的人一个个杀死，因而无可挽回地毁了你。唉！他尸骨已寒，无法回答我了。"

他喉头哽咽，似乎在饮泣吞声。先前涌上我心头的第一个冲动——履行我朋友的义务，顺应他临终前的请求，铲除他这冤家对头——此刻却被好奇心和恻隐之心抑制住了。我向这个庞然大物走过去，可我还是不敢抬起头正眼看他。他这副丑相非尘世所有，因而格外令人毛骨悚然。我欲张口说话，可话到嘴边又咽了回去。这怪物不停地指责自己，情绪激烈，语无伦次。我终于下定决心，趁他疯狂的情绪稍稍安定下来之际，对他说道："你现在自怨自艾已是多余的。如果你当初肯倾听自己良心的呼声，念及悔恨给你带来的锥心的痛苦，而不是把自己疯狂的报复心推到现在这种无以复加的地步，弗兰肯斯坦就不会离开人世。"

"你是说梦话吧？"那恶魔说道，"你以为我当时对痛苦麻木不仁，毫无悔恨之心？他，"恶魔指着尸体继续说道，"他在仙逝之时并未受罪；唉！比起我在实施这一报复行动的漫长过程中所经受的痛苦，尚不及万分之一。一种可怕的自私心理驱使着我干下去，而我的心灵却同时遭受悔恨的折磨。你真的以为我听克莱瓦尔呻吟声会像听音乐那样美妙吗？我这颗心生下来便渴望爱，渴望同情；然而，苦难揉搓着我的心，使它变得毒如蛇蝎，充满了仇恨，可它却无法忍受这种剧变的折磨——这种折磨之深你是无法想象的。

"杀死了克莱瓦尔之后，我回到了瑞士，肠断魂销，悲伤不已。我可怜弗兰肯斯坦，并由怜悯转而憎恶：我憎恶自己。然而，我发现弗兰肯斯坦——他既赋予了我生命，同时又给我带来了难言的痛苦——竟敢奢望获得幸福，他使我承受着愈发深重的苦难和绝望，而他自己却在我永远无法享受的情义和爱恋中寻求乐趣。他的所作所为使我妒忌，使我切齿痛恨，然而妒忌又有何用？我心中不由涌起强烈的、永无满足之日的报复欲望。我想起了自己曾发出的威胁，决心将它付诸实施。我心里清楚，我这么做是在为自己准备一场致命的折磨。我痛恨自己一时的冲动，可我无奈，只好任其摆布——我无法控制这种冲动，只能做它的奴隶。就在他死去的时候！不，那时我并不感到痛苦。我抛弃了所有的情感，强压下一切痛苦，在极度的绝望中肆无忌惮地胡作非为。自那时起，邪念代替了我的善心。我陷得如此之深，已无任何选择，只有使自己的本性适应自己心甘情愿选定的处境。实现罪恶的目标成了我贪婪的欲望。现在，一切都结束了；那儿是我最后一个刀下之鬼！"

起初，我被他娓娓道来的不幸遭遇所打动，可我转念一想，弗兰肯斯坦曾说他能言善辩，很有说服力，再看看我朋友那毫无气息的躯体，我心中的怒火重新燃烧起来。"你这无耻之徒！"我说道，"你倒不错，自己一手造成了这幅凄惨的景象，却跑到这儿来哭诉；你将一把火扔到一群楼房中，等房子烧光了，自己却坐在废墟上哀叹房屋的倒塌。虚伪的恶魔！如果你哀悼的这个人还活着，他仍然会成为你那可诅咒的报复的对象，成为你的受害者。你之所以在此悲叹，并非动了恻隐之心，而是因为你永远不能在你恶意杀害的人头上作威作福了。"

"噢，不是这样——情况绝不是这样的，"他打断了我的话，"一定是我采取这些行动的险恶用心给你留下了这些印象，但是，我宁可忍受痛苦，也决不去寻求同情——我也不可能获得别人的同情。当初，我内心充满了幸福和柔情，因而渴望得到别人的理解；我所寻求的正是对美德的热爱。然而现在，美德在我眼里已成了幻影，幸福和柔情已化为令人心酸而厌恶的绝望。既然如此，我又能从哪里寻得同情呢？如果我内心的痛苦迁延不去，我会心甘情愿独自一人领受这份痛苦。待我归天之时，我将心满意足，因为我的记忆将充满憎恶和轻蔑。对美德、名誉和享乐的向往曾抚慰过我的心灵，我也曾希望与人类结识，希望他们能原谅我的外表，并因我能展示自己的优良品质而爱我；但我的希望却只是幻想而已。我曾受过荣誉感和献身精神等崇高思想的教育，可如今，我为非作歹，已堕落到连最卑贱的畜生都不如的地步。我犯的罪，我造的孽，我这颗狠毒的心，还有我遭受的不幸，可谓空前绝后，无人能比。当我回顾那一系列令人震惊的罪行，我简直无法相信，以前的我竟也有过超凡脱俗的美好境界，也曾渴望过卓尔不群的高尚情操。即便如此，堕落的天使还是成了邪恶的魔鬼。上帝和人类的敌人纵使处境凄惨，也还是有朋友和伙伴，而我却形单影只，孤苦伶仃。

"你把弗兰肯斯坦称之为朋友，看来你了解我犯下的罪行和他所遭受的苦难。不过，他在对你说起这些详细情况时，不可能概括我如何在凄惨的境遇中苦熬岁月，如何遭受无以慰藉的欲望的折磨。虽然我毁掉了他的希望，可我并未因此而满足了自己的欲念。我的欲念始终是那样炽热，那样强烈。我仍然渴望获得爱和友情，可我总是被人类唾弃。这里到底有没有公平的地方？整个人类都对我犯了罪，却唯独把我看成是罪犯。费利克斯对他的朋友破口大骂，把他赶出门外，你们为什么不恨他？那个乡巴佬竟要加害于他儿子的救命恩人，你们又为什么不诅咒他？那可不行，这些人都是十全十美的大好人！只有我这个被遗弃了的畸形怪胎可怜虫，才应该受人睥睨，任人驱赶，遭人践踏。即使现在，只要我一想起这种不公平的待遇，我浑身的热血就在沸腾。

"当然，我是个恶棍，这一点不假。我杀害了那些活泼可爱，孤弱无助的人，我趁无辜者熟睡之机，卡住他们的脖子，将他们活活掐死，而他们从未伤害过我，也未伤害过任何其他生命。在所有值得钦慕和爱戴的人们中，我的缔造者堪称典范，可我却给他带来了痛苦和不幸，甚至穷追不舍，最后无可挽回地将他逼进了毁灭的深渊。他此刻躺在那里，面色苍白，尸骨已寒。你恨我，可你对我的痛恨还不及我对自己的痛恨之深。我注视着自己这双作恶多端的手，思量着我这颗设计出种种罪恶的心，盼望着有朝一日，我再也看不到这双手，那痴狂的幻想再也不要萦绕在我的心田。

"你不用担心，我以后不会再胡作非为了。我的事差不多也干完了。了却此生，已无须再将你或任何他人杀死，我必须干的已全部干完，只需取我自己的性命便可收尾了。不要以为我会贪生怕死，迟迟不敢作此牺牲。我将离开你的船，乘坐载我来此的那块冰筏前往北极。我将为自己堆起火葬柴堆，将这可鄙的躯体烧成灰烬，这样，我的尸体就不会给任何好奇、亵渎神灵的坏家伙提供制造我这类活物的线索。我将离开人世，再也不会感受到此刻正折磨着我的种种痛苦，再也不会遭受那些无法满足、却又在心中涌动的情感的揉搓。那个给了我生命的人已经与世长辞，而当我不复存在之时，人们很快便会将我俩抛于脑后。我不会再看到日月星辰，也不会再感到风儿拂弄我的双颊。光明、情感和知觉将会消失殆尽，而我只有在那幽冥世界才能寻得幸福。几年前我第一次看到人间的各种景物，感到夏日那令人欢跃的温暖，听到树叶沙沙的响声和鸟儿啾啾的啭鸣——这一切就是展现在我面前的整个世界。如果要我那时死去，我会伤心流泪；而现在，死已成了我唯一的慰藉。累累的罪恶玷污了我，极度的悔恨折磨着我，除了一死，我还能在哪里找到安宁？

"永别了！我将离开你，你是我见到的最后一个人。永别了，弗兰肯斯坦，如果你还活着，仍对我怀有报复之心，那么，与其把我毁掉，还不如让我活着更能满足你的报复欲望。可那时你不愿这样做，你一定要毁掉我，以免我变本加厉，干出更坏的勾当来。然而，如果你在天有灵，知我五内俱焚，创巨痛深，那么，你所愿已足，一定不会再想取我性命了。虽然你已惨死九泉，然而相比之下，我的痛苦更甚于你——悔恨无时无刻不在刺痛着我心灵的创伤，唯有一死才能永远弥合我的伤口。"

"我很快就要离开人世了，"他大声说道，那激动的神情显得悲怆而庄重。"我此刻的一切感受将化为乌有，锥心的痛苦将一去不返，我将以豪迈的气概登上那火葬柴堆，在熊熊烈焰的烧痛中以苦为乐，心欢情悦。灼灼的火光将渐渐熄灭，我的灰烬将随风飘入大海；我的灵魂将得以安宁，即便它仍能思考，它也决不会再像这样思考。永别了。"

说完，他纵身跃出舷窗，跳到紧靠船边的冰筏上。转眼工夫，他便被海浪卷走，消失在远方茫茫的黑夜中。

阅读思考：找来小说《弗兰肯斯坦》，整本阅读，思考自己的心得，无论是哪个方面的。

因为我已触碰过天空①

雷斯尼克

（2131年1月）

　　雷斯尼克，美国当代著名科幻作家，从1989年起，曾获得过5次雨果奖（提名37次）、1次星云奖（提名11次），1995年，获得新英格兰科幻小说协会颁发的终身成就"云雀奖"，其作品被译为25种语言。此文，选自其后来被集合成题为《基里尼亚加》的系列小说中的一篇。《基里尼亚加》是一部非常奇特的、与人们常见的科幻小说非常不同的科幻小说，讲述的是在高科技发展的背景下，在一个类地星球上建立的乌托邦社会"基里尼亚加"的试验，其头领，一位巫医，力图利用高科技的技术支撑作为背景，来保留原始的传统的社会文化的努力，并屡经挑战的故事。小说中揭示的种种高科技发展与传统文化的矛盾带有浓厚的人类学意味。

　　人曾经是有翅膀的。

　　独自坐在基里尼亚加山顶金色宝座上的恩迦赋予人类飞行的本领，这样他们便可够到树木最高枝上的多汁果实。但有一个人，基库尤的一个儿子，也是第一个人类，他看到老鹰和秃鹫在高空乘风翱翔，便伸展翅膀，加入它们。他盘旋得愈来愈高，很快便远远凌驾于所有飞行生物之上。

　　这时，恩迦突然伸手抓住了基库尤之子。

　　"我做了什么，你要抓我？"基库尤之子问道。

　　"我住在基里尼亚加山山顶，因为它是世界之巅。"恩迦答道，"没有哪个

---

　　① ［美］迈克·雷斯尼克.基里尼亚加[M].汪梅子，译.成都：四川科学技术出版社，2015.

人的头可以高过我的。"

于是,恩迦除去了基库尤之子的翅膀,也除去了所有人类的翅膀,这样再也不会有人飞得比恩迦高了。

所以,基库尤的子孙后代看着鸟儿时,都会带着一丝失落和嫉妒,他们再也无法吃到树木最高枝上的多汁果实了。

我们这个世界按照恩迦居住的圣山命名为基里尼亚加,这里有很多鸟儿。我们获得乌托邦议会的许可证之后,离开了肯尼亚,因为它对基库尤部落的真正成员已不再具有任何意义,那时我们也将鸟儿和其他动物一起带来了。我们的新世界是鹳和秃鹫、鸵鸟和鱼鹰、织巢鸟和苍鹭,以及其他许多种鸟儿的家园。就连我,蒙杜木古,看到它们斑斓的色彩也会感到喜悦,听到它们悦耳的歌喉也会感到平静。有很多个下午,我坐在自己的博玛前,背靠着一棵古老的刺槐树。鸟儿们到蜿蜒穿过我们村子的小河里来喝水,我便欣赏它们的缤纷五彩,聆听它们的优美啼鸣。

就是在这样一个下午,一个还没到割礼年纪的小女孩卡玛莉,沿着将我的博玛与村子分开的漫长的崎岖小路走来,手里拿着一个灰色的小东西。

"占波,柯里巴。"她向我问好。

"占波,卡玛莉。"我回答道,"你给我带什么来了,孩子?"

"这个,"她说着,递过一只小隼,它虚弱地挣扎着,想要逃离她的手掌,"我在我家的沙姆巴里发现的。它飞不起来了。"

"看起来它的羽毛已经长全了。"我说道,站了起来。这时,我看到它有一只翅膀扭曲着。"啊!"我说,"它摔断了翅膀。"

"你能治好它吗,蒙杜木古?"卡玛莉问道。

她帮我按住小隼的头,我简单检查了一下翅膀,然后我退后几步。

"我可以治好它,卡玛莉,"我说,"但我不能让它重新飞起来。翅膀会痊愈,但永远不会强壮到足以支撑它的体重的程度。我想我们应该杀掉它。"

"不要!"她叫道,一把将隼抱回怀里,"你治好它,我会照顾它的!"

我盯着小鸟看了一会儿,摇了摇头,"它不会想继续活下去的。"我最后说道。

"为什么?"

"因为它曾经乘着温暖的风,飞得很高。"

"我不明白。"卡玛莉皱着眉头说。

"一旦鸟儿触碰过天空,"我解释道,"它就再也不会满足于在地面消磨时光了。"

"我会让它满足的。"她坚决地说，"你来治好它，我来照顾它，它就会活下去。"

"我可以治好它，你也可以照顾它，"我说，"但是，"我补充道，"它不会活下去的。"

"你要开什么价码，柯里巴？"她问道，突然变得像在谈生意。

"我不收小孩的钱。"我说，"我明天去见你父亲，他会把报酬付给我的。"

她顽固地摇摇头，"这是我的鸟，我来付。"

"好吧。"我很欣赏她的精神，因为大部分孩子——以及所有成年人——都很怕他们的蒙杜木古，从来不会公开讲反对他的话。"那你每天早晨和下午都要来打扫我的博玛，为期一个月。你要铺好我睡觉的毯子，给我的水瓢打满水，保证我的火堆有足够的柴火。"

"很公平。"她考虑了一会儿之后说道，随即又补上一句，"如果鸟儿在一个月结束之前死了呢？"

"那你就会明白，一个蒙杜木古比一个基库尤小女孩懂得要多。"我说。

她咬住牙。"它不会死的。"她顿了一下，"你现在能治疗它的翅膀吗？"

"可以。"

"我来帮你。"

我摇摇头，"你得给它做个笼子，它的翅膀要是太早活动，就会再次折断，那样我就必须杀掉它了。"

她把小鸟递给我。"我这就回来。"她做了保证，然后便朝她的沙姆巴跑去。

我把侏隼拿进小屋。它太虚弱，没怎么挣扎便被我绑住了喙。然后，我便开始慢慢用夹板把翅膀固定在它的体侧，确保翅膀无法动弹。我正骨的时候，它痛得叫了起来，剩下的时间它只是眼睛一眨不眨地看着我，十分钟不到治疗便结束了。

卡玛莉在一个小时之后回来了，手里拿着一个小木笼子。

"这个够大吗，柯里巴？"她问道。

我拿起笼子察看了一下。

"有点太大了。"我答道，"得让它在痊愈之前无法活动翅膀。"

"它不会活动翅膀的。"她保证道，"我会整天看着它，每天都看着。"

"你会整天看着它，每天都看着？"我觉得很有趣，重复了一遍她的话。

"是的。"

"那谁来打扫我的小屋和我的博玛，谁来给我的水瓢添水？"

"我来的时候会带着笼子。"她答道。

"笼子里有鸟的话会重很多。"我说。

"等我长大了，我要背重得多的东西，因为我得给我丈夫的沙姆巴种地捡柴，"她说，"这是很好的锻炼。"她顿了一下，"你笑什么呀，柯里巴？"

"我不习惯听还没受割礼的小孩说教。"我微笑着答道。

"我不是在说教。"她严肃地说，"我是在解释！"

我伸手遮挡着午后刺眼的阳光。

"你不怕我吗，小卡玛莉？"我问道。

"为什么要怕？"

"因为我是蒙杜木古。"

"那只说明你比其他人聪明。"她耸耸肩答道。她把一块石头丢向正在靠近笼子的一只鸡，鸡吓跑了，恼火地尖声叫着。"有一天我也会和你一样聪明的。"

"哦？"

她满怀信心地点点头，"我数数已经比我父亲厉害了，而且我能记住很多东西。"

"什么样的东西？"我问道。一阵热风在我们周围吹起一阵尘土，我微微偏了偏头。

"你还记得雨季前，你给村里孩子们讲的蜂鸟的故事吗？"

我点点头。

"我能把这个故事背一遍。"她说。

"你的意思是你能记住这个故事？"

她使劲摇摇头，"我能把你说过的每个字都背下来。"

我盘腿坐下来。"背给我听听。"我说道，望向远方，瞥到两个小伙子正在照料畜群。

她弓起背，做出一副又老又驼的样子，看起来就像我自己一样，然后模仿着我的嗓音和手势，开始讲故事。

"有一只褐色的小蜂鸟，"她说道，"样子像麻雀，而且也和麻雀一样友好。

它会来到你的博玛,召唤你,你一靠近,它便会飞上天,指引你前往蜂巢,然后在一旁等待着你拾草生火,用烟把蜜蜂熏出来。但你必须——"她强调着这个词,就和我讲的时候一样,"给它留点蜂蜜。如果你把所有蜂蜜都拿走,下次它就会把你引向菲西,也就是鬣狗的利爪,或者带你到干旱的沙漠里去,那样你就会渴死。"故事讲完了,她站起身,朝我微笑着,"你看吧?"她自豪地说。

"我看到了。"我说着,挥走落在我脸上的一只大苍蝇。

"我讲得对吗?"她问道。

"讲得对。"

她若有所思地看着我,"也许等你死了,我就会成为蒙杜木古。"

"我看起来那么像快要死的人吗?"我问道。

"呃,"她说,"你很老了,又驼背,还有皱纹,睡得也很多。不过你不马上死的话,我也会很高兴的。"

"我会尽量让你也很高兴。"我讽刺地说,"现在带着你的侏隼回家吧。"

我正要告诉她怎么照顾侏隼,她却先开口了:

"它今天肯定不想吃东西。从明天开始,我会给它喂大个的昆虫,还有每天至少一只蜥蜴,还要保证它一直有水喝。"

"你很细心,卡玛莉。"

她又对我微笑了,随后朝她的博玛跑过去。

第二天清晨,卡玛莉回来了,随身带着笼子。她把笼子放在阴凉处,然后拿一个碗从我的水瓢里盛了些水,把它放在笼子里。

"你的鸟今天早上怎么样?"我坐在火边问道。虽然乌托邦议会的行星工程师让基里尼亚加的气候和肯尼亚差不多,但清晨的空气还未被阳光晒暖。

卡玛莉皱起眉头。"它还没吃过东西。"

"等到足够饿的时候,它就会吃的。"我说着,把毯子又往肩头拽了拽,"它更习惯从天空猛扑猎物。"

"不过它喝水了。"她说。

"这是个好兆头。"

"你不能施个咒语,让它一下子痊愈吗?"

"代价太高了。"我说道,我已经预料到了她的问题,"这样更好。"

"有多高?"

"太高了。"我重复道，想要结束这个话题，"现在，你不是有活要干吗？"

"是的，柯里巴。"

随后，她开始为我捡柴火，去河边打水。她又走进我的小屋，把它打扫干净，铺平我睡觉用的毯子。过了一会儿她出来了，手里拿着一本书。

"这是什么，柯里巴？"她问道。

"谁告诉你可以动蒙杜木古的东西的？"我严厉地问道。

"不动它们我怎么打扫整理呢？"她毫无畏惧地答道，"这是什么？"

"是书。"

"书是什么，柯里巴？"

"这不是你应该知道的东西，"我说，"把它放回去。"

"你想知道我觉得它是什么吗？"她问道。

"告诉我。"我说道，很好奇她会怎样回答。

"你掷骨头求雨的时候不是要在地上画符吗？我认为书里有各种符。"

"你是个非常聪明的小姑娘，卡玛莉。"

"我告诉过你了。"她说着，很不高兴我没把她的说法当成不证自明的事实。她又打量了一会儿书，然后把它举起来，"这些符是什么意思？"

"各种不同的意思。"我说。

"什么意思？"

"基库尤人没必要知道。"

"可是你知道。"

"我是蒙杜木古。"

"基里尼亚加还有其他人懂这些符吗？"

"你们的酋长柯因纳格，还有另外两个酋长，他们也能看懂。"我答道，现在开始觉得她真不应该把我卷入这场对话，我猜到它会如何发展了。

"可你们都是老头儿了。"她说，"你应该教我，这样等你们死了还有人能看懂这些符。"

"这些符不重要。"我说，"它们是欧洲人创制的。欧洲人到肯尼亚之前，基库尤人并不需要书。基里尼亚加是我们自己的世界，我们在这里也不需要书。柯因纳格和其他酋长死后，一切就会回到很久以前的样子。"

"那么它们是邪恶的符吗？"她问道。

"不，"我说，"它们并不邪恶。它们只是对基库尤人没有意义。它们是白人的符。"

她把书递给我，"你能给我念念其中一个符吗？"

"为什么？"

"我很想知道白人创造了什么样的符。"

我盯着她看了好一会儿，努力下定决心。最后我点头同意了。

"就这一个。"我说，"下不为例。"

"就这一个。"她表示同意。

我把书翻开，这是一部伊丽莎白时代诗歌的斯瓦希里语译本。我随便选了一首诗，念给她听：

来和我住在一起，做我的爱人，
我们将一起体验
山谷、树林、丘陵、田野、
森林或是高山的一切美好。

我们会坐在岩石上，
看牧羊人放牧，
坐在小溪边，
聆听鸟儿婉转的情歌。

我会为你用玫瑰铺床，
还有数以千计的芬芳花朵，
一顶花帽，和一跳长裙，
绣满桃金娘的叶子。

还用稻草和常春藤花蕾铺床，
珊瑚作扣，琥珀为钉，
如果这些美好打动了你，
那么来和我住在一起，做我的爱人。

卡玛莉皱起眉头，"我不明白。"

"我告诉过你，你不会明白的。"我说，"去把书收起来，把我的小屋打扫完。除了这里的活儿，你还要在你父亲的沙姆巴干活。"

她点点头，回到了我的小屋里，可几分钟后便又兴奋地冲了出来。

"它是个故事！"她叫道。

"什么？"

"你读的那个符！里面有很多词我不懂，但它讲的是一个战士向一个姑娘求婚的故事！"她顿了一下，"你能讲得更好，柯里巴。这些符甚至都没提到菲西，也就是鬣狗，还有曼巴，也就是鳄鱼，它住在河边，会吃掉这个战士和他妻子。不过它仍然是个故事！我本来以为会是蒙杜木古用的符咒。"

"你很聪明嘛，能知道这是个故事。"我说。

"再给我念一个吧！"她满怀热情地说。

我摇摇头，"你不记得咱们刚才说好的了？就这一个，下不为例。"

她低下头沉思着，然后灿烂地抬起头，"那，教我怎么读这些符吧。"

"这是违反基库尤人的法律的。"我说，"女人不可以认字。"

"为什么？"

"女人的责任是种地、捣米、生活、织布，给她的丈夫生孩子。"我答道。

"但我不是女人。"她说，"我只是个小姑娘。"

"但你将会成为一个女人。"我说，"女人不能认字。"

"你现在教我，等我长成女人的时候就会忘记怎么认字了。"

"老鹰会忘记怎么飞翔吗？鬣狗会忘记怎么杀戮吗？"

"这不公平。"

"是不公平。"我说，"但这是正确的。"

"我不明白。"

"那我来给你解释。"我说，"坐下，卡玛莉。"

她在地上坐下来，和我面对面，向前倾着身子，专注地听我说。

"很多年前，"我开口说道，"基库尤人住在基里尼亚加山的影子里，山顶则住着恩迦。"

"我知道。"她说，"后来欧洲人来了，开始建立他们的城市。"

"你打断我了。"我说。

"对不起，柯里巴。"她说，"但我已经听过这个故事了。"

"你没有听过完整版本。"我答道，"在欧洲人到来之前，我们与土地和谐共存。我们照料牲口，耕种土地，有人因为衰老、疾病或与马赛人、瓦坎巴人和南迪人的战争死去，我们正好有足够数目的儿童来补充。我们的生活很简单，但也很充实。"

"后来欧洲人来了！"她说。

"后来欧洲人来了。"我表示同意，"他们带来了新的生活方式。"

"邪恶的方式。"

我摇摇头，"它们对于欧洲人来说并不邪恶。"我回答道，"我知道，是因为我在欧洲人的学校学习过。但它们对于基库尤人、马赛人、瓦坎巴人、恩布人、基西人和所有其他部族并不是好的生活方式。我们见到了他们穿的衣服、他们建的房子、他们用的机器，我们就想和欧洲人一样。但我们不是欧洲人，他们的生活方式也不是我们的生活方式，他们也不为我们干活。我们的城市人满为患、污染严重，我们的土地变得贫瘠，我们的动物死了，水变得有毒了，最后，乌托邦议会同意让我们搬到基里尼亚加这个世界来，我们便离开了肯尼亚，按照古老的方式生活，这是对基库尤人有利的方式。"我顿了一下，"很久以前，基库尤人没有书面文字，也不知道怎么认字，既然我们要在基里尼亚加建立一个基库尤人的世界，那我们的人民就不应该学习认字或写字。"

"但不会认字有什么好处呢？"她问道，"我们在欧洲人到来之前不认字，并不等于认字就是坏事啊。"

"认字就会让你意识到还有其他的思考和生活方式，然后你就会对基里尼亚加的生活感到不满。"

"可是你认字，你并没有不满意。"

"我是蒙杜木古。"我说，"我的智慧足以让我知道，我读到的东西都是谎言。"

"但谎言并不总是坏事。"她坚持道，"你一直在讲述谎言。"

"蒙杜木古不会对他的人民撒谎。"我严厉地答道。

"你管它们叫故事，比如狮子和野兔的故事，或者彩虹起源的故事，但它们都是谎言。"

"它们是寓言。"我说。

"寓言是什么？"

"故事的一种。"

"是真实的故事吗？"

"在某种意义上是。"

"如果它在某种意义上是真实的，那在某种意义上也是谎言，不是吗？"她答道，还没等我回答便又说了下去，"如果我可以听谎言，为什么不能读谎言呢？"

"我已经给你解释过了。"

"这不公平。"她重复道。

"是不公平，"我表示同意，"但这是正确的。从长远来看，这是为了基库尤人好。"

"我还是不明白这有什么好。"她抱怨道。

"因为我们是仅剩的基库尤人。基库尤人曾经想变成别的样子，但我们并没有变成住在城市的基库尤人，或者坏的基库尤人，或者不快乐的基库尤人，而是一个全新的部族，叫作肯尼亚人。我们到基里尼亚加来是为了保存从前的生活方式——如果女人开始认字，有些人就感到不满，她们就会离开，有一天基库尤人就会不复存在。"

"但我并不想离开基里尼亚加！"她抗议道，"我想受割礼，给我的丈夫生很多孩子，给他的沙姆巴种地，有一天由我的孙辈来照顾我。"

"这就是你应该有的想法。"

"但我也想读有关其他世界和其他年代的故事。"

我摇摇头，"不行。"

"但是——"

"我今天不想再听你说这件事了。"我说，"太阳已经升得很高了，你还没干完这里的活儿，你还要在你父亲的沙姆巴干活，而且下午还要回来干活。"

她没再说一个字，站起身去干活了。干完之后，她拿起笼子回她自己的博玛去了。

我看着她离开，然后回到自己的小屋，打开电脑，要求维护部对轨道进行调整，因为天气很热，已经有将近一个月没下过雨了。他们表示同意，过了一会儿，我沿着长长的曲折小路来到村子中心。我慢慢坐下来，把装在袋子里的骨头和符咒在面前摊开，召唤恩迦下一场中雨，让基里尼亚加凉快下来，维护部已经同意下午晚些时候提供降雨了。

随后孩子们围在我身边，每次我从山上的博玛来到村子里时，他们都会这样。

"占波，柯里巴！"他们喊道。

"占波，我勇敢的小战士们。"我答道，依旧坐在地上。

"你今天上午为什么到村子里来，柯里巴？"男孩中最勇敢的恩德米问道。

"我来请恩迦用他同情的泪水浇灌我们的农田。"我说，"因为这个月都没下过雨，庄稼口渴了。"

"既然你和恩迦讲完了，能给我们讲个故事吗？"恩德米问道。

我抬头看看太阳，估算了一下时间。

"我的时间只够讲一个故事的。"我答道，"然后我得穿过农田，给稻草人施新的符咒，让它们继续保护你们的庄稼。"

"你要给我们讲什么故事，柯里巴？"另一个男孩问道。

我四下看看，看到卡玛莉和女孩们站在一起。

"给你们讲个豹子和伯劳鸟的故事吧。"我说。

"我还没听过这个故事。"恩德米说。

"难道我已经老到没有新故事可讲了吗？"我问道，他低下了头。等所有人都安静下来，我便开口讲了起来：

"从前有一只非常聪明的小伯劳鸟，因为它很聪明，所以它总是向它的父亲提问题。

"'我们为什么要吃昆虫？'有一天它问道。

"'因为我们是伯劳鸟，伯劳鸟就应该吃昆虫。'它父亲答道。

"'但我们也是鸟。'小伯劳鸟说，'老鹰之类的鸟不是吃鱼吗？'

"'恩迦并不想让伯劳鸟吃鱼。'它父亲说，'就算你足够强壮，能捉到鱼，杀死它，吃鱼也会让你生病的。'

"'你吃过鱼吗？'小伯劳鸟问道。

"'没有。'它父亲答道。

"'那你怎么知道？'小伯劳鸟问道。于是那天下午它飞到河上，找到一条小鱼。它把鱼捉住，吃了下去，然后病了整整一个星期。

"'现在你学到教训了吗？'小伯劳鸟康复之后，它父亲问道。

"'我知道了不能吃鱼。'伯劳鸟答道，'但我又有一个问题。'

"'什么问题？'它父亲问。

"'为什么伯劳鸟是鸟儿中最胆小的？'小伯劳鸟问道，'只要狮子或豹子一出现，我们就飞到最高的枝头去等它们走掉。'

"'如果可能，狮子和豹子就会吃掉我们，'它父亲说，'所以我们必须躲

开它们。'

"'可是它们不吃鸵鸟，鸵鸟也是鸟啊。'聪明的小伯劳鸟说，'如果它们攻击鸵鸟，鸵鸟就会踢死它们。'

"'你不是鸵鸟，'它父亲说道，厌倦了回答它的问题。

"'但我是鸟，鸵鸟也是鸟，我也要学会像鸵鸟一样踢走敌人。'小伯劳鸟说道。接下来一周，它一直在练习踢开挡路的昆虫和树枝。

"有一天，它遇到了楚伊，也就是豹子。豹子靠近时，聪明的小伯劳鸟没有飞向最高的枝头，而是勇敢地站住不动。

"'你很勇敢，竟然敢这样直面我。'豹子说。

"'我是一只很聪明的鸟，我不怕你，'小伯劳鸟说，'我练习了像鸵鸟一样踢，如果你再靠近，我就会踢死你。'

"'我是一只老豹子，已经不能再捕猎了。'豹子说，'我快要死了。过来踢我，让我结束痛苦吧。'

"小伯劳鸟走上前，照着豹子的脸踢过去。豹子只是笑着张开嘴，一口吞下了聪明的小伯劳鸟。

"'真是一只傻鸟，'豹子笑道，'竟然想要假装是别的动物！如果它和其他伯劳鸟一样飞走，我今天就得挨饿了——但想要成为它永远无法成为的东西，那它就只能用来给我填肚子。我觉得它也没那么聪明嘛。'"

我停下来，径直看向卡玛莉。

"故事讲完了吗？"另一个小姑娘问。

"讲完了。"我说。

"为什么伯劳鸟认为它能成为鸵鸟？"一个小一些的男孩问道。

"卡玛莉大概可以告诉你为什么。"我说。

所有孩子都看向卡玛莉，她想了一会儿，然后给出了回答：

"想要成为鸵鸟，和想要知道鸵鸟懂些什么，这是两回事。"她说着，径直看着我，"小伯劳鸟想学东西并没有错。错在它以为自己能成为鸵鸟。"

有那么一会儿，孩子们都在思考她的回答，四下一片寂静。

"是这样吗，柯里巴？"最后恩德米问道。

"不。"我说，"因为伯劳鸟一旦知道鸵鸟懂得什么，它就会忘记自己是伯劳鸟。你们必须永远记住自己是谁，但懂得太多东西就会让你们忘记这一点。"

"你能再给我们讲个故事吗？"一个小姑娘问道。

"今天上午不行。"我说着，站起身，"不过，等我今晚来村里喝彭贝看跳舞的时候，可能我会给你们讲公象和聪明的基库尤小男孩的故事。好了，"我补充道，"你们难道没有活儿要干吗？"

孩子们四散开，回到自己的沙姆巴和牧场去了，我在西博基的小屋停了一下，把治关节炎的油膏给他。每次下雨前，他都会犯关节炎。我还去看了柯因纳格，和他一起喝了彭贝，和长老会讨论了村里的事务。最后我回到自己的博玛，每天最热的时候我都会睡个午觉，而且还要等几个小时才会下雨。

我回去的时候，卡玛莉也在那里。她已经捡过柴火打过水了，我进博玛的时候，她正在给我的山羊喂饲料。

"你的鸟儿今天下午怎么样？"我问道，看了看小侏隼，它的笼子被小心地安放在我小屋的阴凉中。

"它喝水了，但还是不吃东西，"她用担忧的语气说，"它一直盯着天空看。"

"它有比吃饭重要得多的事情。"我说。

"活儿干完了，"她说，"我能回家了吗，柯里巴？"

我点点头，在小屋里收拾着毯子。她离开了。

接下来一周，她每天早上和下午都过来干活。第八天，她眼里含着泪对我说，侏隼死了。

"我跟你说过是这样的。"我温和地说，"一旦鸟儿乘风翱翔过，它就无法再生活在地面上了。"

"如果不能再飞了，所有的鸟儿都会死吗？"她问道。

"大部分都会。"我说，"有一些鸟儿会喜欢安全的笼子，但大部分都会因为心碎而死，因为它们无法忍受失去飞翔的本领。"

"如果笼子不能让鸟儿感觉好一点，那我们为什么要做笼子呢？"

"因为笼子会让我们感觉好一点。"我答道。

她想了一会儿，说："虽然鸟儿死了，但我会信守诺言，给你打扫屋子和博玛，给你打水捡柴。"

我点点头，"这是咱们原本达成的协议。"我说。

她的确信守诺言，接下来三周每天都会过来两次。第二十九天，她干完早上的活儿之后回到她家的沙姆巴去了，她父亲恩乔罗沿着小路来到了我的博玛。

"占波，柯里巴。"他向我问好，面露忧虑。

"占波，恩乔罗。"我没有起身，"你为什么到我的博玛来？"

"我是个穷人，柯里巴。"他说着，在我旁边蹲下来，"我只有一个老婆，她没有生儿子，只有两个女儿。我的沙姆巴比村子里大部分男人的都小，这一年来，鬣狗已经杀了我家三头母牛了。"

我不太明白他是什么意思，于是看着他，等他继续说下去。

"虽然我很穷，"他继续说道，"想到等我老了，至少能拿到两个女儿的彩礼，就感到一丝安慰。"他停了一下，"我从来没做过什么坏事，柯里巴。这算是我应得的吧。"

"我没有反对过这一点。"我答道。

"那你为什么要训练卡玛莉当蒙杜木古？"他问道，"大家都知道，蒙杜木古不能结婚。"

"卡玛莉对你说她要当蒙杜木古？"我问道。

他摇摇头，"不。自从她开始来打扫你的博玛之后，她就再也不和她妈或我说话了。"

"你弄错了。"我说，"女人不能当蒙杜木古。你为什么会觉得我在训练她？"

他把手伸进基科伊的褶子里，掏出一张角马皮。上面用炭笔写着：

我是卡玛莉

我十二岁

我是女孩

"你看这些字。"他责备地说，"女人不会写字。只有蒙杜木古和柯因纳格这样的酋长会写字。"

"把这事儿交给我吧，恩乔罗。"我说道，把角马皮拿了过来，"让卡玛莉到我的博玛来。"

"我的沙姆巴需要她干活，她下午之前都没空。"

"现在。"我说。

他叹了口气，点点头，"我会叫她过来的，柯里巴。"他停了一下，"你确定她不会成为蒙杜木古？"

"我向你保证。"我说着，在手上吐了口唾沫以表诚意。

他露出如释重负的神情，回他的博玛去了。没过一会儿，卡玛莉沿着小路走来了。

"占波，柯里巴。"她说。

"占波，卡玛莉。"我答道，"我对你很不满意。"

"我今天早上没捡够柴火吗？"

"捡够了。"

"水瓢里没有盛满水吗？"

"盛满了。"

"那我做错了什么？"她边问边漫不经心地推开一只靠近她的山羊。

"你没有遵守答应我的事。"

"我遵守了。"她说，"虽然侏隼已经死了，但我每天早上和下午都来了。"

"你答应我不再看书的。"我说。

"自从你不让我看之后，我没再看过书。"

"那你解释一下这个。"我说着，举起她写过字的那张角马皮。

"没什么可解释的。"她耸耸肩，"是我写的。"

"你要是没再看过书，那你是怎么学会写字的？"我问道。

"我是跟你的魔法盒子学的。"她说，"你没说过不让我看魔法盒子。"

"我的魔法盒子？"我说着，皱起眉头。

"那个会发出嗡嗡声、有很多颜色的盒子。"

"你是说我的电脑？"我惊讶地问。

"你的魔法盒子。"她重复道。

"它教你认字和写字了？"

"我自己教的自己——不过只有一点点。"她不高兴地说，"我就像是你故事里那只小伯劳鸟——我没有自己以为的那么聪明。认字和写字很难。"

"我告诉过你不许学认字。"我说着，忍住了没有夸奖她，因为她显然违反了法律。

卡玛莉摇摇头。

"你告诉我不许再看你的书。"她顽固地答道。

"我跟你说过了，女人不可以认字。"我说，"你没听我的话。那么你就必须受到惩罚。"我想了一下，"你要在这里再干三个月的活儿，还要给我两只野兔和两只野鼠，必须是你自己捉的。明白了吗？"

"明白了。"

"现在跟我进屋，还有件事你得明白。"

她跟着我进了屋。

"电脑，"我说道，"启动。"

"已启动。"电脑的机械声音说道。

"电脑，扫描小屋，告诉我屋子里除了我还有谁。"

电脑感应器的镜头亮了一下。

"屋子里除了你还有一个小女孩，卡玛莉·瓦·恩乔罗。"电脑答道。

"如果再见到她，你能认出她来吗？"

"可以。"

"以下是一个高优先级指令，"我说，"你不准再以语音或任何已知语言与卡玛莉·瓦·恩乔罗对话。"

"明白，已存档。"电脑说道。

"关机。"我转向卡玛莉，"你明白我刚才做了什么吗，卡玛莉？"

"是的。"她说，"这不公平。我没有不听你的话。"

"女人不可以认字，这是法律。"我说，"你违反了这条法律。不准再违反它了。现在回你的沙姆巴去吧。"

她走了，高昂着头，后背挺得直直的，一副不服气的样子。我去忙自己的事，教年轻小伙子如何为即将到来的割礼仪式装饰身体，为老西博基施一个防御咒(他在自己的沙姆巴里发现了鬣狗粪，这是萨胡，也就是诅咒的确切迹象之一)，让维护部再对轨道进行一次微调，好让西部平原的天气凉爽一点。

我回到自己的小屋准备午睡时，卡玛莉已经来过又走了，一切都井井有条。

接下来的两个月，村子里的生活平静如常。庄稼已经收了，老柯因纳格又娶了个妻子，我们跳舞喝酒，庆祝了两天，短暂的降雨如期来临，村子里新添了三个孩子。就连抱怨我们把老弱人口丢给鬣狗的乌托邦议会也没来打扰我们。我们发现了一窝鬣狗，杀掉了三只幼崽，等鬣狗母亲回来时把它也杀了。每次满月时我都杀一头母牛——不是一只山羊，而是一头又大又肥的母牛——以此感谢恩迦的慷慨，为基里尼亚加带来了富饶繁荣。

在此期间，我很少见到卡玛莉。她早上来的时候，我在村子里用骨头占卜天气；下午来的时候，我在用符咒给人治病，和长老们商讨大事——但我总是知道她来过了，因为我的小屋和博玛整洁无瑕，水和柴火也源源不断。

在第二次满月之后的那天下午，我向柯因纳格建议了怎么解决土地争端，然后回到自己的博玛。一进小屋我便发现电脑屏幕亮着，上面满是奇怪的符号。我在英国和美国学习的时候学会了英语、法语和西班牙语，而且我当然也会基库尤语和斯瓦希里语，但这些符号并不来自任何一种已知语言，尽管里面也有数字、字母和标点，但也不是数学公式。

"电脑，我记得我今天早上把你关掉了。"我皱着眉头说，"为什么你的屏幕是开着的？"

"卡玛莉把我打开了。"

"她走的时候忘记把你关掉了？"

"是的。"

"我想也是。"我阴郁地说，"她每天都打开你吗？"

"是的。"

"我不是给过你一条高优先级指令，让你不要用任何已知语言和她对话吗？"我迷惑地问。

"是的，柯里巴。"

"那你能解释一下，为什么你违反了我的指令吗？"

"我没有违反你的指令，柯里巴。"电脑说，"我的程序让我无法违反高优先级指令。"

"那我在你的屏幕上看到的是什么？"

"这是卡玛莉的语言。"电脑答道，"它不符合我记忆库中的1732种语言和方言，因此并不在你的指令范围内。"

"是你创造了这种语言吗？"

"不，柯里巴。是卡玛莉创造了这种语言。"

"你是否给她提供了任何帮助？"

"不，柯里巴。我没有。"

"它是一种正确的语言吗？"我问道，"你能理解它吗？"

"是的，我能理解它。"

"如果她用卡玛莉语向你提问，你能回答吗？"

"是的，如果问题足够简单就可以。它是一种很局限的语言。"

"如果你的回答要求你将答案从某种已知语言译为卡玛莉语，这样做是否违反我的指令？"

"不，柯里巴。不违反。"

"你是否已经回答过卡玛莉向你提出的问题？"

"是的，柯里巴。"电脑答道。

"明白了。"我说，"待机，等待新指令。"

"待机中……"

我低头沉思着这个问题。这个卡玛莉的确很聪明，很有天分：她不仅自学了认字写字，还发明了一种有逻辑的连贯语言，可以让电脑理解，还能用这种语言与她交流。我给出了指令，她竟然能不直接违反它们，而是绕过指令。她并没有恶意，只是想学习，这本身是令人钦佩的。但这只是问题的一个方面。

另一个方面是，我们在基里尼亚加努力建立起来的社会秩序面临威胁。男人和女人清楚各自的职责，而且乐于接受它。恩迦把长矛给了马赛人，把弓箭给了瓦坎巴人，把机器和印刷术给了欧洲人，但他给基库尤人的是挖掘棒，还有神圣无花果树四周的基里尼亚加山坡的肥沃土地。

许多年以前，我们曾经与土地和谐共存。然后出现了书面文字。它先是让我们成为奴隶，后来让我们成了基督徒，最后又把我们变成士兵、工人、修理工和政客，总之，它让我们获得了各种原本不属于基库尤人的身份。它曾经发生过，也有可能再次发生。

我们到基里尼亚加的世界来建立一个完美的基库尤社会，一个基库尤人的乌托邦。一个聪明的小姑娘有没有可能蕴藏着毁灭我们的种子？我不确定，但聪明的孩子的确会长大成人。他们成了耶稣、穆罕默德，还有乔莫·肯雅塔——但他们也成了有史以来最有名的奴隶贩子提普·提普[①]和屠杀同胞的伊迪·阿明[②]。或者，更常见的是，他们成了本身很聪明的弗里德里希·尼采和卡尔·马克思，他们又影响了智力和能力都差一些的人。我是否应该袖手旁观，寄希望于她对我们社会的影响会是积极的，尽管一切历史都表明更有可能是相反的情况？

我做出了一个痛苦的决定，但并不艰难。

"电脑，"我最后说道，"我要下达一个新的高优先级指令，覆盖之前的那个高优先级指令：无论在何种情况下，你都不准再与卡玛莉对话。如果她启动

---

① 提普·提普（Tippu Tip，1837—1905），19世纪最臭名昭著的奴隶贩子。

② 伊迪·阿明（Idi Amin Dada，20世纪20年代至2003年），东非国家乌干达的前军事独裁者（1971—1979），任职期间曾驱逐8万名亚洲人出境，屠杀和迫害国内的阿乔利族、兰吉族和其他部族达10万~30万人。

你，你要告诉她，柯里巴已经禁止你与她有任何形式的接触，然后你要立即休眠。明白吗？"

"明白，已存档。"

"很好，"我说，"现在休眠。"

第二天上午，我从村子回来时，发现水瓢是空的，毯子也没有叠好，博玛里满是山羊粪。

蒙杜木古是基库尤人中最有权势的，但他也不是没有同情心的人。我决定原谅卡玛莉这次幼稚的耍脾气，所以我没去找她的父亲，也没让其他孩子不理她。

她下午也没有来，我之所以知道，是因为我一直在小屋旁等着她，想向她解释我的决定。最后，暮色降临，我叫恩德米去帮我打水和整理博玛。尽管这种事情是女人的活儿，但恩德米也不敢违抗他的蒙杜木古，可他的每个动作都表现出了对我派给他的这些活儿的鄙夷。

又过去了两天，卡玛莉还是没来。我叫来了她的父亲恩乔罗。

"卡玛莉违反了对我的承诺，"他抵达时我说，"如果她今天下午不来打扫我的博玛，我就不得不给她施个萨胡了。"

他看起来很迷惑，"她说你已经给她施了一个诅咒了，柯里巴。我正要问你，我们是否应该把她赶出我们的博玛。"

我摇摇头，"不，"我说，"不要把她赶走。我还没有给她施萨胡——但她今天下午必须来干活。"

"我不知道她是否有足够的力气，"恩乔罗说，"她已经三天没吃没喝了，就只是一动不动地坐在我妻子的屋子里。"他停了一下，"有人给她施了萨胡。如果不是你，也许你能施个咒语把它解除。"

"她已经三天不吃不喝了？"我重复道。

他点点头。

"我去看看她。"我说着站起身，跟他沿着曲折的小路前往村子。我们抵达恩乔罗的博玛时，他领我去他妻子的小屋，把一脸忧虑的卡玛莉母亲叫出来站在一旁，我进去了。卡玛莉坐在离门最远的角落，倚着墙，下巴靠着膝盖，双臂环绕着一双细腿。

"占波，卡玛莉。"我说。

她看着我，一言不发。

"你母亲为你担心，你父亲对我说你不吃不喝。"

她没有答话。

"你也没有信守诺言，来打扫我的博玛。"

一片寂静。

"你忘了怎么说话了吗？"我说。

"基库尤女人不说话。"她苦涩地说，"她们不思考。她们只管生孩子、做饭、捡柴火、种地。这些事不需要说话或思考。"

"你这么不高兴？"

她没有回答。

"听我说，卡玛莉。"我慢慢地说道，"我的决定是为了基里尼亚加好，我不会撤销这个决定。作为基库尤女人，你必须按照规矩生活。"我停了一下，"但是，无论是基库尤人还是乌托邦议会，都不是没有恻隐之心的。如果我们社会中有谁想要离开，那他可以这样做。根据我们获得这个世界时签署的许可证，你只要走到庇护港区域，维护部的飞船就会来接你，把你送到你想去的地方。"

"我只了解基里尼亚加。"她说，"既然我被禁止了解其他地方，我怎么选得出新的家园呢？"

"我不知道。"我承认道。

"我不想离开基里尼亚加！"她又说道，"这里是我的家。这里的人是我的同胞。我是个基库尤女孩，不是马赛女孩，也不是欧洲女孩。我会为我的丈夫生孩子，耕种他的沙姆巴，我会给他捡柴火，给他做饭，给他织布做衣服，我会离开我父母的沙姆巴，和我丈夫的家人住在一起。我会毫无怨言地做这一切，柯里巴，只要你让我学认字和写字！"

"我不能这么做。"我悲伤地说。

"为什么？"

"你认识的人当中，最有智慧的是谁，卡玛莉？"我问道。

"村子里最有智慧的人一直都是蒙杜木古。"

"那你就必须信任我的智慧。"

"但我感觉就像那只小隼。"她的声音中流露出痛苦，"它的生命都用来梦想乘风翱翔了，我则梦想看到电脑屏幕上的字。"

"你和隼一点儿也不一样。"我说，"它是无法再成为它原本的样子，你是无法成为你原本就不是的那个样子。"

"你不是坏人，柯里巴。"她严肃地说，"但你错了。"

"就算如此,我也得接受。"我说。

"但你是在要求我接受,"她说,"这是你的罪过。"

"如果你再说我是在犯罪,"我严厉地说,因为没有人可以这样和蒙杜木古说话,"那我就要给你施一个萨胡了。"

"你还能干什么?"她苦涩地问。

"我可以把你变成鬣狗,不洁的食人者,只能在黑暗中潜行。我可以让你的肚子填满荆棘,这样你的每个动作都会充满痛苦。我可以——"

"你只是个人。"她疲倦地说,"你已经做了最糟糕的事。"

"我不想再听了。"我说,"我命令你把你母亲送来的食物吃了,把水喝了,你今天下午要到我的博玛来。"

我走出屋子,让卡玛莉的母亲给她送去香蕉泥和水,然后去了老本尼马的沙姆巴。水牛践踏了他的田地,毁坏了他的庄稼,我宰了一只山羊,消除了降临在他的土地上的萨胡。

之后,我在柯因纳格的博玛停了一下,他请我喝新酿的彭贝,抱怨他刚娶的老婆吉波和他的二老婆舒米联合起来对付大老婆瓦布。

"你可以把她休掉,让她回娘家的沙姆巴去吧?"我建议道。

"她花了我二十头牛和五只山羊呢!"他抱怨道,"她家会把它们退回来吗?"

"不会。"

"那我就不会休掉她。"

"随你便。"我耸耸肩。

"而且,她很有力气,也很漂亮。"他继续说道,"我只是希望她能别再和瓦布吵架。"

"她们吵些什么?"

"谁去打水,谁给我补衣服,谁来修我的小屋的茅草屋顶。"他停了一下,"她们就连我晚上该去谁的小屋都要吵,就好像这事的决定权不在我自己一样。"

"她们对观点也会吵吗?"我问道。

"观点?"他茫然地重复道。

"比如书里的那些观点。"

他笑了,"她们是女人,柯里巴。她们要观点做什么?"他想了一下,"话说回来,咱们当中有谁需要观点啊?"

"我不知道。"我说,"我只是好奇。"

"你看起来有点心烦。"他说。

"肯定是彭贝闹的。"我说,"我年纪不小了,这酒可能劲儿太大了。"

"那是因为瓦布教吉波怎么酿酒的时候她没好好听。我的确应该休掉她——"他看了看吉波,她年轻体壮,正背着一捆柴火,"但她这么年轻漂亮。"他的目光突然越过他的新老婆,看向村子,"啊!"他说,"老西博基终于死了。"

"你怎么知道?"我问道。

他指向一缕轻烟,"他们在烧他的小屋。"

我看向他指的方向。"那不是西博基的小屋。"我说,"他的博玛更靠西边。"

"还有谁又老又弱,死期临近了?"柯因纳格问道。

我突然知道了,而且很确定,就像我确定恩迦坐在圣山顶的宝座上一样,卡玛莉死了。

我尽可能快地向恩乔罗的沙姆巴走去。我抵达时,卡玛莉的母亲、姐姐和奶奶已经在哭号着亡灵之歌,泪水从她们的脸颊上流下来。

"发生了什么事?"我走向恩乔罗,问道。

"你为什么要问?不是你毁掉了她吗?"他苦涩地答道。

"我没有毁掉她。"我说。

"你不是今天早上刚刚威胁过要给她施萨胡吗?"他继续说道,"你这么做了。现在她死了,我只剩一个能带来彩礼的女儿了,还得烧掉卡玛莉的小屋。"

"别管什么彩礼和小屋了,告诉我发生了什么事,否则你就会知道被蒙杜木古施诅咒是什么样了!"我怒斥道。

"她在自己的小屋里用水牛皮上吊了。"

隔壁沙姆巴的五个女人来了,也开始唱起哀歌。

"她在自己的小屋里上吊了?"我重复道。

他点点头,"她至少可以找棵树上吊啊,这样她的小屋就不会变得不洁,我也不用烧掉它了。"

"安静!"我说着,想要整理自己的思绪。

"她是个乖女儿。"他说,"你为什么要诅咒她,柯里巴?"

"我没有给她施萨胡。"我说着,心里琢磨着这是不是真话,"我只想拯救她。"

"有谁的药能灵过你的呢？"他敬畏地说。

"她违反了恩迦的法律。"我答道。

"现在恩迦复仇了！"恩乔罗恐惧地呻吟着，"他接下来要干掉我们家的谁？"

"没了。"我说，"只有卡玛莉违反了法律。"

"我是个穷人，"恩乔罗谨慎地说，"现在更穷了。我要付多少钱，才能请你让恩迦怀有同情和宽恕之心，收下卡玛莉的灵魂？"

"不管你付不付钱，我都会这么做的。"我答道。

"你不收我的钱？"他问道。

"不收。"

"谢谢，柯里巴！"他激动地说。

我站在那里，看着燃烧的小屋，努力不去想屋里小女孩的身体正在灼烧的样子。

"柯里巴？"经过一阵长久的寂静，恩乔罗叫道。

"还有什么事？"我恼火地问。

"我们不知道应该怎么处理那块水牛皮。它带有你的萨胡的印记，我们不敢烧掉它。现在我知道了，那是恩迦的印记，不是你的，我就更怕触碰它了。你能把它带走吗？"

"什么印记？"我说，"你在说什么？"

他抓住我的胳膊，领着我绕到燃烧的小屋正面。那里的地上，离门大概十步的距离，放着卡玛莉用来上吊的那块水牛皮，上面刻着我三天前在电脑屏幕上看到的那种奇怪符号。

我伸手捡起那块皮子，转向恩乔罗，"如果你的沙姆巴真的受到了诅咒，"我说，"我会把恩迦的印记拿走，清除它，带走它。"

"谢谢，柯里巴！"他说着，看起来明显放心了。

"我必须走了，去准备施法。"我突然说道，开始踏上回到我自己的博玛的漫长路途。到家时，我把那块水牛皮拿进了小屋。

"电脑，"我说，"启动。"

"已启动。"

我把那块皮子拿到它的扫描镜头前。

"你能识别这种语言吗？"我问道。

镜头亮了一下。

"是的，柯里巴。这是卡玛莉语。"

"它的意思是什么？"

"是两句诗：

我知道笼中的鸟儿为何死去——

因为，和它一样，我已触碰过天空。

下午，整个村子的人都来到恩乔罗的沙姆巴，女人们当晚和第二天整天都唱着哀歌，但没过多久，卡玛莉就被遗忘了，因为生活还要继续，而她说到底只是个基库尤小女孩。

自那天起，每当发现翅膀折断的鸟儿，我都会努力尝试治愈它。但它们总会死掉。我便把它们埋葬在曾是卡玛莉小屋的土堆旁。

每当我葬鸟的时候，我就会发现自己又想起了她，这时，我便会希望自己只是个普通人，只用照料牲口，照管庄稼，像平常人一样想些琐事；而不是蒙杜木古，必须背负由自己的智慧所带来的后果。

阅读思考：对于在人类知识和科学技术的发展与传统文化的矛盾问题，你是怎样看的？